企业安全健康与应急管理丛书

杨顺清　主编

QIYE XIAOFANG ANQUAN YU YINGJI QUANAN

企业消防安全与应急全案

实战精华版

化学工业出版社

·北京·

《企业消防安全与应急全案（实战精华版）》分为 10 章，包括消防设施的配备与管理、灭火器的配置、消防安全标志的设置、消防安全管理规章制度制定与管理、企业消防安全组织建立、消防安全教育与培训、消防安全检查、火灾隐患排除、消防应急预案的编制与实施、火灾事故责任分析等。本书实用性强，书中提供了大量的案例，全部来自国内知名企业，供读者参考使用。

　　《企业消防安全与应急全案（实战精华版）》可作为企业主要负责人、安全生产技术与管理人员、其他生产部门相关人员的工作指导用书，也可作为企业职工、在校学生消防安全与应急相关培训用教材，还可作为企业安全生产宣传教育参考用书。

图书在版编目（CIP）数据

企业消防安全与应急全案：实战精华版 / 杨顺清主编 . — 北京：化学工业出版社，2020.3（2024.6重印）
（企业安全健康与应急管理丛书）
ISBN 978-7-122-35865-3

Ⅰ . ①企… Ⅱ . ①杨… Ⅲ . ①企业管理 – 消防 – 安全管理 Ⅳ . ①TU998.1

中国版本图书馆 CIP 数据核字（2019）第 287042 号

责任编辑：高　震　刘　丹　　　　　　　　美术编辑：王晓宇
责任校对：李雨晴　　　　　　　　　　　　装帧设计：水长流文化

出版发行：化学工业出版社（北京市东城区青年湖南街 13 号　邮政编码 100011）
印　　装：北京盛通数码印刷有限公司
787mm×1092mm　1/16　印张 18　字数 389 千字　2024 年 6 月北京第 1 版第 4 次印刷

购书咨询：010-64518888　　　　　　　　售后服务：010-64518899
网　　址：http://www.cip.com.cn
凡购买本书，如有缺损质量问题，本社销售中心负责调换。

定　　价：68.00 元　　　　　　　　　　　　　　　　版权所有　违者必究

前言

　　火灾是当今世界上严重威胁人类生存和发展的常发性灾害之一。火灾的发生频率高，时间和空间跨度大，造成的损失与危害也触目惊心。

　　伴随企业规模、数量的增多，所涉及领域的拓宽以及在经济社会中所占地位的日益趋重，与企业发展密切关联的消防安全事务也日益突出。尤其是目前企业消防现代化水平整体较低，抗御火灾的能力仍然较弱，表现为特大火灾，而且恶性事故时有发生，形势十分严峻。

　　任何单位和个人都有维护消防安全、保护消防设施、预防火灾、报告火警的义务。任何单位和成年人都有参加有组织的灭火工作的义务。

　　因此，企业应该把做好消防工作放在安全生产的首位，把"隐患险于明火，防范胜于救灾，责任重于泰山"作为企业消防安全工作的座右铭，从思想上牢记防火是保障企业安全工作的首要任务，要不断提高企业职工对火灾危害性和防火重要性的认识，加强防火安全教育，做到居安思危，未雨绸缪，防患于未然。

　　近年来，火灾及因火灾所造成的损失呈明显的上升趋势，而企业作为消防预防火灾隐患的重点对象，一旦发生火灾，其火灾的规模及损失将更为严重，因此，企业需要在发展过程中，认识到安全生产的重要性，做好消防安全管理工作，确保各项安全管理措施落实到位，认真履行消防法律法规规定的消防安全职责，有效预防和减少火灾事故的发生，为企业的持续、健康发展创造一个良好的消防安全环境。

　　消防安全不仅关乎企业和员工生命财产安全，更是影响发展的主要因素。加强消防安全管理，提高企业和员工的消防安全意识和火灾自救的逃生应急处置能力，必须先了解消防基础知识，提高安全防范意识，增强自我保护能力，进行消防常识培训，并进行消防演练，掌握对火灾的应变、逃生技能，学会灭火以及疏散处理，确保企业和员工的生命及财产安全。

基于此，为了加强和规范企业消防安全管理，预防火灾和减少火灾危害，保障企业的安全生产，我们根据《中华人民共和国消防法》以及《机关、团体、企业、事业单位消防安全管理规定》并结合企业的实际情况，组织编写了《企业消防安全与应急全案（实战精华版）》一书，以期能够为企业在消防安全管理与应急管理方面提供切实的帮助。

本书包括消防设施的配备与管理、灭火器的配置、消防安全标志的设置、消防安全管理规章制度制定与管理、企业消防安全组织建立、消防安全教育与培训、消防安全检查、火灾隐患排除、消防应急预案的编制与实施、火灾事故责任分析共10章内容。

本书最大的特点是具有极强的可读性和实际操作性，本书提供了大量的案例，全部来自国内知名企业，但案例是为了解读企业消防安全管理与应急全案的参考和示范性说明，概不构成任何广告；同时，本书中的信息来源于已公开的资料，作者对相关信息的准确性、完整性或可靠性做尽可能的追溯但不做任何保证。

由于编者水平有限，参考资料有限，书中难免出现疏漏与缺憾，敬请读者批评指正。

编者

　　火灾是严重威胁人类生存与发展的灾害之一，火灾会给人们生产生活造成的重大损失。加强消防安全管理是每个企业的头等大事。而预防火灾、消除火灾的事故隐患尤为重要。"隐患险于明火，防范胜于救灾，责任重于泰山"是消防安全工作的方针。

　　企业要想持续、稳定、健康发展，加强消防安全工作是必不可少的。只有把消防安全工作纳入企业经营管理中，增强自防自救能力，提高员工消防素质，同时采取多种措施开展消防工作，才能促进企业经济建设的发展。

　　因此，我们编写《企业消防安全与应急全案（实战精华版）》一书。以下为本书指引。

　　本书内容具体如下表所示。

《企业消防安全与应急全案（实战精华版）》的内容构成

第1章	消防设施的配备与管理	·防火墙 ·消防通道 ·消防车道 ·安全出口 ·防火隔离栅栏 ……
第2章	灭火器的配置	·灭火器知识 ·灭火器配置场所的火灾种类和危险等级 ·灭火器的选择 ·灭火器的设置 ……
第3章	消防安全标志的设置	·消防安全标志 ·消防安全标志的设置要求 ·消防标志的设置方法
第4章	消防安全管理规章制度制定与管理	·消防安全管理制度的内容 ·消防安全管理规章制度制定的要求 ·消防安全管理规章制度的管理
第5章	企业消防安全组织建立	·消防安全组织机构 ·各级消防负责人的职责
第6章	消防安全教育与培训	·消防安全教育与培训的要点 ·消防安全教育培训活动的管理

第7章	消防安全检查	·企业消防安全检查的目的和形式 ·企业消防检查的重点及处置方法 ·企业消防安全检查方法
第8章	火灾隐患排除	·火灾隐患的概念及其含义 ·企业常见火灾隐患的表现形式 ·火灾隐患的分级与判定 ……
第9章	消防应急预案的编制与实施	·怎样制定消防应急预案 ·消防应急预案的演练 ·消防应急预案的评审和改进
第10章	火灾事故责任分析	·火灾的等级 ·火灾事故的报告和调查 ·火灾事故的法律责任

本书排版形式活泼，方便阅读。

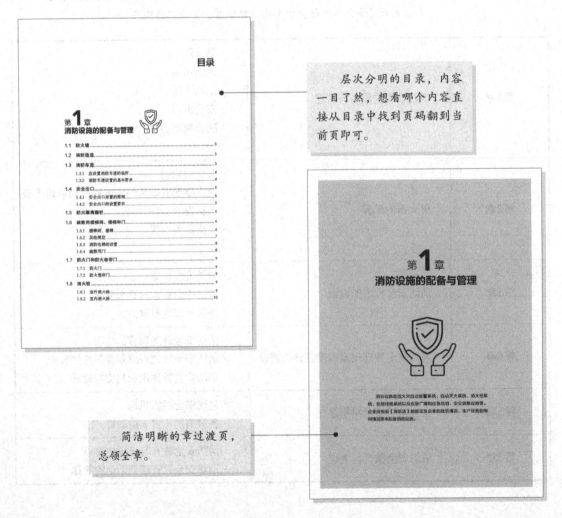

层次分明的目录，内容一目了然，想看哪个内容直接从目录中找到页码翻到当前页即可。

简洁明晰的章过渡页，总领全章。

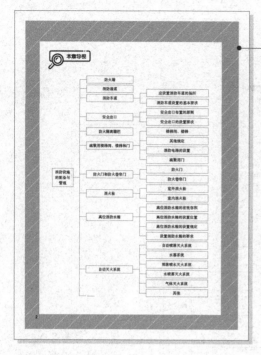

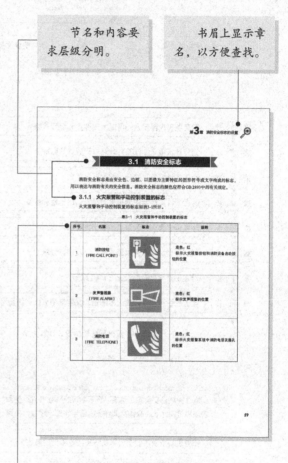

章前的纲目图，清晰地展示本章的逻辑结构和内容。

节名和内容要求层级分明。

书眉上显示章名，以方便查找。

每章的范本都按前后排序，具可追溯性。

表格规范、整齐，使内容读来更加轻松、明晰。

范本的内容来自规范化管理的中国500强企业，具有极强的实际可操作性，读者可拿来即用，进行个性化DIY，大大提高工作效率。

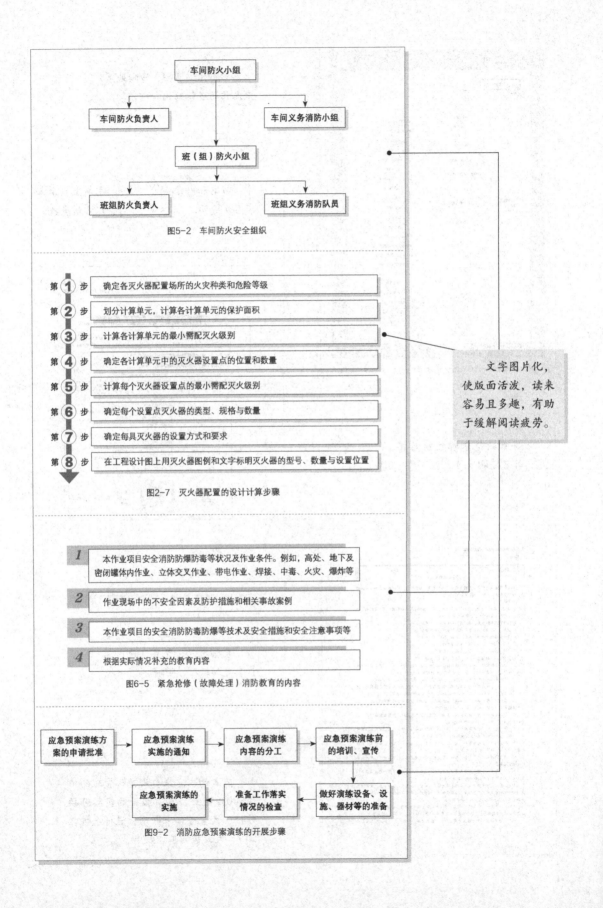

图5-2　车间防火安全组织

第①步　确定各灭火器配置场所的火灾种类和危险等级

第②步　划分计算单元，计算各计算单元的保护面积

第③步　计算各计算单元的最小需配灭火级别

第④步　确定各计算单元中的灭火器设置点的位置和数量

第⑤步　计算每个灭火器设置点的最小需配灭火级别

第⑥步　确定每个设置点灭火器的类型、规格与数量

第⑦步　确定每具灭火器的设置方式和要求

第⑧步　在工程设计图上用灭火器图例和文字标明灭火器的型号、数量与设置位置

图2-7　灭火器配置的设计计算步骤

1　本作业项目安全消防防爆防毒等状况及作业条件。例如，高处、地下及密闭罐体内作业、立体交叉作业、带电作业、焊接、中毒、火灾、爆炸等

2　作业现场中的不安全因素及防护措施和相关事故案例

3　本作业项目的安全消防防毒防爆等技术及安全措施和安全注意事项等

4　根据实际情况补充的教育内容

图6-5　紧急抢修（故障处理）消防教育的内容

应急预案演练方案的申请批准 → 应急预案演练实施的通知 → 应急预案演练内容的分工 → 应急预案演练前的培训、宣传

应急预案演练的实施 ← 准备工作落实情况的检查 ← 做好演练设备、设施、器材等的准备

图9-2　消防应急预案演练的开展步骤

文字图片化，使版面活泼，读来容易且多趣，有助于缓解阅读疲劳。

目录

第**1**章
消防设施的配备与管理

第2章
灭火器的配置

第 **3** 章
消防安全标志的设置

第**4**章
消防安全管理规章制度制定与管理

第**5**章
企业消防安全组织建立

第6章
消防安全教育与培训

第7章
消防安全检查

第8章
火灾隐患排除

第9章
消防应急预案的编制与实施

第 **10** 章
火灾事故责任分析

第 **1** 章
消防设施的配备与管理

消防设施是指火灾自动报警系统、自动灭火系统、消火栓系统、防烟排烟系统以及应急广播和应急照明、安全疏散设施等。企业应根据《消防法》的规定及企业的建筑情况、生产经营的物料情况等来配备消防设施。

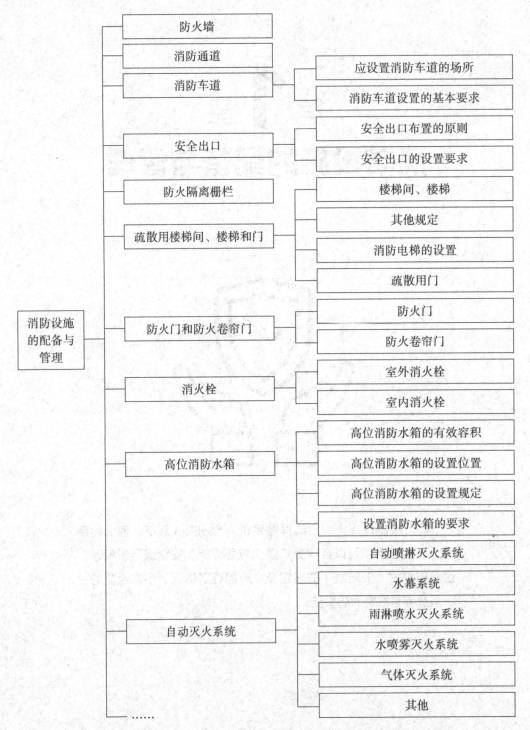

消防设施的配备与管理
├─ 防火墙
├─ 消防通道
├─ 消防车道
│   ├─ 应设置消防车道的场所
│   └─ 消防车道设置的基本要求
├─ 安全出口
│   ├─ 安全出口布置的原则
│   └─ 安全出口的设置要求
├─ 防火隔离栅栏
├─ 疏散用楼梯间、楼梯和门
│   ├─ 楼梯间、楼梯
│   ├─ 其他规定
│   ├─ 消防电梯的设置
│   └─ 疏散用门
├─ 防火门和防火卷帘门
│   ├─ 防火门
│   └─ 防火卷帘门
├─ 消火栓
│   ├─ 室外消火栓
│   └─ 室内消火栓
├─ 高位消防水箱
│   ├─ 高位消防水箱的有效容积
│   ├─ 高位消防水箱的设置位置
│   ├─ 高位消防水箱的设置规定
│   └─ 设置消防水箱的要求
├─ 自动灭火系统
│   ├─ 自动喷淋灭火系统
│   ├─ 水幕系统
│   ├─ 雨淋喷水灭火系统
│   ├─ 水喷雾灭火系统
│   ├─ 气体灭火系统
│   └─ 其他
└─ ……

1.1 防火墙

防火墙是指具有3h以上防火能力的墙（例如，100mm厚非承重砌体墙加抹灰就够），用于分隔防火分区。

防火墙设置要求如下。

（1）为赢得扑灭火灾的时间，要求防火墙由非燃烧体材料构成，耐火极限不低于3h。

（2）防火墙应直接砌筑在基础上或框架结构上，当防火墙一侧的屋架、梁和楼板被烧毁或受到严重破坏时，防火墙不至于倒塌。

（3）防火墙内不应设置通风排气道、门、窗洞口，如必须开设，防火门耐火等级应不低于1.2h。

（4）可燃气体和液体管道不应穿过防火墙。其他管道穿过时，应用非燃烧体材料将管道四周缝隙填塞紧密。

1.2 消防通道

消防通道是指消防人员实施营救和被困人员疏散的通道。楼梯口、过道都应安装有消防指示灯，如图1-1所示。

图1-1 消防通道

1.3 消防车道

消防车道是指火灾发生时供消防车通行的道路。根据规定消防车道的净宽和净空高度均不应小于4.0m，消防车道上不允许停放车辆，防止发生火灾时堵塞。

关于消防车道，企业应该根据《建筑设计防火规范（2018年版）》（GB 50016—2014）的要求来设置。

1.3.1　应设置消防车道的场所

街区内的道路应考虑消防车的通行，道路中心线间的距离不宜大于160m。当建筑物沿街道部分的长度大于150.0m或总长度大于220.0m时，应设置穿过建筑物的消防车道。当确有困难时，应设置环形消防车道。

有封闭内院或天井的建筑物，当其短边长度大于24.0m时，宜设置进入内院或天井的消防车道。

有封闭内院或天井的建筑物沿街时，应设置连通街道和内院的人行通道（可利用楼梯间），其间距不宜大于80.0m。

在穿过建筑物或进入建筑物内院的消防车道两侧，不应设置影响消防车通行或人员安全疏散的设施。

超过3000个座位的体育馆、超过2000个座位的会堂和占地面积大于3000㎡的商店、展览馆等单、多层公共建筑，应设置环形消防车道，确有困难时，可沿建筑两个长边设置消防车道。

工厂、仓库区内应设置消防车道。

占地面积大于3000㎡的甲、乙、丙类厂房或占地面积大于1500㎡的乙、丙类仓库，应设置环形消防车道，确有困难时，应沿建筑物的两个长边设置消防车道。

可燃材料露天堆场区，液化石油气储罐区，甲、乙、丙类液体储罐区和可燃气体储罐区，应设置消防车道。

1.3.2　消防车道设置的基本要求

消防车道的设置应符合下列规定。

（1）储量大于表1-1规定的堆场、储罐区，宜设置环形消防车道。

表1-1　堆场、储罐区的储量

名称	棉、麻、毛、化纤/t	稻草、麦秸、芦苇/t	木材/m³	甲、乙、丙类液体储罐/m³	液化石油气储罐/m³	可燃气体储罐/m³
储量	1000	5000	5000	1500	500	30000

（2）占地面积大于30000m²的可燃材料堆场，应设置与环形消防车道相连的中间消防车道，消防车道的间距不宜大于150.0m。液化石油气储罐区，甲、乙、丙类液体储罐区和可燃气体储罐区内的环形消防车道之间宜设置连通的消防车道。

（3）消防车道的边缘距离可燃材料堆垛不应小于5.0m。

（4）中间消防车道与环形消防车道交接处应满足消防车转弯半径的要求。

（5）供消防车取水的天然水源和消防水池应设置消防车道。消防车道的边缘距离取水点不宜大于2m。

（6）消防车道的净宽度和净空高度均不应小于4.0m。供消防车停留的空地，其坡度不宜大于8%。

（7）消防车道与建筑之间不应设置妨碍消防车操作的树木、架空管线等障碍物。

（8）环形消防车道至少应有两处与其他车道连通。尽头式消防车道应设置回车道或回车场，回车场的面积不应小于12.0m×12.0m；供重型消防车使用时，不宜小于18.0m×18.0m。

（9）消防车道路面、救援操作场地、消防车道的救援操作场地下面的管道和暗沟等，应能承受重型消防车的压力。

（10）消防车道可利用城乡、厂区道路，但该道路应满足消防车通行、转弯与停靠的要求。

（11）消防车道不宜与铁路正线平交。确须平交时，应设置备用车道，且两车道的间距不应小于一列火车的长度。

1.4　安全出口

安全出口是指供人员安全疏散用的楼梯间、室外楼梯的出入口或直通室内外安全区域的出口。建筑物内发生火灾时，为了减少损失，需要把建筑物内的人员和物资尽快撤到安全区域，这就是火灾时的安全疏散，凡是符合安全疏散要求的门、楼梯、走道等都称为安全出口。如建筑物的外门，着火层楼梯间的门，防火墙上所设的防火门，经过走道或楼梯能通向室外的门等，保证人员安全疏散的楼梯或直通室外地平面的出口都是安全出口。安全出口应分散布置，且易于寻找，并设置明显标志。如图1-2、图1-3所示。

图1-2　安全出口标志

图1-3　禁止锁闭标志

1.4.1　安全出口布置的原则

布置安全出口要遵照"双向疏散"的原则，即建筑物内常有人员停留的地点，均宜保持有两个方向的疏散路线，使疏散的安全性得到充分保证。

1.4.2　安全出口的设置要求

（1）门应向疏散方向开启。

（2）供人员疏散的门不应采用悬吊门、侧拉门，严禁采用旋转门，自动启闭的门应有手动开启装置。

（3）当门开启后，门扇不应影响疏散走道和平台的宽度。

（4）人员密集的公共场所、观众厅的入场门、太平门，不应设置门槛，门内外1.40m范围内不应设置踏步；太平门应为推闩式外开门。

（5）建筑物内安全出口应分散不同方向布置，且相互间的距离不应小于5.0m。

（6）汽车库中的人员疏散出口与车辆疏散出口应分开设置。

1.5　防火隔离栅栏

防火隔离栅栏主要起隔离人员的作用，目的是防止非专业人员进入重要场所；另外在危险环境下防火栅栏两用门能够起到隔离火源的作用，如图1-4所示。

图1-4　防火隔离栅栏

1.6　疏散用楼梯间、楼梯和门

1.6.1　楼梯间、楼梯

楼梯是楼层建筑垂直交通工具，是安全疏散的重要通道。根据防火要求，可将楼梯间分为敞开楼梯间、封闭楼梯间、防烟楼梯间和室外疏散楼梯间四种形式，如表1-2所示。

表1-2　楼梯间的四种形式

类别	具体说明	应符合下列规定
敞开楼梯间	指建筑物内由墙体等围护构件构成的，无封闭防烟功能，且与其他使用空间相通的楼梯间	敞开楼梯间在低层建筑中广泛采用。由于楼梯间与走道之间无任何防火分隔措施，所以一旦发生火灾就会成为烟火蔓延的通道，因此，在高层建筑和地下建筑中不应采用

类别	具体说明	应符合下列规定
封闭楼梯间	指用耐火建筑构件分隔，能防止烟和热气进入的楼梯间。高层民用建筑和高层工业建筑中封闭楼梯间的门应为向疏散方向开启的乙级防火门	（1）当不能天然采光和自然通风时，应按防烟楼梯间的要求设置； （2）楼梯间的首层可将走道和门厅等包括在楼梯间内，形成扩大的封闭楼梯间，但应采用乙级防火门等措施与其他走道和房间隔开； （3）除楼梯间的门之外，楼梯间的内墙上不应开设其他门窗洞口； （4）高层厂房（仓库）、人员密集的公共建筑、人员密集的多层丙类厂房设置封闭楼梯间时，通向楼梯间的门应采用乙级防火门，并应向疏散方向开启； （5）其他建筑封闭楼梯间的门可采用双向弹簧门
防烟楼梯间	指具有防烟前室和防排烟设施并与建筑物内使用空间分隔的楼梯间	防烟楼梯间除应符合疏散楼梯间的有关规定，还应符合下列规定： （1）楼梯间入口处应设前室、阳台或凹廊； （2）前室的面积，对于公共建筑不应小于6㎡，与消防电梯合用的前室不应小于10㎡；对于居住建筑不应小于4.5㎡，与消防电梯合用前室的面积不应小于6㎡；对于人防工程不应小于10㎡； （3）前室和楼梯间的门均应为乙级防火门，并应向疏散方向开启
室外疏散楼梯间	指用耐火结构与建筑物分隔，设在墙外的楼梯。室外疏散楼梯主要用于应急疏散，可作为辅助防烟楼梯使用	（1）楼梯及每层出口平台应用不燃材料制作。平台的耐火极限不应低于1h； （2）在楼梯周围2m范围内的墙上，除疏散门外，不应开设其他门窗洞口。疏散门应采用乙级防火门，且不应正对楼梯段； （3）楼梯的最小净宽不应小于0.9m，倾斜角一般不宜大于45°，栏杆扶手高度不应小于1.1m

综上所述：防烟楼梯间防烟效果最好，更有利于人员疏散；其次是室外疏散楼梯间、封闭楼梯间；敞开楼梯间不能隔烟阻火，不利于人员疏散。

1.6.2 其他规定

（1）建筑物中的疏散楼梯间在各层的平面位置不应改变。地下室、半地下室的楼梯间，在首层应采用耐火极限不低于2h的不燃烧体隔墙与其他部位隔开并应直通室外，当必须在隔墙上开门时，应采用乙级防火门。

地下室、半地下室与地上层不应共用楼梯间，当必须共用楼梯间时，在首层应采用耐火极限不低于2h的不燃烧体隔墙和乙级防火门将地下、半地下部分与地上部分的连通部位完全隔开，并应有明显标志。

（2）外楼梯符合下列规定时可作为疏散楼梯。

①栏杆扶手的高度不应小于1.1m，楼梯的净宽度不应小于0.9m。

②倾斜角度不应大于45°。

③楼梯段和平台均应采取不燃材料制作。平台的耐火极限不应低于1h，楼梯段的耐火极限不应低于0.25h。

④通向室外楼梯的门宜采用乙级防火门，并应向室外开启。

⑤除疏散门外，楼梯周围2.0m内的墙面上不应设置门窗洞口。疏散门不应正对楼梯段。

（3）用作丁、戊类厂房内第二安全出口的楼梯可采用金属梯，但其净宽度不应小于0.9m，倾斜角度不应大于45°。

（4）戊类高层厂房，当每层工作平台人数不超过2人且各层工作平台上同时生产人数总和不超过10人时，可采用敞开楼梯，或采用净宽度不小于0.9m、倾斜角度小于等于60°的金属梯兼作疏散楼梯。

特别提示

疏散用楼梯和疏散通道上的阶梯不宜采用螺旋楼梯和扇形踏步。当必须采用时，踏步上下两级所形成的平面角度不应大于10°，且每级离扶手25cm处的踏步深度不应小于22cm。

1.6.3 消防电梯的设置

消防电梯的设置应符合下列规定。

（1）消防电梯间应设置前室。前室的门应采用乙级防火门。设置在仓库连廊、冷库穿堂或谷物筒仓工作塔内的消防电梯，可不设置前室。

（2）前室宜靠外墙设置，在首层应设置直通室外的安全出口或经过长度小于或等于30.0m的通道通向室外。

（3）消防电梯井、机房与相邻电梯井、机房之间，应采用耐火极限不低于2h的不燃烧体隔墙隔开；当在隔墙上开门时，应设置甲级防火门。

（4）在首层的消防电梯井外壁上应设置供消防队员专用的操作按钮。消防电梯轿厢的内装修应采用不燃烧材料且其内部应设置专用消防对讲电话。

（5）消防电梯的井底应设置排水设施，排水井的容量不应小于$2m^3$，排水泵的排水量不应小于10L/s。消防电梯间前室门口宜设置挡水设施。

（6）消防电梯的载重量不应小于800kg。

（7）消防电梯的行驶速度，应按从首层到顶层的运行时间不超过60s计算确定。

（8）消防电梯的动力与控制电缆、电线应采取防水措施。

1.6.4 疏散用门

建筑中的封闭楼梯间、防烟楼梯间、消防电梯间前室及合用前室，不应设置卷帘门。疏散走道在防火分区处应设置甲级常开防火门。建筑中的疏散用门应符合下列规定。

（1）民用建筑和厂房的疏散用门应向疏散方向开启。除甲、乙类生产房间外，人数不超过60人的房间且每樘门的平均疏散人数不超过30人时，其门的开启方向不限。

（2）民用建筑及厂房的疏散用门应采用平开门，不应采用推拉门、卷帘门、吊门、转门。

（3）仓库的疏散用门应为向疏散方向开启的平开门，首层靠墙的外侧可设推拉门或卷帘门，但甲、乙类仓库不应采用推拉门或卷帘门。

（4）人员密集场所平时需要控制人员随意出入的疏散用门，或设有门禁系统的居住建筑外门，应保证火灾时不需使用钥匙等任何工具即能从内部易于打开，并应在显著位置设置标志和使用提示。

1.7 防火门和防火卷帘门

1.7.1 防火门

（1）防火门的分类。防火门按其耐火极限可分为甲、乙、丙级防火门，其耐火极限分别不应低于1.2h、0.9h和0.6h。

（2）防火门的设置应符合下列规定。

①应具有自闭功能。双扇防火门应具有按顺序关闭的功能。

②常开防火门应能在火灾时自行关闭，并应有信号反馈的功能。

③防火门内外两侧应能手动开启。

④设置在变形缝附近时，防火门开启后，其门扇不应跨越变形缝，并应设置在楼层较多的一侧。

1.7.2 防火卷帘门

防火卷帘门是在钢质卷帘的基础上，将传动部件加以改造，配以防火电器等设备，从而实现防火作用。防火电机由防火电控箱控制，通过变速装置驱动卷轴使卷帘门起闭，停电时也可使用防火电机上的手动摇柄，实现手动操作。在机械相对运动处，采用联轴器代替链轮传动，道轨内摩擦处镶嵌铜板或尼龙。最适合于使用或保管可燃性气体、挥发性化学药品等具有高发火性物品的工厂和仓库等出现或可能出现爆炸的火灾危险的环境。

1.8 消火栓

消火栓是一种固定消防工具。主要作用是控制可燃物、隔绝助燃物、消除着火源。消火栓主要供消防车从市政给水管网或室外消防给水管网取水实施灭火，也可以直接连接水带、水枪出水灭火。

消火栓通常分为室外消火栓和室内消火栓。

1.8.1 室外消火栓

室外消火栓是设置在建筑物外面消防给水管网上的供水设施，主要供消防车从市政给水管网或室外消防给水管网取水实施灭火，也可以直接连接水带、水枪出水灭火。所以，室外消火栓系统也是扑救火灾的重要消防设施之一。如图1-5所示。

图1-5　室外消火栓

室外消火栓的布置应符合下列规定。

（1）室外消火栓应沿道路设置。当道路宽度大于60.0m时，宜在道路两边设置消火栓，并宜靠近十字路口。

（2）甲、乙、丙类液体储罐区和液化石油气储罐区的消火栓应设置在防火堤或防护墙外。距罐壁15m范围内的消火栓，不应计算在该罐可使用的数量内。

（3）室外消火栓的间距不应大于120.0m。

（4）室外消火栓的保护半径不应大于150.0m；在市政消火栓保护半径150.0m以内，当室外消防用水量小于等于15L/s时，可不设置室外消火栓。

（5）室外消火栓的数量应按其保护半径和室外消防用水量等综合计算确定，每个室外消火栓的用水量应按10～15L/s计算；与保护对象的距离在5～40m范围内的市政消火栓，可计入室外消火栓的数量内。

（6）室外消火栓宜采用地上式消火栓。地上式消火栓应有1个$D1150$或$D1100$和两个$D165$的栓口。采用室外地下式消火栓时，应有$D1100$和$D165$的栓口各1个。寒冷地区设置的室外消火栓应有防冻措施。

（7）消火栓距路边不应大于2.0m，距房屋外墙不宜小于5.0m。

（8）工艺装置区内的消火栓应设置在工艺装置的周围，其间距不宜大于60.0m。当工艺装置区宽度大于120.0m时，宜在该装置区内的道路边设置消火栓。

（9）建筑的室外消火栓、阀门、消防水泵接合器等设置地点应设置相应的永久性固定标志。

1.8.2　室内消火栓

室内消火栓是室内管网向火场供水的，带有阀门的接口，为工厂、仓库、高层建筑、公共建筑及船舶等室内固定消防设施，通常安装在消火栓箱内，与消防水带和水枪等器材配套使用。

遇火警时，连接好水带水枪，并与室内消火栓相连接，把手轮按开启方向旋转，即能喷水灭火。消防箱内配备消防水带、消防水枪，均为专用器材，不得擅自动用。特殊情况（如发生火情）可紧急动用，当使用完毕后应通知消防部门及时晾晒并随时配置完整，以备紧急时使用，如图1-6所示。

图1-6 室内消火栓

（1）室内消火栓等的设置场所。除符合《建筑设计防火规范》（GB 50016）规定外，下列建筑应设置D165的室内消火栓。

① 建筑占地面积大于300㎡的厂房（仓库）。

② 体积大于5000m³的车站、码头、机场的候车（船、机）楼、展览建筑、商店、旅馆建筑、病房楼、门诊楼、图书馆建筑等。

③ 特等、甲等剧场，超过800个座位的其他等级的剧场和电影院等，超过1200个座位的礼堂、体育馆等。

④ 超过5层或体积大于10000m³的办公楼、教学楼、非住宅类居住建筑等其他民用建筑。

⑤ 建筑高度大于27m的住宅应设置室内消火栓系统。当确有困难时，可只设置干式消防竖管和不带消火栓箱的DN65的室内消火栓。

特别提示

　　耐火等级为一级、二级且可燃物较少的单层、多层丁、戊类厂房（仓库），耐火等级为三级、四级且建筑体积小于等于3000m³的丁类厂房和建筑体积小于等于5000m³的戊类厂房（仓库），粮食仓库、金库可不设置室内消火栓。

⑥ 国家级文物保护单位的重点砖木或木结构的古建筑，宜设置室内消火栓。

（2）室内消火栓的布置应符合下列规定。

① 除无可燃物的设备层外，设置室内消火栓的建筑物，其各层均应设置消火栓。

② 消防电梯间前室内应设置消火栓。

③ 室内消火栓应设置在位置明显且易于操作的部位。栓口离地面或操作基面高度宜为1.1m，其出水方向宜向下或与设置消火栓的墙面角度呈90°；栓口与消火栓箱内边缘的距离不应影响消防水带的连接。

④ 冷库内的消火栓应设置在常温穿堂或楼梯间内。

⑤ 室内消火栓的间距应由计算确定。高层厂房（仓库）、高架仓库和甲、乙类厂房中室内消火栓的间距不应大于30m；其他单层和多层建筑中室内消火栓的间距不应大于50m。

⑥同一建筑物内应采用统一规格的消火栓、水枪和水带。每条水带的长度不应大于25m。

⑦室内消火栓的布置应保证每一个防火分区同层有两支水枪的充实水柱同时到达任何部位。建筑高度小于等于24m且体积小于等于5000m³的多层仓库，可采用1支水枪充实水柱到达室内任何部位。

水枪的充实水柱应经计算确定，甲、乙类厂房，层数超过6层的公共建筑和层数超过4层的厂房（仓库），不应小于10m；高层厂房（仓库）、高架仓库和体积大于25000m³的商店、体育馆、影剧院、会堂、展览建筑，车站、码头、机场建筑等，不应小于13m；其他建筑，不宜小于7m。

⑧高层厂房（仓库）和高位消防水箱静压不能满足最不利点消火栓水压要求的其他建筑，应在每个室内消火栓处设置直接启动消防水泵的按钮，并应有保护设施。

⑨室内消火栓栓口处的出水压力大于0.5MPa时，应设置减压设施；静水压力大于1MPa时，应采用分区给水系统。

⑩设有室内消火栓的建筑，如为平屋顶时，宜在平屋顶上设置试验和检查用的消火栓。

特别提示

室内消火栓、阀门等设置地点应设置永久性固定标志。

1.9 高位消防水箱

高位消防水箱一般都设置在屋顶，用于扑灭初起火灾。正常情况时，高位水箱里保持一定水位，并与消防管道相通，管道中充满水。一旦发生火灾，喷头破裂，管网的水顺势流出。之所以消防水箱设在屋顶，就是要保证水流的压力。水箱压力的高低对于扑救建筑物顶层或附近几层的火灾关系很大，压力低可能出不了水或达不到要求的充实水柱，也不能启动自动喷水系统报警阀压力开关，影响灭火效率，为此高位消防水箱应规定其最低有效压力或者高度。综上，高位消防水箱包括两个作用：一是提供初起火灾的消防用水水量；二是保证消防用水的水压。如图1-7所示。

图1-7 高位消防水箱

1.9.1 高位消防水箱的有效容积

《消防给水及消火栓系统技术规范》（GB 50974—2014）对高位消防水箱的设置有具体的规定。

临时高压消防给水系统的高位消防水箱的有效容积应满足初起火灾消防用水量的要求，并应符合下列规定：

（1）一类高层公共建筑，不应小于36m³；但当建筑高度大于100m时，不应小于50m³；当建筑高度大于150m时，不应小于100m³。

（2）多层公共建筑、二类高层公共建筑和一类高层住宅，不应小于18m³，当一类高层住宅建筑高度超过100m时，不应小于36m³。

（3）二类高层住宅，不应小于12m³。

（4）建筑高度大于21m的多层住宅，不应小于6m³。

（5）工业建筑室内消防给水设计流量当小于或等于25L/s时，不应小于12m³，大于25L/s时，不应小于18m³。

（6）总建筑面积大于10000m²且小于30000m²的商店建筑，不应小于36m³，总建筑面积大于30000m²的商店，不应小于50m³，当与（1）规定不一致时应取其较大值。

1.9.2 高位消防水箱的设置位置

高位消防水箱的设置位置应高于其所服务的水灭火设施，且最低有效水位应满足水灭火设施最不利点处的静水压力，并应按下列规定确定：

（1）一类高层公共建筑，不应低于0.10MPa，但当建筑高度超过100m时，不应低于0.15MPa；

（2）高层住宅、二类高层公共建筑、多层公共建筑，不应低于0.07MPa，多层住宅不宜低于0.07MPa；

（3）工业建筑不应低于0.10MPa，当建筑体积小于20000m³时，不宜低于0.07MPa；

（4）自动喷水灭火系统等自动水灭火系统应根据喷头灭火需求压力确定，但最小不应小于0.10MPa；

（5）当高位消防水箱不能满足第（1）~（4）的静压要求时，应设稳压泵。

1.9.3 高位消防水箱的设置规定

高位消防水箱的设置应符合下列规定：

（1）当高位消防水箱在屋顶露天设置时，水箱的人孔以及进出水管的阀门等应采取锁具或阀门箱等保护措施；

（2）严寒、寒冷等冬季冰冻地区的消防水箱应设置在消防水箱间内，其他地区宜设置在室内，当必须在屋顶露天设置时，应采取防冻隔热等安全措施；

（3）高位消防水箱与基础应牢固连接；

（4）高位消防水箱间应通风良好，不应结冰，当必须设置在严寒、寒冷等冬季结冰地区的非采暖房间时，应采取防冻措施，环境温度或水温不应低于5℃。

1.9.4 设置消防水箱的要求

设置临时高压给水系统的建筑物应设置消防水箱（包括气压水罐、水塔、分区给水系统的分区水箱）。消防水箱的设置应符合下列规定。

（1）重力自流的消防水箱应设置在建筑的最高部位。

（2）消防水箱应储存10min的消防用水量。当室内消防用水量小于等于25L/s，经计算消防水箱所需消防储水量大于12m³时，仍可采用12m³；当室内消防用水量大于25L/s，经计算消防水箱所需消防储水量大于18m³时，仍可采用18m³。

（3）消防用水与其他用水合用的水箱应采取消防用水不作他用的技术措施。

（4）发生火灾后，由消防水泵供给的消防用水不应进入消防水箱。

（5）消防水箱可分区设置。

1.10 自动灭火系统

1.10.1 自动喷淋灭火系统

自动喷淋灭火系统是一个专业术语，特指由洒水喷头、报警阀组、水流报警装置（水流指示器或压力开关）等组件，以及管道、供水设施组成的自动灭火系统。在火灾初起阶段自动启动喷水，灭火或控制火势的蔓延。目前自动喷淋灭火系统是国际上应用范围最广、用量最大、灭火成功率最高，且造价最为低廉的固定灭火设施，并被公认是最为有效的建筑火灾自救设施，如图1-8所示。

图1-8 喷淋系统消防泵房

下列场所应设置自动灭火系统，除不宜用水保护或灭火的，宜采用自动喷淋灭火系统。

（1）大于等于50000锭的棉纺厂的开包、清花车间；大于等于5000锭的麻纺厂的分级、梳麻车间；火柴厂的烤梗、筛选部位；泡沫塑料厂的预发、成型、切片、压花部位；占地面积大于1500㎡的木器厂房；占地面积大于1500㎡或总建筑面积大于3000㎡的单层、多层制鞋、制衣、玩具及电子等厂房；高层丙类厂房；飞机发动机试验台的准备部位；建筑面积大于500㎡的丙类地下厂房。

（2）每座占地面积大于1000㎡的棉、毛、丝、麻、化纤、毛皮及其制品的仓库；每座占地面积大于600㎡的火柴仓库；邮政楼中建筑面积大于500㎡的空邮袋库；建筑面积大于500㎡的可燃物品地下仓库；可燃、难燃物品的高架仓库和高层仓库（冷库除外）。

（3）特等、甲等或超过1500个座位的其他等级的剧院；超过2000个座位的会堂或礼堂；超过3000个座位的体育馆；超过5000人的体育场的室内人员休息室与器材间等。

（4）任一楼层建筑面积大于1500㎡或总建筑面积大于3000㎡的展览建筑、商店、旅馆建筑以及医院中同样建筑规模的病房楼、门诊楼、手术部；建筑面积大于500㎡的地下商店。

（5）设置有送回风道（管）的集中空气调节系统且总建筑面积大于3000㎡的办公楼等。

（6）设置在地下、半地下或地上四层及四层以上或设置在建筑的首层、二层和三层且任一层建筑面积大于300㎡的地上歌舞娱乐放映游艺场所（游泳场所除外）。

（7）藏书量超过50万册的图书馆。

1.10.2 水幕系统

水幕系统，也称水幕灭火系统，是由水幕喷头、雨淋报警阀组或感温雨淋阀、供水与配水管道、控制阀及水流报警装置等组成的主要起阻火、冷却、隔离作用的自动喷水灭火系统。水幕系统主要用于需要进行水幕保护或防火隔断的部位，如设置在企业中的各防火区或设备之间，阻止火势蔓延扩大，阻隔火灾事故产生的辐射热，对泄漏的易燃、易爆、有害气体和液体起疏导和稀释作用。如图1-9所示。

图1-9　水幕系统

水幕系统不具备直接灭火的能力，是用于挡烟阻火和冷却隔离的防火系统。防火分隔水幕系统利用密集喷洒形成的水墙或多层水帘，封堵防火分区处的孔洞，阻挡火灾和烟气的蔓延。防护冷却水幕系统则利用喷水在物体表面形成的水膜，控制防火分区处分隔物的温度，使分隔物的完整性和隔热性免遭火灾破坏。

下列部位宜设置水幕系统。

（1）特等、甲等或超过1500个座位的其他等级的剧院和超过2000个座位的会堂或礼堂的舞台口，以及与舞台相连的侧台、后台的门窗洞口。

（2）应设防火墙等防火分隔物而无法设置的局部开口部位。

1.10.3　雨淋喷水灭火系统

雨淋喷水灭火系统是指由开式喷头、管道系统、雨淋阀、火灾探测器、报警控制装置、控制组件和供水设备等组成的消防系统。平时，雨淋阀后的管网充满水或压缩空气，其中的压力与进水管中水压相同，此时，雨淋阀由于传动系统中的水压作用而紧紧关闭着。该系统具有出水量大、灭火及时的优点。适用于火灾蔓延快、危险性大的建筑或部位。

下列场所应设置雨淋喷水灭火系统。

（1）火柴厂的氯酸钾压碾厂房；建筑面积大于100㎡生产、使用硝化棉、喷漆棉、火胶棉、赛璐珞胶片、硝化纤维的厂房。

（2）建筑面积超过60㎡或储存量超过2t的硝化棉、喷漆棉、火胶棉、赛璐珞胶片、硝化纤维的仓库。

（3）日装瓶数量超过3000瓶的液化石油气储配站的灌瓶间、实瓶库。

（4）特等、甲等或超过1500个座位的其他等级的剧院和超过2000个座位的会堂或礼堂的舞台的葡萄架下部。

（5）建筑面积大于等于400㎡的演播室，建筑面积大于等于500㎡的电影摄影棚。

（6）乒乓球厂的轧坯、切片、磨球、分球检验部位。

1.10.4 水喷雾灭火系统

水喷雾灭火系统是指由水源、供水设备、管道、雨淋阀组、过滤器和水雾喷头等组成的系统。其灭火机理是当水以细小的雾状水滴喷射到正在燃烧的物质表面时，产生表面冷却、窒息、乳化和稀释的综合效应，实现灭火。水喷雾灭火系统具有适用范围广的优点，不仅可以提高扑灭固体火灾的灭火效率，同时由于水雾具有不会造成液体火飞溅、电气绝缘性好的特点，在扑灭可燃液体火灾、电气火灾中均得到广泛的应用。

下列场所应设置自动灭火系统，且宜采用水喷雾灭火系统。

（1）单台容量在40MV·A及以上的厂矿企业油浸电力变压器、单台容量在90MV·A及以上的油浸电厂电力变压器，或单台容量在125MV·A及以上的独立变电所油浸电力变压器。

（2）飞机发动机试验台的试车部位。

1.10.5 气体灭火系统

气体灭火系统主要用在不适于设置水灭火系统等其他灭火系统的环境中，比如计算机机房、重要的图书馆档案馆、移动通信基站（房）、UPS室、电池室、一般的柴油发电机房等。

（1）适用范围。气体灭火系统适用于扑救下列火灾。

①电气火灾。

②固体表面火灾。

③液体火灾。

④灭火前能切断气源的气体火灾。

注：除电缆隧道（夹层、井）及自备发电机房外，K型和其他型热气溶胶预制灭火系统不得用于其他电气火灾。

气体灭火系统不适用于扑救下列火灾。

①硝化纤维、硝酸钠等氧化剂或含氧化剂的化学制品火灾。

②钾、镁、钠等活泼金属火灾。

③氢化钾、氢化钠等金属氢化物火灾。

④过氧化氢、联胺等能自行分解的化学物质火灾。

⑤可燃固体物质的深位火灾。

（2）宜采用气体灭火系统的场所。下列场所应设置自动灭火系统，且宜采用气体灭火系统。

①国家、省级或人口超过100万的城市广播电视发射塔楼内的微波机房、分米波机房、米波机房、变配电室和不间断电源UPS室。

②国际电信局、大区中心、省中心和一万路以上的地区中心内的长途程控交换机房、控制室和信令转接点室。

③两万线以上的市话汇接局和六万门以上的市话端局内的程控交换机房、控制室和信令转接点室。

④中央及省级治安、防灾和网局级及以上的电力等调度指挥中心内的通信机房和控

制室。

⑤主机房建筑面积大于等于140㎡的电子计算机房内的主机房和基本工作间的已记录磁（纸）介质库。

⑥中央和省级广播电视中心内建筑面积不小于120㎡的音像制品仓库。

⑦国家、省级或藏书量超过100万册的图书馆内的特藏库；中央和省级档案馆内的珍藏库和非纸质档案库；大、中型博物馆内的珍品仓库；一级纸绢质文物的陈列室。

⑧其他特殊重要设备室。

（3）安装检查要求

①储存容器的规格和数量符合设计文件要求，且同一系统的储存容器的规格、尺寸要一致，其高度差不超过20mm。

②储存容器表面应标明编号，容器的正面应标明设计规定的灭火剂名称，字迹明显清晰。储存装置上应设耐久的固定铭牌，标明设备型号、储瓶规格、出厂日期；每个储存容器上应贴有瓶签，并标有灭火剂名称、充装量、充装日期和储存压力等。

③储存容器必须固定在支架上，支架与建筑构件固定，要牢固可靠，并做防腐处理；操作面距墙或操作面之间的距离不宜小于1.0m，且不小于储存容器外径的1.5倍。

④容器阀上的压力表无明显机械损伤，在同一系统中的安装方向要一致，其正面朝向操作面。同一系统中容器阀上的压力表的安装高度差不宜超10mm，相差较大时，允许使用垫片调整；二氧化碳灭火系统要设检漏装置。

⑤灭火剂储存容器的充装量和储存压力符合设计文件，且不超过设计充装量的1.5%；卤代烷灭火剂储存容器内的实际压力不低于相应温度下的储存压力，且不超过该储存压力的5%；储存容器中充装的二氧化碳质量损失不大于10%。

⑥容器阀和集流管之间采用挠性连接。

⑦灭火剂总量、每个防护分区的灭火剂量符合设计文件。组合分配的二氧化碳气体灭火系统保护5个及以上的防护区或保护对象时，或在48h内不能恢复时，二氧化碳要有备用量；其他灭火系统的储存装置72h内不能重新充装恢复工作的，按系统原储存量的100%设置备用量，各防护区的灭火剂储量要符合设计文件。

1.10.6 其他

（1）甲、乙、丙类液体储罐等泡沫灭火系统的设置场所应符合《石油库设计规范》（GB 50074）、《石油化工企业设计防火规范》（GB 50160）、《石油天然气工程设计防火规范》（GB 50183）等的有关标准及规定。

（2）建筑面积大于3000㎡且无法采用自动喷水灭火系统的展览厅、体育馆观众厅等人员密集场所，建筑面积大于5000㎡且无法采用自动喷水灭火系统的丙类厂房，宜设置固定消防炮等灭火系统。

（3）营业面积大于500㎡的餐饮场所，其烹饪操作间的排油烟罩及烹饪部位宜设置自动灭火装置，且应在燃气或燃油管道上设置紧急事故自动切断装置。

1.11　消防水池与消防水泵房

1.11.1　消防水池

消防水池是人工建造的供固定或移动消防水泵吸水的储水设施。如图1-10所示。

图1-10　消防水池

（1）应设置消防水池的情况。符合下列规定之一的，应设置消防水池。

①当生产、生活用水量达到最大时，市政给水管道、进水管或天然水源不能满足室内外消防用水量。

②市政给水管道为枝状或只有1条进水管，且室内外消防用水量之和大于25L/s。

（2）消防水池应符合下列规定。

①当室外给水管网能保证室外消防用水量时，消防水池的有效容量应满足在火灾延续时间内室内消防用水量的要求。当室外给水管网不能保证室外消防用水量时，消防水池的有效容量应满足在火灾延续时间内室内消防用水量与室外消防用水量不足部分之和的要求。

当室外给水管网供水充足且在火灾情况下能保证连续补水时，消防水池的容量可减去火灾延续时间内补充的水量。

②补水量应经计算确定，且补水管的设计流速不宜大于2.5m/s。

③消防水池的补水时间不宜超过48h；对于缺水地区或独立的石油库区，不应超过96h。

④容量大于500m³的消防水池，应分设成两个能独立使用的消防水池。

⑤供消防车取水的消防水池应设置取水口或取水井，且吸水高度不应大于6.0m。取水口或取水井与建筑物（水泵房除外）的距离不宜小于15m；与甲、乙、丙类液体储罐的距离不宜小于40m；与液化石油气储罐的距离不宜小于60m，如采取防止热辐射的保护措施时，可减为40m。

⑥消防水池的保护半径不应大于150.0m。

⑦消防用水与生产、生活用水合并的水池，应采取确保消防用水不作他用的技术措施。

⑧严寒和寒冷地区的消防水池应采取防冻保护设施。

1.11.2　水泵房

（1）独立建造的消防水泵房，其耐火等级不应低于二级。消防水泵房设置在首层时，其疏散门宜直通室外；设置在地下层或楼层上时，其疏散门应靠近安全出口。消防水泵房的门应采用甲级防火门。

（2）消防水泵房应有不少于两条的出水管直接与消防给水管网连接。当其中一条出水管关闭时，其余的出水管应仍能通过全部用水量。出水管上应设置试验和检查用的压力表和$D165$的放水阀门。当存在超压可能时，出水管上应设置防超压设施。

（3）一组消防水泵的吸水管不应少于2条。当其中一条关闭时，其余的吸水管应仍能通过全部用水量。消防水泵应采用自灌式吸水，并应在吸水管上设置检修阀门。

（4）当消防水泵直接从环状市政给水管网吸水时，消防水泵的扬程应按市政给水管网的最低压力计算，并以市政给水管网的最高水压校核。

（5）消防水泵应设置备用泵，其工作能力不应小于最大一台消防工作泵。当工厂、仓库、堆场和储罐的室外消防用水量小于等于25L/s或建筑的室内消防用水量小于等于10L/s时，可不设置备用泵。

（6）消防水泵应保证在火警后30s内启动。

（7）消防水泵与动力机械应直接连接。

1.12　防烟与排烟设施

防烟楼梯间及其前室、消防电梯间前室或合用前室应设置防烟设施。除此之外，下列场所也应设置排烟设施。

（1）丙类厂房中建筑面积大于300㎡的地上房间；人员、可燃物较多的丙类厂房或高度大于32m的高层厂房中长度大于20m的内走道；任一层建筑面积大于5000㎡的丁类厂房。

（2）占地面积大于1000㎡的丙类仓库。

（3）公共建筑中经常有人停留或可燃物较多，且建筑面积大于300㎡的地上房间；长度大于20.0m的内走道。

（4）中庭。

（5）设置在一层、二层、三层且房间建筑面积大于200㎡或设置在四层及四层以上或地下、半地下的歌舞、娱乐、放映、游艺场所。

（6）总建筑面积大于200㎡或一个房间建筑面积大于50㎡且经常有人停留或可燃物较多的地下、半地下建筑或地下室、半地下室。

（7）其他建筑中长度大于40m的疏散走道。

1.13　消防事故广播及对讲系统

　　消防事故广播及对讲系统由扩音机、扬声器、切换模块、消防广播控制柜等组成。当消防值班人员得到火情后，可以通过电话与各防火分区通话了解火灾情况，也可通过广播及时通知有关人员采取相应措施，进行疏散。

　　消防控制中心应设置火灾事故广播系统与消防电话系统专用柜，其作用是发生火灾时指挥现场人员进行疏散及向消防部门及时报警。如图1-11所示。

图1-11　消防事故广播及对讲系统专柜

1.14　应急照明和疏散指示标志

　　火灾发生时，为了防止触电和通过电气设备、线路扩大火势，应该及时切断发生火灾区域的电源，但这样做在夜晚或烟火较浓时容易造成混乱，给疏散和灭火带来极大的困难。因此，应当设置火灾事故应急照明和疏散指示标志。

1.14.1　应急照明

　　应急照明是指在火灾发生时，正常照明电源和其他非消防电源均停用，通过应急照明保证现场和人员走道的照明。除了在疏散楼梯、走道和消防电梯以及人员密集的场所等部位需设置事故照明外，对火灾时不能停电、必须坚持工作的场所，如配电室、消防控制室、消防水泵房、自备发电机房等也应设置应急照明。

　　供人员疏散使用的应急照明，主要保证通道的必要照度。消防控制室、消防水泵房、配电室和自备发电机房等部位的应急照明的最低照度，应与该部位工作时正常照明的最低照度相同。

　　消防应急照明灯是指发生消防事故时，在没有外置电源的情况下，可以保证照明，为

人员逃生提供发光帮助的一种电器。它平时利用外接电源供电，在断电时自动切换到使用
状态。如图1-12所示。

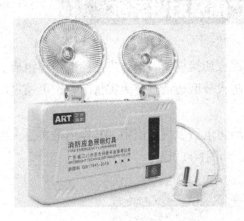

图1-12　消防应急照明灯

（1）应设置消防应急照明灯具的场所。除住宅外的民用建筑、厂房和丙类仓库的下列
部位应设置消防应急照明灯具。

①封闭楼梯间、防烟楼梯间及其前室、消防电梯间的前室或合用前室。

②消防控制室、消防水泵房、自备发电机房、配电室、防烟与排烟机房以及发生火灾
时仍需正常工作的其他房间。

③观众厅，建筑面积超过400㎡的展览厅、营业厅、多功能厅、餐厅，建筑面积超过
200㎡的演播室。

④建筑面积超过300㎡的地下、半地下建筑或地下室、半地下室中的公共活动房间。

⑤公共建筑中的疏散走道。

（2）消防应急照明灯具的照度。消防应急照明灯具的照度应符合下列规定。

①疏散走道的地面最低水平照度不应低于0.5lx。

②人员密集场所内的地面最低水平照度不应低于1.0lx。

③楼梯间内的地面最低水平照度不应低于5.0lx。

④消防控制室、消防水泵房、自备发电机房、配电室、防烟与排烟机房以及发生火灾
时仍需正常工作的其他房间的消防应急照明，仍应保证正常照明的照度。

 特别提示

消防应急照明灯具宜设置在墙面的上部、顶棚上或出口的顶部。

1.14.2　消防疏散指示标志

疏散指示标志应设在走道的墙面及转角处、楼梯间的门口上方以及环形走道中，其间

距不宜大于20m，距地1.5～1.8m，应标明出口（EXIT）的字样，且为红色，因为红色易透过烟火被识别。如图1-13所示。

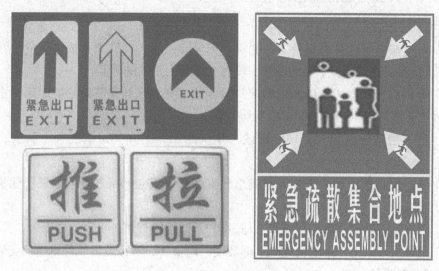

图1-13　消防疏散指示标志示例

（1）灯光疏散指示标志。公共建筑、高层厂房（仓库）及甲、乙、丙类厂房应沿疏散走道和在安全出口、人员密集场所的疏散门的正上方设置灯光疏散指示标志，并应符合下列规定。

①安全出口和疏散门的正上方应采用"安全出口（EXIT）"作为指示标志。

②沿疏散走道设置的灯光疏散指示标志，应设置在疏散走道及其转角处距地面高度1m以下的墙面上，且灯光疏散指示标志间距不应大于20m；对于袋形走道，不应大于10m；在走道转角区，不应大于1m，其指示标志应符合《消防安全标志 第1部分 标志》（GB13495·1）的有关规定。

（2）能保持视觉连续的灯光疏散指示标志或蓄光疏散指示标志。下列建筑或场所应在其内疏散走道和主要疏散路线的地面上增设能保持视觉连续的灯光疏散指示标志或蓄光疏散指示标志。

①总建筑面积超过8000㎡的展览建筑。

②总建筑面积超过5000㎡的地上商店。

③总建筑面积超过500㎡的地下、半地下商店。

④歌舞、娱乐、放映、游艺场所。

⑤座位数超过1500个的电影院、剧院，座位数超过3000个的体育馆、会堂或礼堂。

1.15　火灾自动报警系统

火灾自动报警系统是一种火灾预防装置。适用于办公楼、仓库、变电站、控制中心等，具有火灾报警自检、故障报警、报警记忆、自动充电、消音和复位等功能。

1.15.1 火灾自动报警系统设立的场所

下列场所应设置火灾自动报警系统。

（1）大中型电子计算机房及其控制室、记录介质库，特殊贵重或火灾危险性大的机器、仪表、仪器设备室、贵重物品库房，设有气体灭火系统的房间。

（2）每座占地面积大于1000㎡的棉、毛、丝、麻、化纤及其织物的库房，占地面积超过500㎡或总建筑面积超过1000㎡的卷烟库房。

（3）任一层建筑面积大于1500㎡或总建筑面积大于3000㎡的制鞋、制衣、玩具等厂房。

（4）任一层建筑面积大于3000㎡或总建筑面积大于6000㎡的商店、展览建筑、财贸金融建筑、客运和货运建筑等。

（5）图书、文物珍藏库，每座藏书超过100万册的图书馆，重要的档案馆。

（6）地市级及以上广播电视建筑、邮政楼、电信楼，城市或区域性电力、交通和防灾救灾指挥调度等建筑。

（7）甲等剧院或座位数超过1500个的其他等级的剧院、电影院，座位数超过2000个的会堂或礼堂，座位数超过3000个的体育馆。

（8）老年人建筑、任一楼层建筑面积大于1500㎡或总建筑面积大于3000㎡的旅馆建筑、疗养院的病房楼、儿童活动场所和大于等于200床位的医院的门诊楼、病房楼、手术部等。

（9）建筑面积大于500㎡的地下、半地下商店。

（10）设置在地下、半地下或建筑的地上四层及四层以上的歌舞、娱乐、放映、游艺场所。

（11）净高大于2.6m且可燃物较多的技术夹层，净高大于0.8m且有可燃物的闷顶或吊顶内。

 **特别提示**

建筑内可能散发可燃气体、可燃蒸气的场所应设置可燃气体报警装置。

1.15.2 火灾自动报警系统的设计

火灾自动报警系统由触发装置、报警装置、警报装置和电源组成。其中触发装置由手动报警按钮和火灾探测器组成；报警装置由中继器、探测报警控制装置、火灾报警控制器、火灾显示器组成；警报装置由火灾显示灯、火灾警报器，声、光显示器组成。

目前所采用的火灾自动报警系统，其基本形式有以下三种：区域报警系统、集中报警系统、控制中心报警系统。

（1）区域报警系统。采用区域报警系统应注意如下问题。

①单独使用的区域报警系统，一个报警区域宜设置一台区域报警控制器，必要时可使用两台，最多不能超过3台区域报警控制器。

如果区域报警控制器的数量多于3台，就应考虑采用集中报警系统。

②当用一台区域报警控制器警戒数个楼层时，为便于在探测器报警后，管理人员能及时、准确地到达报警地点，应在每个楼层楼梯口明显的地方设置识别报警楼层的灯光显示装置。

③壁挂式的区域报警控制器安装时，其底边距地面的高度不应小于1.5m，这样，整个控制器都在1.5m以上，既便于管理人员观察监视，又不致被小孩触摸到。另外，控制器门轴侧面距墙不应小于0.5m，正面操作距离不应小于1.2m。

④区域报警控制器一般应设在有人值班的房间或场所。如果确有困难，可将其安装在楼层走道、车间等公共场所或经常有值班人员管理巡逻的地方。

（2）集中报警系统。是由集中报警控制器、区域报警控制器和火灾探测器等组成的火灾自动报警系统。集中报警系统应由一台集中报警控制器和两台以上的区域报警控制器组成。

集中报警系统在设备布置时，应注意以下几点。

①集中报警控制器输入、输出信号线，在控制器上通过接线端子连接，不得将导线直接接到控制器上，且输入、输出信号线的接线端子上应有明显的标记和编号，便于线路检查、更换或维修。

②控制器前后应按规定留出操作、维修的距离。

盘前正面的操作距离为：单列布置时，不小于1.5m；双列布置时，不小于2m；值班人员经常工作的一面，盘面距墙不小于3m。盘后修理间距不小于1m，从盘前到盘后应为宽度不小于1m的通道。

③集中报警控制器应设在有人值班的房间或消防控制室。控制室的值班人员应经过当地消防机构培训后，持证上岗。

④集中报警控制器所连接的区域报警控制器应满足区域报警控制器的要求。

（3）控制中心报警系统。是由设置在消防控制室的消防控制设备、集中报警控制器、区域报警控制器和火灾探测器等组成的火灾自动报警系统。

控制中心报警系统的设备主要是：火灾警报装置，火警电话，火灾事故照明，火灾事故广播，防排烟、通风空调、消防电梯等联动控制装置，固定灭火系统控制装置等。

该系统在设计上应符合下列要求。

①系统中至少设有一台集中报警控制器和必要的消防控制装置。这些必要的消防控制装置和集中报警控制器都应设在消防控制室。有的厂家把消防控制装置同区域报警控制器设在一起。在区域报警控制器上完成联动控制功能后，将信号送到消防控制室。这种设计在大型工程中值得推广。

②在大型建筑群里，设在消防控制室以外的集中报警控制器和联动控制装置，均应将

火灾报警信号和联动控制信号传送到消防控制室。

1.16　消防控制室

消防控制室是设有火灾自动报警控制设备和消防控制设备，用于接收、显示、处理火灾报警信号，控制相关消防设施的专门处所。具有消防联动功能的火灾自动报警系统的保护对象中应设置消防控制室。如图1-14所示。

图1-14　消防控制室

1.16.1　消防控制室的适用条件

仅有火灾报警系统且无消防联动控制功能时，可设消防值班室，消防值班室可与经常有人值班的部门合并设置；设有火灾自动报警系统和自动灭火系统或设有火灾自动报警系统与防、排烟系统等具有联动控制功能时，应设消防控制室。根据实际情况，消防控制室可独立设置，也可以与保安监控室合用，并保证专人24小时值班。

1.16.2　消防控制室的位置选择

消防控制室是保障建筑物安全的重要部位之一，应设在交通便利和火灾不易延烧的部位，具体应满足以下要求。

（1）消防控制室应设在建筑物的首层，并应设直通室外的安全出口，安全出口的门应向疏散方向开启。

（2）消防控制室应设在内部和外部的消防人员能容易找到并可以接近的房间部位，且宜靠近消防施救面一侧。

（3）消防控制室不应设在厕所、锅炉房、浴室、汽车库、变压器等的隔壁和上、下层相对应的房间，且应采用耐火极限不低于2h的隔墙和1.5h的楼板与其他部位分隔开。

1.16.3　消防控制室设备的布置

室内设置的消防设备应包括火灾报警控制器、消防联动控制器、消防控制室图形显示装置、消防专用电话总机、消防应急广播控制装置、消防应急照明和疏散指示系统控制装置、消防电源监控器等设备或具有相应功能的组合设备。

消防控制室内设备的布置应符合《火灾自动报警系统设计规范》（GB 50116）的规定：

（1）设备面盘前的操作距离，单列布置时不应小于1.5m；双列布置时不应小于2m。

（2）在值班人员经常工作的一面，设备面盘至墙的距离不应小于3m。

（3）设备面盘后的维修距离不宜小于1m。

（4）设备面盘的排列长度大于4m时，其两端应设置宽度不小于1m的通道。

（5）与建筑其他弱电系统合用的消防控制室内，消防设备应集中设置，并应与其他设备间有明显间隔。

1.16.4　消防系统的管理、维护要求

（1）设有消防控制室的单位应配备消防管理、维修及值班人员，且人员必须经消防应急救援部门培训合格后持证上岗。

（2）消防控制室应在显要位置悬挂操作规程和值班员职责，配备统一的值班记录表和使用图表，值班人员应熟悉工作业务，做好值班记录和交接班工作。

（3）建筑局部内部装修的区域报警系统信息应并入整幢建筑的消防控制室，以便及时采取应急措施。

（4）消防系统的使用单位对系统应定期检查和试验，保证连续正常运行，不得随意中断。

第**2**章
灭火器的配置

　　灭火器是指能在其内部压力作用下，将所充装的灭火剂喷出以扑灭火灾，并能够由人力移动取用方便的灭火器具。灭火器的任务是扑救初起火灾，并以其结构简单、轻便灵活、使用便捷等特点而在诸多场合广泛运用，是消防实战中较理想的大众化灭火工具。因此，合理配置使用灭火器，对扑救、控制初起火灾起着举足轻重的作用。

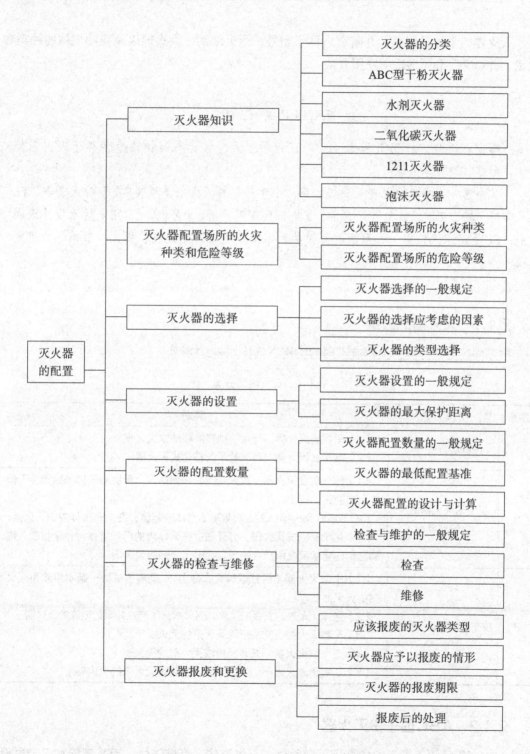

2.1 灭火器知识

灭火器的本体是红色，并附有名称、型号、灭火级别、灭火剂以及驱动气体的种类和数量，并以文字和图形说明使用方法。

灭火器上的字母代表什么

国家标准规定，灭火器型号应以汉语拼音大写字母和阿拉伯数字标于灭火器筒体，如"MF2"等。

其中第一个字母M代表灭火器，第二个字母代表灭火剂类型（F是干粉灭火剂，FL是磷铵干粉，T是二氧化碳灭火剂，Y是卤代烷灭火剂，P是泡沫，QP是轻水泡沫灭火剂，SQ是清水灭火剂），后面的阿拉伯数字代表灭火剂重量或容积，一般单位为千克或升。

2.1.1 灭火器的分类

按不同的方式分类灭火器有不同的类别，具体如表2-1所示。

表2-1 灭火器的分类

序号	分类方式	类别
1	按移动方式分类	（1）手提式灭火器。可用手携带的移动式灭火器； （2）推车式灭火器。装有轮子的移动式灭火器
2	按驱动灭火器的压力形式分类	（1）储气瓶式灭火器。灭火剂充装在筒体内，而驱动气体单独储存于储气瓶内的灭火器； （2）储压式灭火器。灭火剂与驱动气体一起储存在同一筒体内的灭火器； （3）化学反应式灭火器。分开储存在筒体内的两种或多种化学物质，借助它们的化学反应所产生的压力喷出灭火剂的灭火器
3	按充装的灭火剂分类	（1）水型灭火器（包括酸碱灭火器）。充装清水或酸、碱水溶液为灭火剂的灭火器； （2）泡沫灭火器。充装泡沫灭火剂和水，能产生并喷射泡沫的灭火器； （3）干粉灭火器。充装干粉灭火剂的灭火器； （4）卤代烷灭火器。充装卤代烷灭火剂的灭火器； （5）二氧化碳灭火器。充装液态二氧化碳灭火剂的灭火器；

2.1.2 ABC型干粉灭火器

ABC型干粉灭火器不但能扑灭可燃固体、可燃液体、可燃气体，而且还能扑灭带电设

备的初起火灾，因此，目前应急管理部消防局要求在加油站，变、配电室等区域必须配置
ABC型干粉灭火器。

（1）干粉灭火器的灭火原理。通过在可燃物上覆盖一薄层干粉，使可燃物与空气中的
氧隔绝，从而达到灭火的目的。干粉的另一功能是干扰火的化学反应。

（2）ABC型干粉灭火器的适用火灾。ABC型干粉灭火器最大的特点就是灭火率高，
使用特别广泛，绝缘性强。用于扑救石油及其产品、可燃气体、易燃气体、电气设备（小
于50kV）以及各种固体物质的初起火灾。

ABC型干粉灭火器适用于扑灭A类、B类、C类火灾，有良好的灭火效果。

（3）ABC型干粉灭火器的技术参数

①手提式ABC型干粉灭火器的主要技术参数如表2-2所示。

表2-2 手提式ABC干粉灭火器主要技术参数

项目	规格				
	MF1	MF3	MF4	MF5	MF8
灭火剂/kg	1±0.05	3±0.05	4±0.05	5±0.05	8±0.05
有效喷射时间/s	≥6.0	≥8.0	≥9.0	≥9.0	≥12.0
有效喷射距离/m	≥2.5	≥2.5	≥4.0	≥4.0	≥5.0
喷射滞后时间/s	≤5.0	≤5.0	≤5.0	≤5.0	≤5.0
喷射剩余率/%	≤10.0	≤10.0	≤10.0	≤10.0	≤10.0
电绝缘性能/kV	≥50	≥50	≥50	≥50	≥50

②推车式ABC型干粉灭火器。是移动式灭火器中灭火剂量较大的消防器材。它适用
于石油化工企业和变电站、油库，能迅速扑灭初起火灾。规格有MFT35型、MFT50型和
MFT70型三种，具体的主要技术参数如表2-3所示。

表2-3 推车式ABC干粉灭火器主要技术参数

项目	规格		
	MFT35	MFT50	MFT70
灭火剂/kg	$35^{+0.6}_{-0.9}$	$50^{+0.7}_{-1.3}$	$70^{+1.6}_{-1.3}$
有效喷射时间/s	≥20.0	≥25.0	≥30.0
有效喷射距离/m	≥8.0	≥9.0	≥9.0
喷射滞后时间/s	≤10.0	≤10.0	≤10.0
喷射剩余率/%	≤10.0	≤10.0	≤10.0
电绝缘性能/kV	≥50	≥50	≥50

（4）手提或肩扛干粉灭火器使用方法。灭火时，手提或肩扛干粉灭火器快速奔赴火场，在距燃烧处5m左右放下灭火器（如在室外，应选择在上风方向喷射），迅速拔下保险销，一手按下压把或提起接环，干粉即可喷出灭火。喷粉要由近而远，向前平推，左右横扫，不使火焰蹿回。如是带喷射软管的灭火器，应紧握住喷射软管前端喷嘴根部，另一手将开启压把压下，进行喷射灭火。在扑救可燃、易燃液体火灾时，应对准火焰根部扫射，如被扑救的液体火灾呈流淌燃烧时，应对准火焰根部由近而远，并左右扫射，直至把火焰全部扑灭。如果可燃液体在容器内燃烧，使用者应对准火焰根部左右晃动扫射，使喷射出的干粉覆盖整个容器开口表面；当火焰被赶出容器时，使用者仍应继续喷射，直至将火焰全部扑灭。

在扑救上述火灾的时候应特别注意不能将喷嘴直接对准液面喷射，防止喷流的冲击力使可燃液体溅出而扩大火势，造成灭火困难。如果当可燃液体在金属容器中燃烧时间过长，容器的壁温已高于被扑救可燃液体的自燃点，此时极易造成灭火后再复燃的现象，若与泡沫灭火器联用，则灭火效果更佳。如果扑救固体可燃物的火灾时，应对准燃烧最猛烈处喷射，并上下、左右扫射，如果条件许可，使用者可提着灭火器沿着燃烧物的四周边走边喷射，使干粉灭火剂均匀地喷在燃烧物表面，直至将火焰全部扑灭。

（5）推车式干粉灭火器使用方法。由于形式不同，其结构及使用方法也有差异。现以MFT35型灭火器为例加以介绍。MFT35型干粉灭火器，主要由喷枪、钢瓶、车架、出粉管、压力表、进气压杆等组成，压力表用于显示罐内二氧化碳气体压力，通过压力表的显示来控制进气压杆，使储罐内压力保持最佳状态，如图2-1所示。

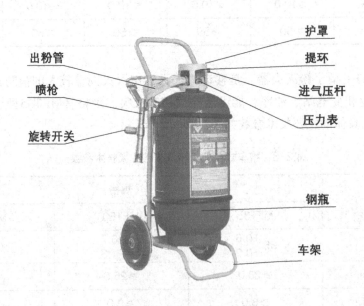

图2-1 推车式干粉灭火器

MFT35型灭火器使用时，展开出粉管，提起进气压杆，使二氧化碳气体进入储罐；当表压升至700～1000kPa时（800～900kPa灭火效果最佳），放下压杆停止进气。站在上风侧，同时两手持喷枪，枪口对准火焰边缘根部，打开旋转开关，干粉即从喷枪喷出，由近至远灭火。如扑救油火时，应注意干粉气流不能直接冲击油面，以免油液激溅引起火灾蔓延。

（6）使用方法

①使用时，首先检查与着火物质是否相适应。

②喷射前最好将灭火器上下颠倒几次，使筒内干粉松动，但喷射时不能倒置。

③按动压把或拉动提环前一定要去掉保险装置。

④灭火时，使用者要站在上风侧。

⑤灭液体火灾时，不能直接向液面上喷射，要由近向远，在液面上10cm左右快速摆动，覆盖燃烧面，切割火焰。

⑥灭A类火灾时，先由上向下压制火焰后，对燃烧物上下左右前后都要喷匀灭火剂，以防止复燃。

⑦存放时不能靠近热源或日晒。

⑧不能扑救电压超过50kV的带电物体火灾。

（7）灭火器的维护保养。干粉灭火器的存放环境温度为-30～+40℃，存放地点应便于取用，并保持干燥、通风，切忌雨淋、日光曝晒或强烈辐射，以免影响正常使用。灭火器的各连接部件要拧紧。推车式灭火器车架上的转动部件不得松动，转动时应灵活可靠。

（8）灭火器的检查。灭火器的检查分日常检查、定期检查和试验三种，如表2-4所示。

表2-4 灭火器的检查

序号	检查分类	具体说明
1	日常检查	经常检查干粉有无结块现象。如发现结块，应及时更换（受潮结块干粉烘干后可继续使用）
2	定期检查	定期检查密封件和安全阀装置，如发现故障，应立即修理。每半年检查一次二氧化碳储气瓶的泄漏情况。检查时，卸下储气瓶（包括推车式干粉灭火器的二氧化碳储气瓶）用称重法检查瓶内二氧化碳气体重量。手提式干粉灭火器二氧化碳储气瓶的泄漏量大于额定充装量的5%或7g（取两者中的较小者）时，应按规定充足气量。同时检查密封件是否可靠，器头螺母是否拧紧，以防漏气。对于推车式干粉灭火器，当二氧化碳钢瓶的泄漏量大于10%时，则应按规定充足气量。储压式干粉灭火器的检查则应检查灭火器的压力表指针是否在绿色区域，如指针在红色区域，则表明灭火器筒内的压力已低于规定值，应查明原因，检修后重新灌装
3	试验	手提式干粉灭火器的筒体每隔5年、推车式干粉灭火器的干粉储罐每隔3年，应进行1.5倍设计压力的水压试验。试验时应测定残余变形率，其值不得大于6%。试验后，应进行壁厚测定，其值不得小于不包括腐蚀裕度在内的筒体厚度。检查合格者，应在灭火器筒体的肩部，用钢印打上试验日期和试验单位代号。二氧化碳储气瓶每隔5年进行一次水压试验。试验后，应清理内部杂物并进行干燥处理

2.1.3　水剂灭火器

强化水剂灭火器内充自来水和压缩空气。用水剂灭火器扑灭电气火灾时有触电的危险。若没有其他办法，只能使用水剂灭火器时，则应确保使用水剂灭火器前电器已完全断电、断能。如图2-2所示。

（1）工作原理。将可燃物上的热量大量带走（冷却作用）达到灭火的目的。

（2）适用火灾。强化水剂灭火器为1211灭火器的替代品，可扑灭A类、B类、C类和带电设备的初起火灾。水剂灭火器仅限于固体火灾。当用于液体火灾时，有导致火灾随液体流动而蔓延的可能。

（3）灭火器的检查。灭火器检查方法与干粉灭火器相同，灭火器一经开启，必须进行更换，在灭电气火灾时，喷射距离必须大于1m。

手提式灭火器设置在挂钩、托架上，其顶棚离地面高度应小于1.5m。

2.1.4　二氧化碳灭火器

二氧化碳为不燃气体，用以降低支持可燃物燃烧氧气的浓度（使氧气含量<14%），从而达到灭火的目的。二氧化碳灭火器的压力很大，足以把干冰从软管中喷射出来。喷射时温度降至-78.5℃；二氧化碳灭火器的罐壳为红色，工厂常见的多为2kg；喷射喇叭口在软管端头（如图2-3所示）。

（1）二氧化碳灭火器的灭火原理。二氧化碳灭火器是依靠二氧化碳窒息作用和部分冷却作用达到灭火的目的。

（2）符号表示方法。如MT5型：M指灭火器；T指二氧化碳灭火剂；5指充装二氧化碳量5kg。

（3）适用火灾。二氧化碳灭火器适于扑灭B类（易燃液体）火灾和C类（带电）火灾，对A类（固体）火灾扑灭效果不理想，火有复燃、冒烟阴燃的可能。

图2-2　强化水剂灭火器

图2-3　二氧化碳灭火器

（4）主要技术参数。二氧化碳灭火器的主要技术参数如表2-5所示。

表2-5　二氧化碳灭火器的主要技术参数

项目	规格			
	MT2	MT3	MT5	MT7
灭火剂/kg	2±0.15	3±0.15	5±0.15	7±0.15
有效喷射时间/s	≥8	≥8	≥9	≥12
有效喷射距离/m	≥1.5	≥1.5	≥2	≥2
喷射滞后时间/s	≤5	≤5	≤5	≤5
喷射剩余率/%	≤10	≤10	≤10	≤10
充装系数/（kg/L）	≤0.67	≤0.67	≤0.67	≤0.67
使用温度范围/℃	-10～+55	-10～+55	-10～+55	-10～+55

（5）使用方法。使用二氧化碳灭火器灭火时应先将灭火器提到距燃烧物5m左右的地方，然后拔出保险销，一手握住喇叭筒根部的手柄，另一只手紧握启闭阀的压把。对没有喷射软管的二氧化碳灭火器，应把喇叭筒向上扳70°～90°。灭火时，当可燃液体呈流淌状燃烧时，使用者应将二氧化碳灭火剂的喷流由近而远向火焰喷射。如果可燃液体在容器内燃烧时，使用者应将喇叭筒提起，从容器的一侧上部向燃烧的容器中喷射，但不能将二氧化碳喷流直接冲击可燃液面，以防将可燃液体冲出容器而扩大火势，造成灭火困难。

使用时应注意以下几点。

①灭火器在喷射过程中应保持直立状态。

②当未戴防护手套时，不要用手直接握金属管，以防冻伤。

③在室外使用时要站在上风侧。

④在狭小的室内使用时，灭火后应迅速撤离。

⑤灭室内火灾时，应先打开门窗通风，以防窒息。

（6）维护保养和检查。对于二氧化碳灭火器的维护保养应注意以下几方面问题。

①二氧化碳灭火器应放置在通风、干燥、清洁的地点，不得受到烈日暴晒，不得接近热源或剧烈震动。

②二氧化碳灭火器放置地点的环境温度为-10～+55℃。

③二氧化碳灭火器存放的地点应明显便于取用，并且不影响安全疏散。推车式灭火器与其保护对象之间的通道应畅通无阻。

④对二氧化碳灭火器经常进行例行检查，例行检查的内容有：检查二氧化碳灭火器的喷管是否畅通，如有堵塞，应及时疏通。检查灭火器的压力表指针是否在绿色区域，如指针在红色区域，则表明灭火器筒内的压力已低于规定值，应查明原因，检修后重新灌装；检查灭火器可见部件是否完整，有无松动、变形、锈蚀或损坏；检查灭火器可见部位防腐

层的完好程度，轻度脱落的应及时补好，有明显腐蚀的应送专业维修部门进行耐压试验。检查灭火器的铅封是否完好。灭火器一经开启即使喷射不多，也必须按规定要求再充装。充装后做密封试验，并重新铅封。

⑤按时进行定期检查，定期检查的内容有：每半年应检查一次喷嘴和喷射管道是否堵塞、腐蚀和损坏；刚性连接式喷管是否能绕其轴线回转，并可在任意位置停留；推车式灭火器的行走机构是否灵活。

⑥二氧化碳灭火器应由专业部门进行灌装，重新灌装后应由相关专业部门进行气密性试验，不合格者不得使用。

2.1.5　1211灭火器

1211灭火器内的主要成分是1211灭火剂：二氟一氯一溴甲烷，分子式为CF_2ClBr，在常温常压下，是无色气体，沸点-4℃。将1211灭火剂封装在密闭的钢瓶中，以液体状态储存，如图2-4所示。

图2-4　1211灭火器

（1）灭火原理。1211灭火器的灭火原理是抑制燃烧的连锁反应而终止燃烧。当灭火剂接触火焰时，受热产生的溴离子与燃烧产生的氢基化合，使燃烧的连锁反应终止。灭火剂还兼有一定的冷却窒息作用。

（2）适用范围。适宜扑灭电气设备、各种装饰物等贵重物品的初起火灾，还可用于扑灭油类、易燃液体的初起火灾。

（3）使用方法。使用方法与干粉灭火器相同，使用时应注意以下几点。

①灭火器在喷射过程中应保持直立状态。

②在室外使用要在上风侧。

③在狭小的室内使用时，灭火后应迅速撤离，因为卤代烷灭火剂有一定毒性。

④应防止复燃。

⑤灭火器钢瓶每三年进行一次全面检查。

 特别提示

因1211灭火剂中的氟利昂泄漏后对大气造成污染，破坏水生植物并威胁人类健康，根据《蒙哈利尔》协议和哈龙会议精神，要求逐步减少并停止1211灭火器的使用。所以在非必须使用场所一律不准配置1211灭火器。

2.1.6 泡沫灭火器

通过水溶液与空气在泡沫产生器中进行机械混合搅拌而生成的泡沫中所包含的气体一般为空气，所以称为空气泡沫，又称为机械泡沫。

泡沫灭火器内的主要成分为碳酸氢钠和发泡剂的混合液及一瓶硫酸铝溶液（两种溶液互不接触）。

（1）灭火原理。使用泡沫灭火器时将灭火器倒置，使两种溶液很快混合发生化学反应，产生二氧化碳的泡沫，在一定的压力下，将泡沫喷出，覆盖在燃烧物表面上，既可降低燃烧物的温度，又隔绝空气，从而达到灭火效果（属物理灭火）。

（2）适用范围。泡沫灭火器适用于B类——各种油类火灾，如汽油、煤油、柴油、苯等；C类——固体可燃物火灾，如木材、纤维、橡胶等。

扑救带电设备火灾最好不使用泡沫灭火器。如果使用泡沫灭火器扑救电气火灾，应先切断电源，然后才扑救，因为泡沫是导电的。

泡沫灭火器不能扑救水溶性可燃、易燃液体，如醇、酯、醚、酮等化学物质的火灾。

（3）使用方法。以手提式泡沫灭火器为例来加以说明。

①从墙上取下灭火器。

②用右手提着灭火器到火灾现场。

③右手按住上部，左手托着下部，把灭火器倒置。

④把喷嘴朝向燃烧区，站在离火源5m左右的地方喷射，并不断前进，直至把火焰扑灭。

⑤灭火后，把灭火器卧放在地上，喷嘴朝下。

（4）泡沫灭火器的使用注意事项

①取灭火器时，不得使灭火器过分倾斜，更不可横拿或颠倒。

②不要将灭火器的盖与底对着人体。

③不要与水同时喷射在一起，以免影响灭火效果。

④扑灭电气火灾时，应先切断电源，以防止人员触电。

⑤灭火器使用温度范围一般为+4~+55℃，冬季注意防冻。

（5）泡沫灭火器的保养

①存放应选择干燥、阴凉、通风之处，并取用方便的地方。

②不可靠近高温或曝晒的地方，防止碳酸分解逸失。

③冬季要采取防冻措施，以防止冻结。

④应经常擦除灰尘、疏通喷嘴，使之保持通畅。

2.2 灭火器配置场所的火灾种类和危险等级

企业要合理配置灭火器，首先必须对灭火器配置场所的火灾种类和危险等级有充分了解，因为火灾种类不一样，危险等级不一样，灭火器配置的种类与数量也是不一样的。

2.2.1 灭火器配置场所的火灾种类

灭火器配置场所的火灾种类应根据该场所内的物质及其燃烧特性进行分类。灭火器配置场所的火灾种类可划分为以下五类。

A类火灾：固体物质火灾。

B类火灾：液体火灾或可熔化固体物质火灾。

C类火灾：气体火灾。

D类火灾：金属火灾。

E类火灾（带电火灾）：物体带电燃烧的火灾。

2.2.2 灭火器配置场所的危险等级

（1）工业建筑灭火器配置场所的危险等级。应根据其生产、使用、储存物品的火灾危险性、可燃物数量、火灾蔓延速度、扑救难易程度等因素，划分为三级，如表2-6所示。

表2-6 工业建筑灭火器配置场所的危险等级

等级	说明	举例	
		厂房和露天、半露天生产装置区	库房和露天、半露天堆场
严重危险级	火灾危险性大，可燃物多，起火后蔓延迅速，扑救困难，容易造成重大财产损失的场所	（1）闪点＜60℃的油品和有机溶剂的提炼、回收、洗涤部位及其泵房、灌桶间 （2）橡胶制品的涂胶和胶浆部位 （3）二硫化碳的粗馏、精馏工段及其应用部位 （4）甲醇、乙醇、丙酮、丁酮、异丙醇、醋酸乙酯、苯等的合成、精制厂房 （5）植物油加工厂的浸出厂房 （6）洗涤剂厂房石蜡裂解部位、冰醋酸裂解厂房 （7）环氧氢丙烷、苯乙烯厂房或装置区 （8）液化石油气灌瓶间 （9）天然气、石油伴生气、水煤气或焦炉煤气的净化（如脱硫）厂房压缩机室及鼓风机室 （10）乙炔站、氢气站、煤气站、氧气站 （11）硝化棉、赛璐珞厂房及其应用部位 （12）黄磷、赤磷制备厂房及其应用部位	（1）化学危险物品库房 （2）装卸原油或化学危险物品的车站、码头 （3）甲、乙类液体储罐区、桶装库房、堆场 （4）液化石油气储罐区、桶装库房、堆场 （5）棉花库房及散装堆场 （6）稻草、芦苇、麦秸等堆场 （7）赛璐珞及其制品、漆布、油布、油纸及其制品，油绸及其制品库房 （8）酒精度为60°以上的白酒库房

等级	说明	举例	
		厂房和露天、半露天生产装置区	库房和露天、半露天堆场
严重危险级	火灾危险性大，可燃物多，起火后蔓延迅速，扑救困难，容易造成重大财产损失的场所	（13）樟脑或松香提炼厂房，焦化厂精萘厂房 （14）煤粉厂房和面粉厂房的碾磨部位 （15）谷物筒仓工作塔、亚麻厂的除尘器和过滤器室 （16）氯酸钾厂房及其应用部位 （17）发烟硫酸或发烟硝酸浓缩部位 （18）高锰酸钾、重铬酸钠厂房 （19）过氧化钠、过氧化钾、次氯酸钙厂房 （20）各工厂的总控制室、分控制室 （21）国家和省级重点工程的施工现场 （22）发电厂（站）和电网经营企业的控制室、设备间	
中危险级	火灾危险性较大，可燃物较多，起火后蔓延较迅速，扑救较难的场所	（1）闪点 ≥ 60℃的油品和有机溶剂的提炼、回收工段及其抽送泵房 （2）柴油、机器油或变压器油灌桶间 （3）润滑油再生部位或沥青加工厂房 （4）植物油加工精炼部位 （5）油浸变压器室和高、低压配电室 （6）工业用燃油、燃气锅炉房 （7）各种电缆廊道 （8）油淬火处理车间 （9）橡胶制品压延、成型和硫化厂房 （10）木工厂房和竹、藤加工厂房 （11）针织品厂房和纺织、印染、化纤生产的干燥部位 （12）服装加工厂房、印染厂成品厂房 （13）麻纺厂粗加工厂房、毛涤厂选毛厂房 （14）谷物加工厂房 （15）卷烟厂的切丝、卷制、包装厂房 （16）印刷厂的印刷厂房 （17）电视机、收录机装配厂房 （18）显像管厂装配工段烧枪间 （19）磁带装配厂房 （20）泡沫塑料厂的发泡、成型、印片、压花部位 （21）饲料加工厂房 （22）地市级及以下的重点工程的施工现场	（1）丙类液体储罐区、桶装库房、堆场 （2）化学、人造纤维及其织物和棉、毛、丝、麻及其织物的库房、堆场 （3）纸、竹、木及其制品的库房、堆场 （4）火柴、香烟、糖、茶叶库房 （5）中药材库房 （6）橡胶、塑料及其制品的库房 （7）粮食、食品库房、堆场 （8）电脑、电视机、收录机等电子产品及家用电器库房 （9）汽车、大型拖拉机停车库 （10）酒精度小于60度的白酒库房 （11）低温冷库
轻危险级	火灾危险性较小，可燃物较少，起火后蔓延较缓慢，扑救较易的场所	（1）金属冶炼、铸造、铆焊、热轧、锻造、热处理厂房 （2）玻璃原料熔化厂房 （3）陶瓷制品的烘干、烧成厂房 （4）酚醛泡沫塑料的加工厂房 （5）印染厂的漂炼部位 （6）化纤厂后加工润湿部位 （7）造纸厂或化纤厂的浆粕蒸煮工段 （8）仪表、器械或车辆装配车间	（1）钢材库房、堆场 （2）水泥库房、堆场 （3）搪瓷、陶瓷制品库房、堆场 （4）难燃烧或非燃烧的建筑装饰材料库房、堆场 （5）原木库房、堆场 （6）丁、戊类液体储罐区、桶装库房、堆场

续表

等级	说明	举例	
		厂房和露天、半露天生产装置区	库房和露天、半露天堆场
轻危险级		（9）不燃液体的泵房和阀门室 （10）金属（镁合金除外）冷加工车间 （11）氟里昂厂房	

（2）民用建筑灭火器配置场所的危险等级。应根据其使用性质、人员密集程度、用电用火情况、可燃物数量、火灾蔓延速度、扑救难易程度等因素，划分为三级，如表2-7所示。

表2-7 民用建筑灭火器配置场所的危险等级

等级	说明	举例
严重危险级	使用性质重要，人员密集，用电用火多，可燃物多，起火后蔓延迅速，扑救困难，容易造成重大财产损失或人员群死群伤的场所	（1）县级及以上的文物保护单位、档案馆、博物馆的库房、展览室、阅览室 （2）设备贵重或可燃物多的实验室 （3）广播电台、电视台的演播室、道具间和发射塔楼 （4）专用电子计算机房 （5）城镇及以上的邮政信函和包裹分拣房、邮袋库、通信枢纽及其电信机房 （6）客房数在50间以上的旅馆、饭店的公共活动用房、多功能厅、厨房 （7）体育场（馆）、电影院、剧院、会堂、礼堂的舞台及后台部位 （8）住院床位在50张及以上的医院的手术室、理疗室、透视室、心电图室、药房、住院部、门诊部、病历室 （9）建筑面积在2000m^2及以上的图书馆、展览馆的珍藏室、阅览室、书库、展览厅 （10）民用机场的候机厅、安检厅及空管中心、雷达机房 （11）超高层建筑和一类高层建筑的写字楼、公寓楼 （12）电影、电视摄影棚 （13）建筑面积在1000m^2及以上的经营易燃易爆化学物品的商场、商店的库房及铺面 （14）建筑面积在200m^2及以上的公共娱乐场所 （15）老人住宿床位在50张及以上的养老院 （16）幼儿住宿床位在50张及以上的托儿所、幼儿园 （17）学生住宿床位在100张及以上的学校集体宿舍 （18）县级及以上的党政机关办公大楼的会议室 （19）建筑面积在500m^2及以上的车站和码头的候车（船）室、行李房 （20）城市地下铁道、地下观光隧道 （21）汽车加油站、加气站 （22）机动车交易市场（包括旧机动车交易市场）及其展销厅 （23）民用液化气、天然气灌装站、换瓶站、调压站

等级	说明	举例
中危险级	使用性质较重要，人员较密集，用电用火较多，可燃物较多，起火后蔓延较迅速，扑救较难的场所	（1）县级以下的文物保护单位、档案馆、博物馆的库房、展览室、阅览室 （2）一般的实验室 （3）广播电台电视台的会议室、资料室 （4）设有集中空调、电子计算机、复印机等设备的办公室 （5）城镇以下的邮政信函和包裹分拣房、邮袋库、通信枢纽及其电信机房 （6）客房数在 50 间以下的旅馆、饭店的公共活动用房、多功能厅和厨房 （7）体育场（馆）、电影院、剧院、会堂、礼堂的观众厅 （8）住院床位在 50 张以下的医院的手术室、理疗室、透视室、心电图室、药房、住院部、门诊部、病历室 （9）建筑面积在 2000m² 以下的图书馆、展览馆的珍藏室、阅览室、书库、展览厅 （10）民用机场的检票厅、行李厅 （11）二类高层建筑的写字楼、公寓楼 （12）高级住宅、别墅 （13）建筑面积在 1000m² 以下的经营易燃易爆化学物品的商场、商店的库房及铺面 （14）建筑面积在 200m² 以下的公共娱乐场所 （15）老人住宿床位在 50 张以下的养老院 （16）幼儿住宿床位在 50 张以下的托儿所、幼儿园 （17）学生住宿床位在 100 张以下的学校集体宿舍 （18）县级以下的党政机关办公大楼的会议室 （19）学校教室、教研室 （20）建筑面积在 500m² 以下的车站和码头的候车（船）室、行李房 （21）百货楼、超市、综合商场的库房、铺面 （22）民用燃油、燃气锅炉房 （23）民用的油浸变压器室和高、低压配电室
轻危险级	使用性质一般，人员不密集，用电用火较少，可燃物较少，起火后蔓延较缓慢，扑救较容易的场所	（1）日常用品小卖店及经营难燃烧或非燃烧的建筑装饰材料商店 （2）未设集中空调、电子计算机、复印机等设备的普通办公室 （3）旅馆、饭店的客房 （4）普通住宅 （5）各类建筑物中以难燃烧或非燃烧的建筑构件分隔的并主要存储难燃烧或非燃烧材料的辅助房间

2.3 灭火器的选择

2.3.1 灭火器选择的一般规定

（1）在同一灭火器配置场所，宜选用相同类型和操作方法的灭火器。当同一灭火器配置场所存在不同火灾种类时，应选用通用型灭火器。

（2）在同一灭火器配置场所，当选用两种或两种以上类型灭火器时，应采用灭火剂相容的灭火器。不能选用不相容的灭火剂，不相容的灭火剂举例如表2-8所示。

表2-8　不相容的灭火剂举例

灭火剂类型	不相容的灭火剂	
干粉与干粉	磷酸铵盐	碳酸氢钠、碳酸氢钾
干粉与泡沫	碳酸氢钠、碳酸氢钾	蛋白泡沫
泡沫与泡沫	蛋白泡沫、氟蛋白泡沫	水成膜泡沫

2.3.2　灭火器的选择应考虑的因素

灭火器的选择应考虑下列因素，如表2-9所示。

表2-9　灭火器的选择应考虑的因素

序号	考虑因素	具体说明
1	灭火器配置场所的火灾种类	（1）避免在A类火灾场所配置不能扑灭A类火的B、C干粉（碳酸氢钠干粉）灭火器 （2）对碱金属（如钾、钠）火灾，不能用水型灭火器去灭火。其原因之一是由于水与碱金属作用后，会生成大量的氢气，氢气与空气中的氧气混合后，容易形成爆炸性气体混合物，从而有可能引起爆炸事故
2	灭火器配置场所的危险等级	根据灭火器配置场所的危险等级和火灾种类等因素，可确定灭火器的保护距离和配置基准，这是着手建筑灭火器配置设计和计算的首要步骤
3	灭火器的灭火效能和通用性	虽然有几种类型的灭火器均适用于扑灭同一种类的火灾，但它们在灭火有效程度（包括灭火能力即灭火级别的大小，以及同一灭火级别的灭火剂用量的多少和灭火速度的快慢等）方面尚有明显的差异。例如，对于同一等级为55B的标准油盘火灾，需用7kg的二氧化碳灭火器才能灭火，而且速度较慢；而改用4kg的干粉灭火器，不但能成功灭火，而且其灭火时间较短，灭火速度也快得多。也就是说适用于扑救同一种类火灾的不同类型灭火器，在灭火剂用量和灭火速度上有较大的差异，即其灭火有效程度有较大差异。因此，在选择灭火器时应考虑灭火器的灭火效能和通用性
4	灭火剂对保护物品的污损程度	为了保护贵重物资与设备免受不必要的污渍损失，灭火器的选择应考虑其对被保护物品的污损程度。例如，在专用的电子计算机房内，要考虑被保护的对象是电子计算机等精密设备，若使用干粉灭火器灭火，肯定能灭火，但其灭火后所残留的粉末状覆盖物对电子元器件有一定的腐蚀作用和粉尘污染，而且也难以清洁。水型灭火器和泡沫灭火器也有类同的污损影响。而选用气体灭火器去灭火，则灭火后不仅没有任何残迹，而且对贵重、精密设备也没有污损、腐蚀作用
5	灭火器设置点的环境温度	灭火器设置点的环境温度对灭火器的喷射性能和安全性能均有明显影响。若环境温度过低则灭火器的喷射性能显著降低，若环境温度过高则灭火器的内压剧增，灭火器则会有爆炸伤人的危险。灭火器设置点的环境温度应在灭火器使用温度范围之内

序号	考虑因素	具体说明
6	使用灭火器人员的体能	灭火器是靠人来操作的，要为某建筑场所配置适用的灭火器，也应对该场所中人员的体能（包括年龄、性别、体质和身手敏捷程度等）进行分析，然后正确选择灭火器的类型、规格、形式。 （1）在办公室、会议室、卧室、客房，以及学校、幼儿园、养老院的教室、活动室等民用建筑场所内，中、小规格的手提式灭火器应用较广； （2）而在工业建筑场所的大车间和古建筑场所的大殿内，则可考虑选用大、中规格的手提式灭火器或推车式灭火器

2.3.3 灭火器的类型选择

不同火灾场所应选择的灭火器是不一样的，如图2-5所示。

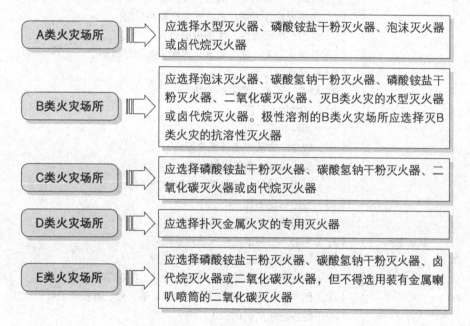

图2-5 不同火灾场所应选择的灭火器

要注意的是必要场所才可配置卤代烷灭火器，非必要场所不应配置卤代烷灭火器。非必要配置卤代烷灭火器的场所举例如表2-10所示。

表2-10 非必要配置卤代烷灭火器的场所举例

序号	建筑类别	非必要配置卤代烷灭火器的场所举例
1	民用建筑	（1）电影院、剧院、会堂、礼堂、体育馆的观众厅 （2）医院门诊部、住院部 （3）学校教学楼、幼儿园与托儿所的活动室 （4）办公楼

企业消防安全与应急全案（实战精华版）

续表

序号	建筑类别	非必要配置卤代烷灭火器的场所举例
1	民用建筑	（5）车站、码头、机场的候车、候船、候机厅 （6）旅馆的公共场所、走廊、客房 （7）商店 （8）百货楼、营业厅、综合商场 （9）图书馆一般书库 （10）展览厅 （11）住宅 （12）民用燃油、燃气锅炉房
2	工业建筑	（1）橡胶制品的涂胶和胶浆部位；压延成型和硫化厂房 （2）橡胶、塑料及其制品库房 （3）植物油加工厂的浸出厂房；植物油加工精炼部位 （4）黄磷、赤磷制备厂房及其应用部位 （5）樟脑或松香提炼厂房、焦化厂精萘厂房 （6）煤粉厂房和面粉厂房的碾磨部位 （7）谷物筒仓工作塔、亚麻厂的除尘器和过滤器室 （8）散装棉花堆场 （9）稻草、芦苇、麦秸等堆场 （10）谷物加工厂房 （11）饲料加工厂房 （12）粮食、食品库房及粮食堆场 （13）高锰酸钾、重铬酸钠厂房 （14）过氧化钠、过氧化钾、次氯酸钙厂房 （15）可燃材料工棚 （16）可燃液体储罐、桶装库房或堆场 （17）柴油、机器油或变压器油灌桶间 （18）润滑油再生部位或沥青加工厂房 （19）泡沫塑料厂的发泡、成型、印片、压花部位 （20）化学、人造纤维及其织物和棉、毛、丝、麻及其织物的库房 （21）酚醛泡沫塑料的加工厂房 （22）化纤厂后加工润湿部位；印染厂的漂炼部位 （23）木工厂房和竹、藤加工厂房 （24）纸张、竹、木及其制品的库房、堆场 （25）造纸厂或化纤厂的浆粕蒸煮工段 （26）玻璃原料熔化厂房 （27）陶瓷制品的烘干、烧成厂房 （28）金属（镁合金除外）冷加工车间 （29）钢材库房、堆场 （30）水泥库房 （31）搪瓷、陶瓷制品库房 （32）难燃烧或非燃烧的建筑装饰材料库房 （33）原木堆场

2.4 灭火器的设置

2.4.1 灭火器设置的一般规定

（1）灭火器的设置位置应明显、醒目。通常在建筑场所（室）内的合适部位设置灭火器是及时、就近取得灭火器的可靠保证之一。另外，沿着经常有人路过的建筑场所的通道、楼梯间、电梯间和出入口处设置灭火器，也是及时、就近取得灭火器的可靠保证之一。当然，上述部位的灭火器的设置位置和设置方式均不得影响行人走路，更不能影响在火灾紧急情况时的安全疏散。

（2）灭火器的设置位置应便于取用。即当发现火情后，要求人们在没有任何障碍的情况下，就能够跑到灭火器设置点处方便地取得灭火器并进行灭火。

（3）对有视线障碍的灭火器设置点，应设置指示其位置的发光标志。这是指对于那些必须设置灭火器而又难以做到明显易见的特殊场所，例如，在有隔墙或屏风的即存在视线障碍的大型房间内，设置醒目的指示标志来指出灭火器的设置位置，可使人们能明确方向并及时取到灭火器。同样，灭火器箱的箱体正面和灭火器筒体的铭牌上也有粘贴发光标志的必要。

发光标志应选用经国家检测中心定型检验合格的产品，其所采用的发光材料应无毒、无放射性，亮度等性能指标均需达到国家标准要求。

（4）灭火器的摆放应稳固。灭火器的设置方式主要有墙式灭火器箱、落地式灭火器箱、挂钩、托架或直接放置在洁净、干燥的地面上等。手提式灭火器宜设置在灭火器箱内或挂钩、托架上，其顶部离地面高度不应大于1.50m；底部离地面高度不宜小于0.08m。灭火器箱不得上锁。

不管哪种方式，都要保证稳固。因为如果灭火器摆放得不稳固，就有可能发生手提式灭火器跌落或推车式灭火器滑动，从而有可能造成灭火器不能正常使用，甚至伤人事故。

（5）灭火器设置时，其铭牌应朝外。灭火器在设置时铭牌朝外的目的是为了让人们能够经常看到铭牌，了解灭火器的性能，熟悉灭火器的用法。

（6）灭火器不宜设置在潮湿或强腐蚀性的地点。由于灭火器是一种常规、备用的灭火器材，一般来说存放时间较长，使用时间较短，使用次数较少。显而易见，如果灭火器长期设置在有强腐蚀性或潮湿的地点，会严重影响灭火器的使用性能和安全性能。因此，灭火器不宜设置在潮湿或强腐蚀性的地点。但某些工业建筑的特殊情况，如实在无法避免，则一定要有相应的保护措施才能设置灭火器。

（7）灭火器设置在室外时应有相应的保护措施。这是由于灭火器配置的需要，不可避免地要使多数推车式灭火器和部分手提式灭火器设置在室外。对灭火器来说，室外的环境条件比起室内要差得多。因此，为了使灭火器随时都能正常使用，就要有一定的保护措施，例如，给推车式灭火器搭一个挡光遮雨的棚，可使该灭火器得到一定的保护。

上述保护措施通常具有遮阳防晒、挡雨防潮、保温隔热，以及防止撞击等作用。

（8）灭火器不得设置在超出其使用温度范围的地点。在环境温度超出灭火器使用温度范围的场所设置灭火器，必然会影响灭火器的喷射性能和安全使用，并有可能爆炸伤人或贻误灭火时机，如表2-11所示。

表2-11　灭火器的使用温度范围

灭火器类型		使用温度范围/℃
水型灭火器	不加防冻剂	+5～+55
	添加防冻剂	−10～+55
机械泡沫灭火器	不加防冻剂	+5～+55
	添加防冻剂	−10～+55
干粉灭火器	二氧化碳驱动	−10～+55
	氮气驱动	−20～+55
洁净气体（卤代烷）灭火器		−20～+55
二氧化碳灭火器		−10～+55

2.4.2　灭火器的最大保护距离

在发生火灾后，及时、有效地用灭火器扑灭初起火灾，取决于多种因素，而灭火器保护距离的远近，显然是其中的一个重要因素。它实际上关系到人们是否能及时取用灭火器，进而是否能够迅速扑灭初起小火等一系列问题。

（1）设置在A类火灾场所的灭火器，其最大保护距离应符合表2-12的规定。

表2-12　A类火灾场所的灭火器最大保护距离

单位：m

危险等级	灭火器类别	
	手提式灭火器	推车式灭火器
严重危险级	15	30
中危险级	20	40
轻危险级	25	50

（2）设置在B、C类火灾场所的灭火器，其最大保护距离应符合表2-13的规定。

表2-13 B、C类火灾场所的灭火器最大保护距离

单位：m

危险等级	灭火器形式	
	手提式灭火器	推车式灭火器
严重危险级	9	18
中危险级	12	24
轻危险级	15	30

（3）D类火灾场所的灭火器，其最大保护距离应根据具体情况研究确定。

（4）E类火灾场所的灭火器，其最大保护距离不应低于该场所内A类或B类火灾的规定。

2.5 灭火器的配置数量

2.5.1 灭火器配置数量的一般规定

（1）一个计算单元内配置的灭火器数量不得少于2具。

（2）每个设置点的灭火器数量不宜多于5具。

（3）当住宅楼每层的公共部位建筑面积超过100m²时，应配置1具1A的手提式灭火器；每增加100m²时，增配1具1A的手提式灭火器。

2.5.2 灭火器的最低配置基准

（1）A类火灾场所灭火器的最低配置基准应符合表2-14的规定。

表2-14 A类火灾场所灭火器的最低配置基准

类别	危险等级		
	重危险级	中危险级	轻危险级
单具灭火器最小配置灭火级别	3A	2A	1A
单位灭火级别最大保护面积/（m²/A）	50	75	100

（2）B、C类火灾场所灭火器的最低配置基准应符合表2-15的规定。

表2-15 B、C类火灾场所灭火器的最低配置基准

类别	危险等级		
	重危险级	中危险级	轻危险级
单具灭火器最小配置灭火级别	89B	55B	21B
单位灭火级别最大保护面积/（m²/B）	0.5	1.0	1.5

（3）D类火灾场所的灭火器最低配置基准应根据金属的种类、物态及其特性等研究确定。

（4）E类火灾场所的灭火器最低配置基准不应低于该场所内A类（或B类）火灾的规定。

2.5.3 灭火器配置的设计与计算

（1）一般规定

①灭火器配置的设计与计算应按计算单元进行。灭火器最小需配灭火级别和最少需配数量的计算值应进位取整。

②每个灭火器设置点实配灭火器的灭火级别和数量不得小于最小需配灭火级别和数量的计算值。

③灭火器设置点的位置和数量应根据灭火器的最大保护距离确定，并应保证最不利点至少在1具灭火器的保护范围内。

（2）计算单元的确定。计算单元的确定要求如图2-6所示。

要求一
灭火器配置设计的计算单元应按下列规定划分：
（1）当一个楼层或一个水平防火分区内各场所的危险等级和火灾种类相同时，可将其作为一个计算单元；
（2）当一个楼层或一个水平防火分区内各场所的危险等级和火灾种类不相同时，应将其分别作为不同的计算单元；
（3）同一计算单元不得跨越防火分区和楼层

要求二
计算单元保护面积的确定应符合下列规定：
（1）建筑物应按其建筑面积确定；
（2）可燃物露天堆场，甲、乙、丙类液体储罐区，可燃气体储罐区应按堆垛、储罐的占地面积确定

图2-6 计算单元的确定要求

（3）配置设计计算

①计算单元的最小需配灭火级别应按下式计算：

$$Q = K \frac{S}{U}$$

式中 Q——计算单元的最小需配灭火级别（A或B）；

S——计算单元的保护面积，m^2；

U——A类或B类火灾场所单位灭火级别最大保护面积，m^2/A或m^2/B；

K——修正系数。

②修正系数应按表2-16的规定取值。

表2-16 修正系数表

计算要求	计算单元
	K
未设室内消火栓系统和灭火系统	1.0
设有室内消火栓系统	0.9
设有灭火系统	0.7
设有室内消火栓系统和灭火系统	0.5
可燃物露天堆场	0.3
甲、乙、丙类液体储罐区	0.3
可燃气体储罐区	0.3

③歌舞、娱乐、放映、游艺场所和网吧、商场、寺庙以及地下场所等的计算单元的最小需配灭火级别应按下式计算。

$$Q = 1.3K\frac{S}{U}$$

④计算单元中每个灭火器设置点的最小需配灭火级别应按下式计算。

$$Q_e = \frac{Q}{N}$$

式中 Q_e——计算单元中每个灭火器设置点的最小需配灭火级别（A或B）；

N——计算单元中的灭火器设置点数，个。

⑤灭火器配置的设计计算可按图2-7所示的步骤进行。

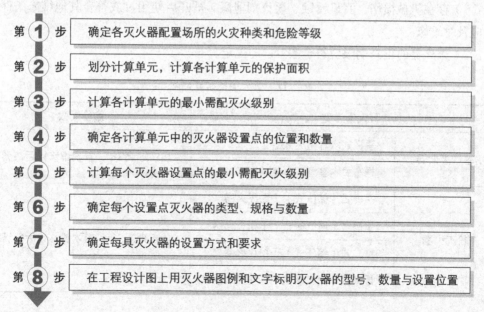

第①步 确定各灭火器配置场所的火灾种类和危险等级

第②步 划分计算单元，计算各计算单元的保护面积

第③步 计算各计算单元的最小需配灭火级别

第④步 确定各计算单元中的灭火器设置点的位置和数量

第⑤步 计算每个灭火器设置点的最小需配灭火级别

第⑥步 确定每个设置点灭火器的类型、规格与数量

第⑦步 确定每具灭火器的设置方式和要求

第⑧步 在工程设计图上用灭火器图例和文字标明灭火器的型号、数量与设置位置

图2-7 灭火器配置的设计计算步骤

2.6 灭火器的检查与维修

2.6.1 检查与维护的一般规定

（1）灭火器的检查与维护应由相关技术人员承担。

（2）每次送修的灭火器数量不得超过计算单元配置灭火器总数量的1/4。超出时，应选择相同类型和操作方法的灭火器替代，替代灭火器的灭火级别不应小于原配置灭火器的灭火级别。

（3）检查或维修后的灭火器均应按原设置点位置摆放。

（4）需维修、报废的灭火器应由灭火器生产企业或专业维修单位进行。

2.6.2 检查

（1）灭火器的配置、外观等应每月进行一次检查。

（2）候车（机、船）室、歌舞、娱乐、放映、游艺等人员密集的公共场所；堆场、罐区、石油化工装置区、加油站、锅炉房、地下室等场所配置的灭火器，应按要求每半月进行一次检查。

（3）日常巡检发现灭火器被挪动，缺少零部件或灭火器配置场所的使用性质发生变化等情况时，应及时处置。

（4）灭火器的检查记录应予保留。

2.6.3 维修

（1）存在机械损伤、明显锈蚀、灭火剂泄漏、被开启使用过或符合其他维修条件的灭火器应及时维修。

（2）灭火器的维修期限应符合表2-17的规定。

表2-17 灭火器的维修期限

灭火器类型		维修期限
水基型灭火器	手提式水基型灭火器	出厂期满3年；首次维修以后每满1年
	推车式水基型灭火器	
干粉灭火器	手提式（储压式）干粉灭火器	出厂期满5年；首次维修以后每满2年
	手提式（储气瓶式）干粉灭火器	
	推车式（储压式）干粉灭火器	
	推车式（储气瓶式）干粉灭火器	

灭火器类型		维修期限
洁净气体灭火器	手提式洁净气体灭火器	出厂期满5年；首次维修以后每满2年
	推车式洁净气体灭火器	
二氧化碳灭火器	手提式二氧化碳灭火器	
	推车式二氧化碳灭火器	

2.7 灭火器报废和更换

2.7.1 应该报废的灭火器类型

下列类型的灭火器应报废。

（1）酸碱型灭火器。

（2）化学泡沫型灭火器。

（3）倒置使用型灭火器。

（4）氯溴甲烷、四氯化碳灭火器。

（5）国家政策明令淘汰的其他类型灭火器。

2.7.2 灭火器应予以报废的情形

除了前面讲到的应该予以报废的灭火器类型外，有下列情况之一的灭火器也应报废。

（1）筒体严重锈蚀（锈蚀面积大于等于筒体总面积的1/3），表面有凹坑。

（2）筒体明显变形，机械损伤严重。

（3）器头存在裂纹，无泄压机构。

（4）筒体为平底等结构不合理。

（5）没有间歇喷射机构的手提式。

（6）没有生产厂名称和出厂年月，包括铭牌脱落，或虽有铭牌，但已看不清生产厂名称，或出厂年月钢印无法识别。

（7）筒体有锡焊、铜焊或补缀等修补痕迹。

（8）被火烧过。

2.7.3 灭火器的报废期限

灭火器出厂时间达到或超过表2-18规定的报废期限时应报废。

表2-18 灭火器的报废期限

灭火器类型		报废期限/年
水基型灭火器	手提式水基型灭火器	6
	推车式水基型灭火器	
干粉灭火器	手提式（储压式）干粉灭火器	10
	手提式（储气瓶式）干粉灭火器	
	推车式（储压式）干粉灭火器	
	推车式（储气瓶式）干粉灭火器	
洁净气体灭火器	手提式洁净气体灭火器	
	推车式洁净气体灭火器	
二氧化碳灭火器	手提式二氧化碳灭火器	12
	推车式二氧化碳灭火器	

2.7.4 报废后的处理

对于灭火器报废后的处理，企业应按照等效替代的原则进行更换，补足灭火器的数量。

范本 2.01
灭火器配置定位编码表

配置计算单元分类	□独立单元 □组合单元	单元名称	
单元保护面积	$S=$ ㎡	设置点数	$N=$
单元需配灭火级别	$Q=$ A $Q=$ B	设置点需配 灭火级别	$Q_e=$ A $Q_e=$ B

设置点编号	灭火器编号	灭火器型号规格	灭火器设置点实配灭火级别	灭火器设置方式	灭火器设置点位置描述	备注
			$Q_e=$ A $Q_e=$ B	□灭火器箱内 □挂钩、托架上 □地面上		
			$Q_e=$ A $Q_e=$ B	□灭火器箱内 □挂钩、托架上 □地面上		

设置点编号	灭火器编号	灭火器型号规格	灭火器设置点实配灭火级别	灭火器设置方式	灭火器设置点位置描述	备注
			$Q_e=$ A $Q_e=$ B	□灭火器箱内 □挂钩、托架上 □地面上		
			$Q_e=$ A $Q_e=$ B	□灭火器箱内 □挂钩、托架上 □地面上		
			$Q_e=$ A $Q_e=$ B	□灭火器箱内 □挂钩、托架上 □地面上		
			$Q_e=$ A $Q_e=$ B	□灭火器箱内 □挂钩、托架上 □地面上		
			$Q_e=$ A $Q_e=$ B	□灭火器箱内 □挂钩、托架上 □地面上		
			$Q_e=$ A $Q_e=$ B	□灭火器箱内 □挂钩、托架上 □地面上		
			$Q_e=$ A $Q_e=$ B	□灭火器箱内 □挂钩、托架上 □地面上		
			$Q_e=$ A $Q_e=$ B	□灭火器箱内 □挂钩、托架上 □地面上		
单元实配灭火级别	$Q=$ A $Q=$ B			单元实配灭火器数量		

范本 2.02

灭火器配置缺陷项分类及验收报告

序号	检查项目	缺陷项	检查记录	检查结论
1	灭火器的类型、规格、灭火级别和配置数量应符合建筑灭火器配置设计要求			
2	灭火器的产品质量必须符合国家有关产品标准的要求			

序号	检查项目	缺陷项	检查记录	检查结论
3	在同一灭火器配置单元内，采用不同类型灭火器时，其灭火剂应能相容			
4	灭火器的保护距离应符合《建筑灭火器配置设计规范》（GB 50140）的有关规定，灭火器的设置应保证配置场所的任一点都在灭火器设置点的保护范围内			
5	灭火器设置点附近应无障碍物，取用灭火器方便，且不得影响人员安全疏散			
6	手提式灭火器宜设置在灭火器箱内或挂钩、托架上，或干燥、洁净的地面上			
7	灭火器（箱）不应被遮挡、拴系或上锁			
8	灭火器箱的箱门开启应方便灵活，其箱门开启后不得阻挡人员安全疏散。开门型灭火器箱的箱门开启角度应不小于175°，翻盖型灭火器箱的翻盖开启角度应不小于100°，不影响取用和疏散的场合除外			
9	挂钩、托架安装后应能承受一定的静载荷，不应出现松动、脱落、断裂和明显变形。以5倍的手提式灭火器的载荷（不小于45kg）悬挂于挂钩、托架上，作用5min，观察检查			
10	挂钩、托架安装后，应保证可用徒手的方式便捷地取用手提式灭火器。当两具及两具以上的手提式灭火器相邻设置在挂钩、托架上时，应保证可任意地取用其中一具			
11	设有夹持带的挂钩、托架，夹持带的打开方式应从正面可以看到。当夹持带打开时，手提式灭火器不应掉落。			
12	嵌墙式灭火器箱及灭火器挂钩、托架的安装高度，应符合《建筑灭火器配置设计规范》（GB 50140）关于手提式灭火器顶部离地面距离不大于1.50m，底部离地面距离不小于0.08m的规定，其设置点与设计点的垂直偏差不应大于0.01m			
13	推车式灭火器宜设置在平坦场地，不得设置在台阶上。在没有外力作用下，推车式灭火器不得自行滑动			
14	推车式灭火器的设置和防止自行滑动的固定措施等均不得影响其操作使用和正常行驶移动			
15	在有视线障碍的设置点安装设置灭火器时，应在醒目的地方设置指示灭火器位置的发光标志			
16	在灭火器箱的箱体正面和灭火器设置点附近的墙面上，应设置指示灭火器位置的标志，这些标志宜选用发光标志			
17	灭火器的摆放应稳固。灭火器的铭牌应朝外，灭火器的器头宜向上			

续表

序号	检查项目	缺陷项	检查记录	检查结论
18	灭火器的设置点应通风、干燥、洁净，其环境温度不得超出灭火器的使用温度范围。设置在室外和特殊场所的灭火器应采取相应的保护措施			
综合结论				

范本 2.03

灭火器的配置、外观检查记录表

检查内容和要求		检查记录	检查结论
配置检查	（1）灭火器是否放置在配置图表规定的设置点位置		
	（2）灭火器的落地、托架、挂钩等设置方式是否符合配置设计要求。手提式灭火器的挂钩、托架安装后是否能承受一定的静载荷，并不出现松动、脱落、断裂和明显变形		
	（3）灭火器的铭牌是否朝外，并且器头宜向上		
	（4）灭火器的类型、规格、灭火级别和配置数量是否符合配置设计要求		
	（5）灭火器配置场所的使用性质，包括可燃物的种类和物态等，是否发生变化		
	（6）灭火器是否达到送修条件和维修期限		
	（7）灭火器是否达到报废条件和报废期限		
	（8）室外灭火器是否有防雨、防晒等保护措施		
	（9）灭火器周围是否存在有障碍物、遮挡、拴系等影响取用的现象		
	（10）灭火器箱是否上锁，箱内是否干燥、清洁		
	（11）特殊场所中灭火器的保护措施是否完好		
外观检查	（1）灭火器的铭牌是否无残缺，并清晰		
	（2）灭火器铭牌上关于灭火剂、驱动气体的种类、充装压力、总质量、灭火级别、制造厂名和生产日期或维修日期等标志及操作说明是否齐全		
	（3）灭火器的铅封、销闩等保险装置是否未损坏或遗失		
	（4）灭火器的筒体是否无明显的损伤（磕伤、划伤）、缺陷、锈蚀（特别是筒底和焊缝）、泄漏		

	检查内容和要求	检查记录	检查结论
外观检查	（5）灭火器喷射软管是否完好，无明显龟裂，喷嘴不堵塞		
	（6）灭火器的驱动气体压力是否在工作压力范围内（储压式灭火器查看压力指示器是否指示在绿区范围内，二氧化碳灭火器和储气瓶式灭火器可用称重法检查）		
	（7）灭火器的零部件是否齐全，并且无松动、脱落或损伤		
	（8）灭火器是否未开启、喷射过		

第**3**章
消防安全标志的设置

　　《消防安全标志 第1部分：标志》（GB 13495.1-2015）对与消防有关的安全标志及其标志牌的制作、设置位置作出了明确的规定。企业应该严格按照该标准的要求来设置。

本章导视

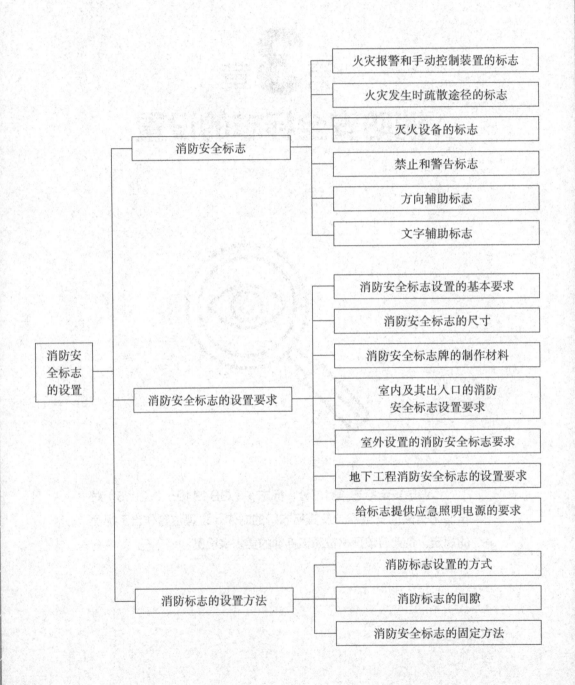

消防安全标志的设置
├─ 消防安全标志
│   ├─ 火灾报警和手动控制装置的标志
│   ├─ 火灾发生时疏散途径的标志
│   ├─ 灭火设备的标志
│   ├─ 禁止和警告标志
│   ├─ 方向辅助标志
│   └─ 文字辅助标志
├─ 消防安全标志的设置要求
│   ├─ 消防安全标志设置的基本要求
│   ├─ 消防安全标志的尺寸
│   ├─ 消防安全标志牌的制作材料
│   ├─ 室内及其出入口的消防安全标志设置要求
│   ├─ 室外设置的消防安全标志要求
│   ├─ 地下工程消防安全标志的设置要求
│   └─ 给标志提供应急照明电源的要求
└─ 消防标志的设置方法
    ├─ 消防标志设置的方式
    ├─ 消防标志的间隙
    └─ 消防安全标志的固定方法

3.1 消防安全标志

消防安全标志是由安全色、边框、以图像为主要特征的图形符号或文字构成的标志，用以表达与消防有关的安全信息。消防安全标志的颜色应符合GB 2893中的有关规定。

3.1.1 火灾报警和手动控制装置的标志

火灾报警和手动控制装置的标志如表3-1所示。

表3-1 火灾报警和手动控制装置的标志

序号	名称	标志	说明
1	消防按钮 （FIRE CALL POINT）		底色：红 标示火灾报警按钮和消防设备启动按钮的位置
2	发声警报器 （FIRE ALARM）		底色：红 标示发声报警的位置
3	消防电话 （FIRE TELEPHONE）		底色：红 标示火灾报警系统中消防电话及插孔的位置

3.1.2 火灾发生时疏散途径的标志

火灾发生时疏散途径的标志如表3-2所示。

表3-2　火灾发生时疏散途径的标志

序号	名称	标志	说明
1	安全出口（EXIT）		底色：绿 指示在发生火灾等紧急情况下，可使用的一切出口。在远离紧急出口的地方，应与疏散通道方向标志联用，以指示到达出口的方向
2	滑动开门（SLIDE）		底色：绿 指示装有滑动门的紧急出口。箭头指示该门的开启方向
3	推开（PUSH）		底色：绿 本标志置于门上，指示门的开启方向

序号	名称	标志	说明
4	拉开 （PULL）		底色：绿 本标志置于门上，指示门的开启方向
5	击碎板面 （BREAK TO OBTAIN ACCESS）		底色：绿 （1）必须击碎玻璃板才能拿到钥匙、工具 （2）操作应急设备或开启紧急逃生出口
6	逃生梯 （ESCAPE LADDER）		底色：绿 提示固定安装的逃生梯的位置 需指示逃生梯的方位时，应与疏散方向标志配合使用

3.1.3　灭火设备的标志

灭火设备的标志如表3-3所示。

表3-3　灭火设备的标志

序号	名称	标志	说明
1	灭火设备 （FIRE-FIGHTING EQUIPMENT）		标示灭火设备集中摆放的位置

序号	名称	标志	说明
2	手提式灭火器 （PORTABLE FIRE EXTINGUISHER）		标示手提式灭火器存放的位置
3	推车式灭火器 （WHEELED FIRE EXTINGUISHER）		指示推车式灭火器的位置
4	消防炮 （FIRE MONITOR）		指示消防炮的位置
5	消防软管卷盘 （FIRE HOSE REEL）		指示消防软管卷盘、消火栓箱、消防水带的位置
6	地下消火栓 （UNDERGROUND FIRE HYDRANT）		指示地下消火栓的位置

序号	名称	标志	说明
7	地上消火栓 （OVERGROUND FIRE HYDRANT）		指示地上消火栓的位置
8	消防水泵接合器 （SIAMESE CONNECTION）		指示消防水泵接合器的位置

3.1.4　禁止和警告标志

禁止和警告标志见表3-4。

表3-4　禁止和警告标志

序号	名称	标志	说明
1	禁止吸烟 （NO SMOKING）		表示此处禁止吸烟
2	禁止烟火 （NO BURNING）		表示禁止吸烟或各种形式的明火

续表

序号	名称	标志	说明
3	禁止放易燃物 （NO FLAMMABLE MATERIALS）		表示禁止存放易燃物
4	禁止燃放鞭炮 （NO FIREWORKS）		表示禁止燃放鞭炮或焰火
5	禁止用水灭火 （DO NOT EXTINGUISH WITH WATER）		表示禁止用水作灭火剂或用水灭火
6	禁止阻塞 （DO NOT OBSTRUCT）		表示禁止阻塞的指定区域（如疏散 通道）
7	禁止锁闭 （DO NOT LOCK）		表示禁止锁闭的指定部位（如疏散通 道和安全出口的门）
8	当心易燃物 （WARNING: FLAMMABLE MATERIALS）		警示来自易燃物质的危险

续表

序号	名称	标志	说明
9	当心氧化物 （WARNING: OXIDIZING SUBSTANCE）		警示来自氧化物的危险
10	当心爆炸物 （WARNING: EXPLOSIVE MATERIAL）		警示来自爆炸物的危险，在爆炸物附近或处置爆炸物时应当心

3.1.5 方向辅助标志

方向辅助标志如表3-5所示。

表3-5 方向辅助标志

序号	名称	标志	说明
1	疏散方向 （DIRECTION OF ESCAPE）	 （绿色）	指示安全出的方向。箭头的方向还可为上、下、左上、右上、右、右下等

续表

序号	名称	标志	说明
2	火灾报警装置或灭火设备的方位 （DIRECTION OF FIRE ALARM DEVICE OR FIREFIGHTING EQUIPMENT）	 （红色）	指示火灾报警装置或灭火设备的方向。箭头的方向还可为上、下、左上、右上、右、右下等

方向辅助标志应该与其他标志联用，指示被联用标志所表示意义的方向。表3-5只列出向左和向左下的方向辅助标志。根据实际需要，还可以制作指示其他方向的方向辅助标志（如3-1图所示）。

图3-1　方向辅助标志使用举例

3.1.6　文字辅助标志

火灾报警和手动控制装置的标志，火灾时疏散途径的标志，具有火灾、爆炸危险的地方或物质的标志，方向辅助标志的名称用黑体字写出来加上适当的背底色即构成文字辅助标志。

文字辅助标志应该与图形标志或（和）方向辅助标志联用。当图形标志与其指示物很近、表示意义很明显，人们很容易看懂时，文字辅助标志可以省略。

文字辅助标志有横写和竖写两种形式。横写时，其基本形式是矩形边框，可以放在图形标志的下方，也可以放在左方或右方（见图3-2）；竖写时，则放在标志杆的上部（如图3-3所示）。

图3-2　横写的文字辅助标志

横写的文字辅助标志与三角形标志联用时，字的颜色为黑色，与其他标志联用时，字的颜色为白色；竖写在标志杆上的文字辅助标志，字的颜色为黑色。

文字辅助标志的底色应与联用的图形标志统一。

当消防安全标志的联用标志既有方向辅助标志，又有文字辅助标志时，一般将二者同放在图形标志的一侧，文字辅助标志放在方向辅助标志之下。当方向辅助标志指示的方向为左下、右下及正下时，则把文字辅助标志放在方向辅助标志之上。

在机场、涉外饭店等国际旅客较多的地方，可以采用中英文两种文字辅助标志。

消防安全标志杆的颜色应与标志本身相一致（如图3-3所示）。

图3-3 写在标志杆上的文字辅助标志示意

3.2 消防安全标志的设置要求

3.2.1 消防安全标志设置的基本要求

（1）消防安全标志应设在与消防安全有关的醒目的位置。标志的正面或其邻近不得有妨碍公共视读的障碍物。

（2）除必须外，标志一般不应设置在门、窗、架等可移动的物体上，也不应设置在经常被其他物体遮挡的地方。

（3）设置消防安全标志时，应避免出现标志内容相互矛盾、重复的现象。尽量用最少的标志把必需的信息表达清楚。

（4）方向辅助标志应设置在公众选择方向的通道处，并按通向目标的最短路线设置。

（5）设置的消防安全标志，应使大多数观察者的观察角接近90°。

（6）在所有有关照明下，标志的颜色应保持不变。

3.2.2 消防安全标志的尺寸

消防安全标志的尺寸由最大观察距离 D 确定。测出所需的最大观察距离以后，再确定所需标志的大小。

观察距离 D 的确定方法及示例

观察距离应根据标志的设置地点和观察地点来确定：如下图（a）所示，如果将标志设在 A 处，要求对门口的观察者保持良好的醒目度，那么观察距离 D 为门口观察者的眼睛至标志的距离。

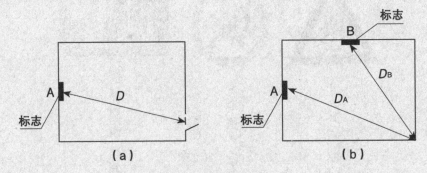

设置标志的房间平面图

如果要求标志对房间内任何位置站立的观察者皆保持良好的醒目度，那么应找出最大的观察距离 D，即为房间内离标志最远位置的观察者的眼睛至标志的距离。如上图（b）所示，如果标志设在 A 处，那么最大观察距离为 D_A；如果标志设在 B 处，那么最大观察距离为 D_B。

室外禁止标志和警告标志的最大观察距离应根据禁止和警告的内容引起观察者作出反应的安全距离来确定。例如，要求在某危险品仓库周围 20m 的距离内禁止烟火，那么最大观察距离 D 即为 20m。

设置在道路边缘的标志牌应根据消防车或其他车辆的速度来确定最大观察距离 D。具体可参考下表推荐的最大观察距离。

行车速度及最大观察距离的关系

计算行车速度 v/km/h	$v \geqslant 60$	$v < 60$
满足醒目度要求的最大观察距离 D/m	25	16
标志的型号	6	5

对于最大观察距离 D 的观察者，偏移角度最大不应大于 15°。如果受条件限制，无法满足该要求，应适当加大标志的尺寸以满足醒目度的要求。

3.2.3 消防安全标志牌的制作材料

（1）疏散标志牌应用不燃材料制作，否则应在其外面加设玻璃或其他不燃透明材料制成的保护罩。

（2）其他用途的标志牌其制作材料的燃烧性能应符合使用场所的防火要求；对室内所用的非疏散标志牌，其制作材料的氧指数OI（Oxygen index）不得低于32。

3.2.4 室内及其出入口的消防安全标志设置要求

（1）疏散标志的设置要求。疏散通道中，"紧急出口"标志宜设置在通道两侧部及拐弯处的墙面上，标志牌的上边缘距地面不应大于1m，如图3-4所示。

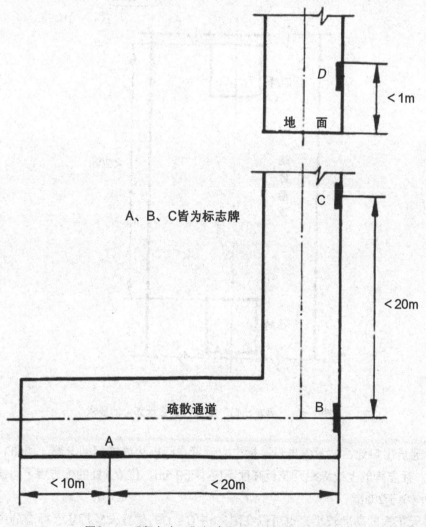

图3-4 "紧急出口"标志设置在墙面上的要求

也可以把疏散标志直接设置在地面上，上面加盖不燃透明牢固的保护板（如图3-5所示）。标志的间距不应大于20m，袋形走道的尽头离标志的距离不应大于10m。

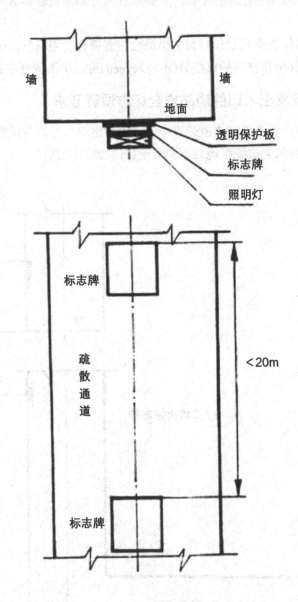

图3-5　"紧急出口"标志设置在地面上的要求

疏散通道出口处，"紧急出口"标志应设置在门框边缘或门的上部，如图3-6所示A或B的位置。标志牌的上边缘距天花板高度不应小于0.5m。位置A处的标志牌下边缘距地面的高度h_2不应小于2.0m。

如果天花板的高度较小，也可以在图3-6中C、D的位置设置标志，标志的中心点距地面高度h_3应在1.3～1.5m。

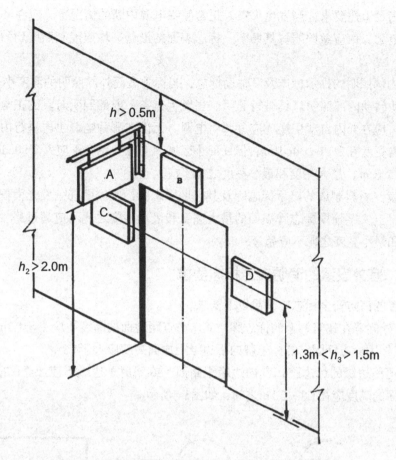

图3-6 "紧急出口"设置在门框边缘或门上部的要求

　　悬挂在室内大厅处的疏散标志牌的下
边缘距地面的高度不应小于2.0m，如图3-7
所示。

　　（2）附着在室内墙面等地方的其他标
志牌，其中心点距地面高度应在1.3～1.5m。

　　（3）悬挂在室内大厅处的其他标志牌
下边缘距地面高度不应小于2.0m。

　　（4）在室内及其出入口处，消防安全
标志应设置在明亮的地方。消防安全标志中
的禁止标志（圆环加斜线）和警告标志（三
角形）在日常情况下其表面的最低平均照度
不应小于5lx，最低照度和平均照度之比（照
度均匀度）不应小于0.7。提示标志（正方
形）及其辅助标志应满足以下要求。

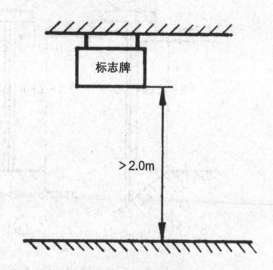

图3-7 室内悬挂标志牌的要求

　　①需要外部照明的提示标志及其辅助标志，日常情况下其表面的最低平均照度和照度

均匀度也应满足上述要求。当发生火灾，正常照明电源中断的情况下，应在5S内自动切换成应急照明电源，由应急照明灯具照明，标志表面的最低平均照度和照度均匀度仍应满足上述要求。

②具有内部照明的提示标志及其辅助标志，当标志表面外部照明的照度小于5lx时，应能在5s内自动启动内部照明灯具进行照明。当发生火灾，内部照明灯具的正常照明电源中断的情况下，应在5s内自动切换成应急照明电源。无论在哪种电源供电进行内部照明，标志表面的平均亮度宜为17～34cd/㎡，但任何小区域内的最大亮度不应大于80cd/㎡，最小亮度不应小于15cd/㎡，最大亮度和最小亮度之比不应大于5∶1。

③用自发光材料制成的提示标志牌及其辅助标志牌，其表面任一发光面积的亮度不应小于0.51cd/㎡。文字辅助标志牌表面的最大亮度和最小亮度之比不应超过3∶2，图形标志的最大亮度和最小亮度之比不应超过5∶2。

3.2.5 室外设置的消防安全标志要求

室外设置的消防安全标志应满足以下要求。

（1）室外附着在建筑物上的标志牌，其中心点距地面的高度不应小于1.3m。

（2）室外用标志杆固定的标志牌的下边缘距地面高度应大于1.2m。

设置在道路边缘的标志牌，其内边缘距路面（或路肩）边缘不应小于0.25m，标志牌下边缘距路面的高度应在1.8～2.5m之间，如图3-8所示。

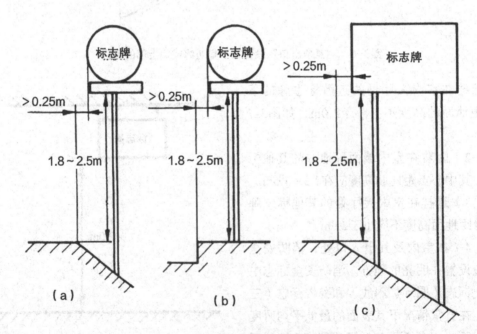

图3-8 室外设置的消防安全标志要求

设置在道路边缘的标志牌，在装设时，标志牌所在平面应与行驶方向垂直或呈80°～90°，如图3-9所示。

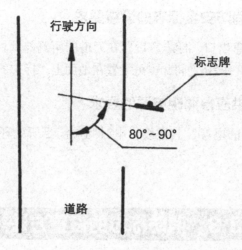

图3-9 设置在道路边的消防安全标志要求

设置在道路边缘的警告标志到危险地点的距离，根据道路的计算行车速度，按表3-6选取。

表3-6 设置在道路边缘的警告标志到危险地点的距离

序号	计算行车速度/（km/h）	标志到危险地点距离/m
1	>60	100~250
2	≤60	20~100

（3）消防安全标志牌应设置在室外明亮的环境中。日常情况下使用的各种标志牌的表面最低平均照度不应小于5lx，照度均匀度不应小于0.7lx。夜间或较暗环境下使用的消防安全标志牌应采用灯光照明以满足其最低平均照度的要求，也可采取自发光材料制作。设置在道路边缘供车辆使用的消防安全标志牌也可采用逆向反射材料制作。

逆向反射材料制成的消防安全标志牌的反光方法

（1）禁止标志采用全部反光或黑色图案不反光，其他反光。
（2）警告标志采用黄底反光，黑色图案和边框不反光。
（3）提示标志中，符号较简单的标志采用全部反光；符号较复杂的标志，可采用白色符号反光，红底或绿底不反光。
（4）方向辅助标志采用箭头反光，红底或绿底不反光。
（5）与警告标志联用的文字辅助标志采用黄底反光，黑字不反光。
（6）与禁止标志联用的文字辅助标志，采用全部反光。
（7）与提示标志联用的文字辅助标志采用文字反光，红底或绿底不反光。

3.2.6 地下工程消防安全标志的设置要求

对于地下工程，"紧急出口"标志宜设置在通道的两侧部及拐弯处的墙面上，标志的中心点距地面高度应在1.0~1.2m之间，也可设置在地面上。标志的间距不应大于10m。

3.2.7 给标志提供应急照明电源的要求

给标志提供应急照明的电源，其连续供电时间应满足所处环境的相应标准或规范要求，但不应小于20min。

3.3 消防标志的设置方法

3.3.1 消防标志设置的方式

（1）附着式。消防安全标志牌可以采用钉挂、粘贴、镶嵌等方式直接附着在建筑物等设施上。

（2）悬挂式。用吊杆、拉链等将标志牌悬挂在相应位置上。适用于宾馆、饭店、候车（船、机）室大厅及出入口等处。

（3）柱式。把标志牌固定在标志杆上，竖立于其指示物附近。

3.3.2 消防标志的间隙

（1）两个或更多的正方形消防安全标志一起设置时，各标志之间至少应留有标志公称尺寸0.2倍的间隙，如图3-10所示。

（2）两个相反方向的正方形标志并列设置时，为避免混淆，在两个标志之间至少应留有一个标志的间隙，如图3-11所示。

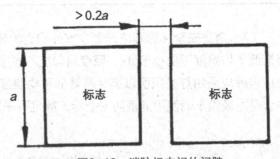

图3-10 消防标志间的间隙

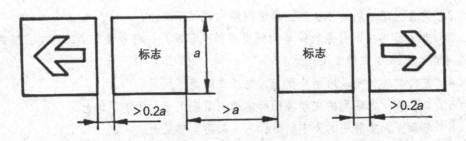

图3-11 两个标志之间至少应留有一个标志的间隙

（3）当疏散标志与灭火设备标志并列设置并且二者方向相同时，应将灭火设备标志放在上面，疏散标志放在下面。两个标志之间的间隙不应小于标志公称尺寸的0.2倍，如图3-12所示。

（4）两个以上标志牌可以设置在一根标志杆上。但最多不能超过4个。

①应按照警告标志（三角形）、禁止标志（圆环加斜线）、提示标志（正方形）的顺序先上后下，先左后右地排列，如图3-13所示。

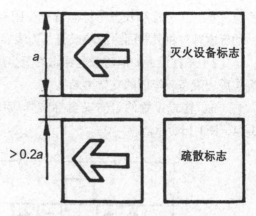

图3-12 疏散标志与灭火设备标志设置的间隙

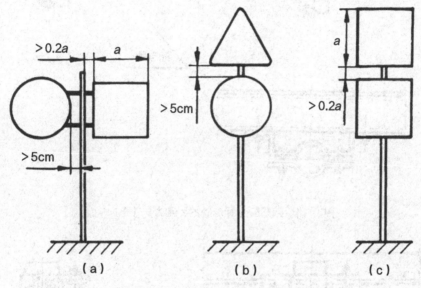

图3-13 一根警告标志杆上的设置要求

②根据设置地点，标志的设置应符合以下要求。

室外用标志杆固定的标志牌的下边缘距地面高度应大于1.2m。

正方形和其他形状的标志牌共同设置时，正方形标志牌与标志杆之间的间隙不应小于标志公称尺寸的0.2倍，其他形状的标志牌与标志杆之间的间隙不应小于5cm。

两个或多个三角形（圆形）标志牌或三角形、圆形、正方形标志牌共同设置在同一标志杆时，各标志牌之间的间隙不应小于5cm。

两个正方形的标志牌设置在一个标志杆上时，两者之间的间隙不应小于标志公称尺寸的0.2倍。

3.3.3 消防安全标志的固定方法

（1）附着设置的消防安全标志牌如用钉子固定，一般情况下圆形和三角形标志牌至少固定三点，正方形和长方形标志牌至少固定四点。固定点宜选在边缘衬底色部位。用胶粘贴的标志牌应将其背面涂满胶或将其边缘、中心点涂上胶固定。

（2）悬挂设置的消防安全标志牌至少用两根悬挂杆（线），悬挂后不得倾斜。较轻的标志牌应配备较牢固的支架再悬挂。

（3）柱式设置的消防安全标志牌应用螺栓、管箍等牢固地固定在标志杆上，如图3-14、图3-15所示。

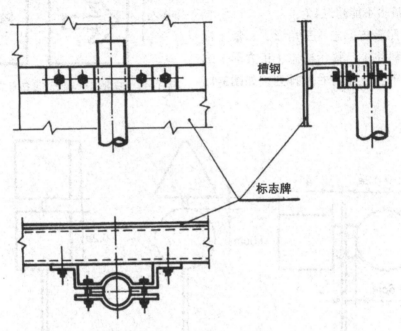

图3-14　消防安全标志牌的固定方法（1）

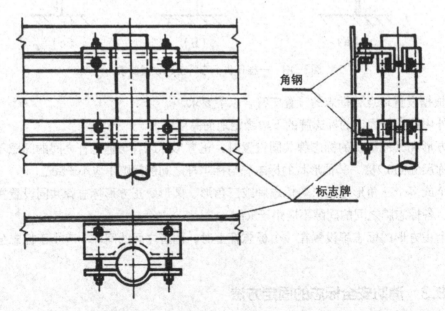

图3-15　消防安全标志牌的固定方法（2）

窗外设置的消防安全标志应考虑风压力的作用，压力可按下式计算：

$$P=0.5\rho c v^2$$

式中　P——单位面积上的风压力，Pa。

　　　ρ——空气密度，一般取1.2258kg/m³。

　　　c——风力系数（标志牌$c=1.2$，标志杆$c=0.7$）。

　　　v——风速，m/s（一般为30~50m/s）。

求出风压力力后，根据标志牌的不同支撑方式进行标志牌、标志杆、横梁、连接螺栓及基础稳定验算，求得各部位断面尺寸等。如果标志牌的强度不够，可以采用加厚、背面加筋或卷边加固等方式提高强度。

（4）以其他方式设置的消防安全标志牌都应牢固，以保证其发挥应有的作用。

第4章
消防安全管理规章制度制定与管理

　　消防安全管理规章制度是企业全体人员在消防安全方面应该共同遵守的行为准则，是国家消防法律、法规和行政规章在企业的延伸和具体化。

本章导视

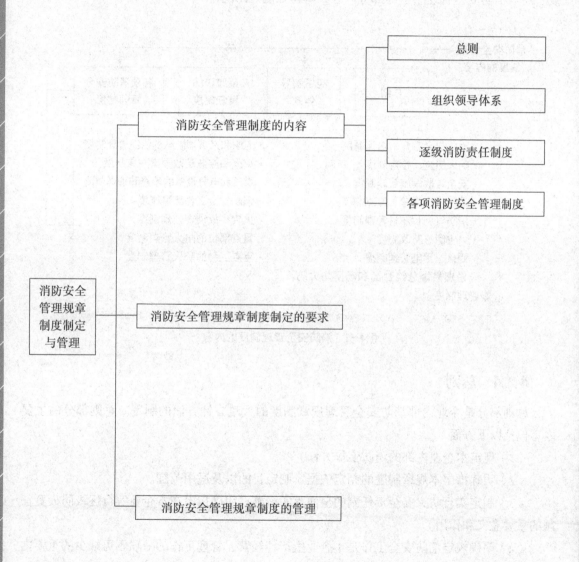

4.1 消防安全管理制度的内容

根据《机关、团体、企业、事业单位消防安全管理规定》（公安部[2001]第61号）的相关规定，企业消防安全管理规章制度大体上包括总则、组织领导体系、逐级消防责任制度、各项消防安全管理制度等部分内容，具体如图4-1所示。

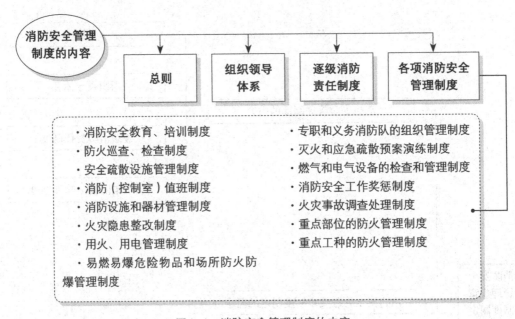

图4-1 消防安全管理制度的内容

4.1.1 总则

总则部分是企业内部消防安全管理规章制度的大政方针方面的制度。总则部分的主要内容包括以下方面。

（1）规定本企业内部的消防工作方针。

（2）明确指出本规章制度的制定依据、制定目的以及适用范围。

（3）制定实行防火安全责任制的全面落实措施，明确指出在本企业实行逐级防火责任制的重要意义和作用。

（4）明确规定消防安全工作是本企业生产、经营、管理工作的一项不可缺少的重要内容，确立消防安全管理工作与生产经营管理工作，"五同时"管理规定的地位、作用以及具体运作程序和方法等。

4.1.2 组织领导体系

组织领导体系部分是企业内部消防安全管理规章制度中有关人事安排方面的制度。组织领导体系部分的主要内容包括以下方面。

（1）确定本企业消防安全责任人和防火安全委员会（或防火安全领导小组）主任（或组长）以及成员的名单。

（2）确定本企业消防保卫部门（或安全技术部门）和负责人以及专兼职消防安全保卫人员的名单。

（3）确定本企业下属部门消防安全责任人以及防火安全员的名单。

（4）确定企业下属班组或岗位消防安全责任人以及防火安全员的名单。

（5）确定义务消防队以及专职消防队的领导和成员的名单等。

4.1.3 逐级消防责任制度

逐级消防责任制度部分是企业内部消防安全管理规章制度中对各级领导、各级组织和全体职工规定消防安全职责方面的制度。逐级消防责任制度应当包括各级领导和各级组织的逐级消防安全责任制度，还应当包括全体职工的岗位防火安全责任制度。主要内容包括以下方面。

（1）规定防火安全委员会（或防火安全领导小组）领导机构及其责任人的消防安全职责。

（2）规定消防保卫部门或安全技术部门领导以及消防安全管理人员的消防安全职责。

（3）规定企业下属部门和岗位消防安全责任人以及防火安全员的职责。

（4）规定企业义务消防队和专职消防队的领导以及成员的职责。

（5）规定全体职工在各自工作岗位上的消防安全职责。

逐级消防责任制度还应当同本企业的经济承包制度以及奖惩制度结合起来，使各级领导和全体职工的消防安全工作优劣状况同经济利益和荣誉直接挂钩，把本企业每个人承担的消防安全工作职权、工作义务和工作责任落到实处。

4.1.4 各项消防安全管理制度

企业应当根据自身的实际情况制定符合本企业特点的各种消防安全管理制度，通常应当包括表4-1所示一些制度和内容。

表4-1 各项消防安全管理制度的内容

序号	制度名称	基本内容
1	消防安全教育、培训制度	（1）要充分利用壁报、黑板报、有线广播、标语、安全标志牌、举办培训班等方式方法进行消防安全宣传普及教育； （2）对新进入企业的职工（包括季节工、临时工、外包工等）通常要进行企业、科室（车间）和班组三级消防安全知识教育，经考核合格后才能上岗，对特殊工种还应当进行专门的消防安全培训，考核合格后持证上岗； （3）消防安全教育、培训制度应当制度化，企业每月可以确定1~2天作为消防安全活动日，分析消防安全情况，学习有关规定和消防安全知识，分析和整改火灾隐患； （4）义务消防队应当在年初、年中或开业、使用前进行必要的消防演习活动，每年对全体职工进行一次消防安全知识考核；

企业消防安全与应急全案（实战精华版）

续表

序号	制度名称	基本内容
1	消防安全教育、培训制度	（5）应当向外来人员宣传消防安全知识和本企业的消防安全制度，应当主动同邻近企业和当地居民组织搞好消防安全联防工作； （6）发生火灾后，应当适时组织召开火灾现场会，进行现场的消防安全教育等
2	防火巡查、检查制度	（1）实行逐级消防责任制，应当规定企业领导每月检查、部门领导每周检查、班组领导每日巡查、岗位职工每日自查； （2）检查之前应当预先编制相应的防火检查表，规定检查内容要点、检查依据和检查合格标准； （3）检查结果应当有记录，对于查出的火灾隐患应当及时整改
3	安全疏散设施管理制度	（1）企业必须按规定配备应急照明和疏散指示标志； （2）按规定配备防火门和其他应急疏散设施； （3）疏散通道和安全出口必须保障畅通，不得堵塞； （4）应急照明灯和疏散指示标志必须按规定进行检修，保证完整、好用； （5）常闭式防火门不得处于开启状态，闭门器必须完整
4	消防（控制室）值班制度	（1）消防（控制室）应当配备专门操作人员，并实行时值班制度； （2）消防系统的操作维护人员在上岗前应经过专门培训，熟练掌握系统的工作原理和操作规程、常见故障排除方法，并持证上岗； （3）控制室操作人员值班时，必须坚守岗位，密切注意各设备的动态； （4）消防控制室操作维护人员对本建筑物内的各种消防设备进行监视和应用，做好日常的技术管理； （5）做好各种情况记录，及时提供有关信息，给企业领导当好参谋，协助有关领导做好防火、灭火工作； （6）根据当地消防工作的需要，完成上级领导和消防机构布置的工作任务，接受公安消防机构的检查
5	消防设施和器材管理制度	（1）消防设施和器材不得随意挪作他用； （2）消防设施和器材应当定期进行检测，发现损坏应当及时维修或更换； （3）灭火药剂失效以后应当及时更换新药剂； （4）消火栓不得埋压，道路应当畅通无阻； （5）消防器材的配置种类、数量及配置地点，应当由专人负责，配置地点应当有明显标志等
6	火灾隐患整改制度	（1）认真研究本企业存在的火灾隐患，根据本企业实际，制订出一整套切实可行的整改方案； （2）按要求对存在的火灾隐患进行彻底整改，对整改内容不清楚的，应及时向消防应急救援机构汇报； （3）对历史遗留的火灾隐患，无法按时整改的，应及时向当地政府和消防应急救援机构汇报，并拿出切实可行的防范措施，防止发生火灾事故； （4）实行责任制，落实"四定"，整改完毕后，应及时向消防应急救援机构送达整改回执
7	用火、用电管理制度	（1）确定厂区内的用火管理区域范围； （2）对于储存或处理可燃气体、液体、粉尘的设备,动火检修前应当进行清洗、置换等安全处理； （3）规定火炉取暖场所和吸烟场所的具体防火要求；

序号	制度名称	基本内容
7	用火、用电管理制度	（4）划分动火作业级别，规定动火作业审批权限和手续，实行"四不动火"制度，即预防措施不落实不动火、没有经过批准的动火证不动火、现场没有消防安全监护人员不动火、大风天不在户外动火
8	易燃易爆危险物品和场所防火防爆管理制度	（1）规定本企业易燃易爆危险物品的类别、品种和防火防爆场所； （2）规定收发易燃易爆危险物品的和进入防火防爆场所的手续； （3）制定各类易燃易爆危险物品的防火、防爆和灭火措施； （4）规定专人负责保管易燃易爆危险物品和对防火防爆场所的看管等
9	专职和义务消防队的组织管理制度	（1）企业应根据消防法律的规定建立专职消防队或义务消防队； （2）专职和义务消防队由企业的消防安全管理人组织领导，业务上接受当地消防应急救援机构的指导。专职消防队的建立或撤销必须经当地消防应急救援机构会同企业的主管部门商定； （3）企业专职消防队的消防人员列入生产人员，享受本企业职工的保险、工资、奖励和福利待遇； （4）义务消防队的人数根据企业的具体情况确定。可以分为灭火行动组、疏散引导组、通信联络组、安全防护救护组等； （5）企业应定期组织培训班，对队员进行防火、灭火常识和基本技能的教育
10	灭火和应急疏散预案演练制度	（1）企业应当建立健全灭火和应急疏散预案组织机构。组织机构包括：灭火行动组、通信联络组、疏散引导组、安全防护救护组； （2）各组成员应当分工明确，熟练掌握消防业务基本技能，能够相互协调，及时有效地扑救初起火灾； （3）企业应当经常组织消防知识和业务技能的培训和教育； （4）企业应当对配置的消防设施和器材及时进行维修保养，确保完好有效； （5）重点企业至少每半年进行一次演练。其他企业根据实际情况，制定相应的应急方案，至少每年组织一次演练
11	燃气和电气设备的检查和管理制度	（1）敷设燃气管线、电气线路，安装和维修燃气、电气设备，必须由正式参加特殊工种培训的人员承担； （2）电加热设备必须有专人负责使用和监管，离开时通常要求切断电源； （3）能够产生静电易引起火灾爆炸的场所，必须安装消除静电的装置和采取消除静电的措施； （4）遭雷击容易引起火灾爆炸的场所，应当安装避雷装置，并应在雷雨季节来临前，进行接地电阻检测； （5）爆炸危险场所应当遵照国家的有关规定安装相应的防爆电气设备； （6）对于燃气管线、电气线路和设备应当有专人负责监管，定期检查等
12	消防安全工作奖惩制度	（1）对于消防工作制定具体的奖惩条件和标准； （2）对于消防工作成绩突出的下属企业和个人应当给予表彰和奖励，规定具体的评奖标准和方法； （3）对于违反消防安全管理规章制度的下属企业和个人，除由司法机关、公安机关依法进行刑事处罚、行政处罚之外，企业应当规定具体的内部行政处分标准和方法。
13	火灾事故调查处理制度	（1）积极协助消防应急救援机构保护火灾现场、调查火灾原因； （2）对于火灾事故责任者提出处理意见，提出具体的防范措施和改进措施；

序号	制度名称	基本内容
13	火灾事故调查处理制度	（3）实行火灾事故处理的"三不放过"原则，即没有查清起火原因不放过、企业领导和火灾事故责任者没有受到处理以及企业职工没有受到教育不放过、没有防范措施和改进措施不放过
14	重点部位的防火管理制度	企业内的消防安全重点部位大致包括：汽油库、汽车库、变配电室、化验室、锅炉房、仓库以及涉及易燃易爆危险物品的岗位等。这些重点部位应当结合实际情况制定具体可行的防火管理制度
15	重点工种的防火管理制度	企业内的重点工种大致包括：警卫值班员、电焊工、气焊工、油漆工、仓库保管员以及涉及易燃易爆危险物品岗位上的操作工等。这些重点工种及其所在岗位也应当结合实际情况制定具体可行的防火工作职责和防火管理制度

4.2 消防安全管理规章制度制定的要求

企业内部消防安全管理规章制度制定的要求如下。

（1）规章制度的内容一般用条文表达，每条可分为款、项、目，款不冠数字，项和目冠以数字。

（2）制定规章制度，必须坚持四项基本原则，符合宪法和法律，符合党的路线、方针、政策，从实际出发，贯彻民主集中制的原则。

（3）制定规章制度时，要明确权限，不得随意超越，不能与上级已有的规章制度相矛盾。

（4）在书写上，内容要完备规范，切实可行，要注意条理清楚、款项分明、简练准确、明白无误。

4.3 消防安全管理规章制度的管理

企业内部的消防安全管理规章制度制定完毕，要下发所属各部门讨论修改后，以企业正式文件印发。通常还要装订成册以便于查阅，并在有关场所悬挂相关的规章制度大挂板，以便于有关人员随时对照执行。

范本 4.01

施工现场消防安全管理制度

一、施工现场消防管理制度

1. 总则

为了认真贯彻消防工作"预防为主、防消结合"的指导方针，使每个职工懂得消防工作的重要性，增强群众防范意识，把事故消灭在萌芽状态，现结合施工现场的实际情况，制定以下防火管理制度。

2. 施工现场防火的安全管理

（1）施工现场负责人应全面负责施工现场的防火安全工作，建设单位应积极督促施工单位具体负责现场的消防管理和检查工作。

（2）施工现场都要建立、健全防火检查制度，发现火险隐患，必须立即消除。一时难以消除的隐患，要定人员、定时间、定措施限期整改。

（3）施工现场发生火警或火灾，应立即报告消防应急救援部门，并组织力量扑救。

（4）根据"四不放过"的原则，在火灾事故发生后，施工单位和建设单位应共同做好现场保护和会同消防部门进行现场勘察的工作。对火灾事故的处理提出建议，并积极落实防范措施。

（5）施工单位在承建工程项目签订的"工程合同"中，必须有防火安全的内容，合同建设单位共同搞好防火工作。

（6）在编制施工组织设计时，施工总平面图、施工方法和施工技术均要符合消防要求。

（7）施工现场应明确划分用火作业、易燃可燃材料堆场、仓库、易燃废品集中站和生活区等区域。

（8）施工现场夜间应有照明设备，保持消防车通道畅通无阻，并要安排力量加强值班巡逻。

（9）施工作业期间需搭设临时性建筑物，必须经施工企业技术负责人批准，施工结束后应及时拆除。不得在高压架空线下面搭设临时性建筑物或堆放可燃物品。

（10）施工现场应配备足够的消防器材，指定专人维护、管理、定期更新，保证完整、好用。

（11）在土建施工时，应先将消防器材和设施配备好，有条件的应敷设好室外消防水管和消火栓。

（12）焊、割作业点，氧气瓶、乙炔瓶、易燃易爆物品的距离应符合有关规定；如达不到上述要求的，应执行动火审批制度，并采取有效的安全隔离措施。

（13）施工现场的焊割作业，必须符合防火要求，并严格执行"电焊十不烧"规定。

（14）施工现场用电，应严格执行上级有关文件规定，加强电源管理，防止发生电气火灾。

（15）冬期施工采用保温加热措施时，应进行安全教育；施工过程中，应安排专人巡逻检查，发现隐患及时处理。

3. 消防安全教育、培训制度

（1）每年以举办消防知识宣传栏、开展知识竞赛等多种形式，提高全体员工的消防安全意识。

（2）定期组织员工学习消防法规和各项规章制度，做到依法治火。

（3）各部门应针对岗位特点进行消防安全教育培训。

（4）对消防设施维护保养和使用人员应进行实地演示和培训。

（5）对新员工进行岗前消防培训，经考试合格后方可上岗。

（6）因工作需要员工换岗前必须进行再教育培训。

（7）消控中心等特殊岗位要进行专业培训，经考试合格，持证上岗。

4. 用火、用电安全管理制度

（1）用电安全管理

①严禁随意拉设电线，严禁超负荷用电。

②电气线路、设备安装应由持证电工负责。

③各部门下班后，该关闭的电源应予以关闭。

④禁止私用电热棒、电炉等大功率电器。

（2）用火安全管理

①严格执行动火审批制度，确需动火作业时，作业单位应按规定向消防工作归口管理部门申请"动火许可证"。

②动火作业前应清除动火点附近5m区域范围内的易燃易爆危险物品或作适当的安全隔离，并向保卫部借取适当种类、数量的灭火器材随时备用，结束作业后应即时归还，若有动用应如实报告。

5. 易燃易爆危险物品和场所防火防爆制度

（1）易燃易爆危险物品应有专用的库房，配备必要的消防器材设施，仓管人员必须由消防安全培训合格的人员担任。

（2）易燃易爆危险物品应分类、分项储存。化学性质相抵触或灭火方法不同的易燃易爆化学物品，应分库存放。

（3）易燃易爆危险物品入库前应经检验部门检验，出入库应进行登记。

（4）库存物品应当分类、分垛储存，每垛占地面积不宜大于$100m^2$，垛与垛之间不小于1m，垛与墙间距不小于0.5m，垛与梁、柱的间距不小于0.5m，主要通道的宽度不小于2m。

（5）易燃易爆危险物品存取应按安全操作规程执行，仓库工作人员应坚守岗位，非工作人员不得随意入内。

（6）易燃易爆场所应根据消防规范要求采取防火防爆措施并做好防火防爆设施的维护保养工作。

6. 灭火和应急疏散预案演练制度

（1）制定符合本单位实际情况的灭火和应急疏散预案。

（2）组织全员学习和熟悉灭火和应急疏散预案。

（3）每次组织预案演练前应精心开会部署，明确分工。

（4）应按制定的预案，至少每半年进行一次演练。

（5）演练结束后应召开讲评会，认真总结预案演练的情况，发现不足之处应及时修改和完善预案。

7. 防火巡查、检查制度

（1）落实逐级消防安全责任制和岗位消防安全责任制，落实巡查检查制度。

（2）消防工作归口管理职能部门每日对公司进行防火巡查。每月对单位进行一次防火检查并复查追踪改善。

（3）检查中发现火灾隐患，检查人员应填写防火检查记录，并按照规定，要求有关人员在记录上签名。

（4）检查部门应将检查情况及时通知受检部门，各部门负责人应每日进行消防安全检查，若发现本单位存在火灾隐患，应及时整改。

（5）对检查中发现的火灾隐患未按规定时间及时整改的，根据奖惩制度给予处罚。

8. 工地防火检查制度

（1）项目经理部每月定期组织有关人员进行一次防火安全专项检查。

（2）检查以宿舍、仓库、木工间、食堂、脚手架等为重点部位，发现隐患，及时整改，并做好防范工作。

（3）宿舍内严禁使用电炉、煤油炉，检查时如有发现，除没收器物外，罚款50元。

（4）木工间不得吸烟，木屑刨花每天做好落手清，如堆积不能及时清运的，处以罚款50元，木工间发现有人吸烟者罚款10元。

（5）按规定时间对灭火器进行药物检查，发现药物过期、失效的灭火器，应及时更换，以确保灭火器材处于正常可使用状态。

9. 施工现场动用明火审批制度

（1）一级动火审批制度。禁火区域内：油罐、油箱、油槽车和储存过可燃气体、易燃气体的容器以及连接在一起的辅助设备；各种受压设备；危险性较大的登高焊、割作业；比较密封的室内、容器内、地下室等场所进行动火作业，由动火部门填写动火申请表，项目副经理召集项目安全员、施工负责人、焊工等进行现场检查，在落实安全防火措施的前提下，由项目副经理、焊工、项目安全员在申请单上签名，然后提交项目防火负责人审查后报公司，经公司安全部门主管防火工作负责人审核，在一周前将动火许可证和动火安全技术措施方案，报上一级主管部门及所在地区消防部门审查，经批准后方可动火。

（2）二级动火审批制度。在具有一定危险因素的非禁火区域内进行临时焊割等动火作业，小型油箱等容器、登高焊割、节假日期间等动火作业，由项目施工负责人在4天前填写动火许可证，并附上安全技术措施方案，项目副经理召集项目安全员、施工负责人、焊工等进行现场检查，在落实防火安全措施的前提下，由项目副经理、焊工、项目安全员在申请单上签字，报公司安全部门审批，批准后方可动火。

（3）三级动火的审批制度。在非固定的、无明显危险因素的场所进行动火作业，由申请动火者填写动火申请单，在3天前提出，经焊工监护人签署意见后，报项目防火负责人审查批准，方可动火。

10. 消防安全管理制度

（1）在防火要害部位设置的消防器材，由该部位的消防职能人员负责维修及保管。

（2）对故意损坏消防器材的人员，按照处罚办法进行处理。

（3）器材保管人员，应掌握消防知识，能正确使用器材，工作认真负责。

（4）定期检查消防器材，发现超期、缺损的，及时向消防负责人汇报，及时更新。

11. 义务消防队训练计划

为了保证本工程项目顺利实施，保护国家财产及职工生命安全，本工程成立了一支义务消防队。为更好地发挥义务消防队的预警预报功能，提高业务素质，成为一支训练有素、机动灵活、适应工地错综复杂的消防环境需要的队伍，特制订以下训练计划。

（1）义务消防队每月组织一次活动，可采用丰富多彩的形式，如消防知识讲座、经验交流会、参观观摩会、观看录像等。

（2）活动的形式和内容由消防领导小组或义务消防队队长负责安排，通过活动使队员们深刻地认识到消防工作的重要性，针对工程实际情况，结合工程进度明确防火重点部位，掌握消防器材的操作方法，提高危险因素分析能力和扑救方法。

（3）及时与当地消防部门建立联系，搞好消防联防工作。有计划地到当地消防部门参与联谊活动，观察消防队员消防演习。

（4）定期举办义务消防队员消防操作技能训练，做到"防消结合"。

（5）根据工程进展实际情况，适时举办一些消防培训活动。

12. 特殊重点部位防火管理制度

（1）不准在高压架空线下面搭设临时焊、割作业场，不得堆放建筑物或可燃品。

（2）各种警告牌、操作堆积牌、禁火标志悬挂醒目齐全。

（3）焊、割作业点与氧气瓶、电石桶和乙炔发生器等危险物品的距离不得少于10m，与易燃易爆物品的距离不得少于30m。

（4）乙炔发生器和氧气瓶的存放距离不得少于2m，使用时两者的距离不得少于5m。氧气瓶、乙炔发生器等焊割设备上的安全附件应完整而有效，否则严禁使用。

（5）施工现场的焊割作业，必须符合防火要求，按规定应配置一定数量灭火器，严格执行"十不烧"规定。

（6）动火作业前必须执行审批制度，履行交底签字手续。

（7）严格执行奖惩制度，遵守消防规章制度，对于未发生火灾事故，能消除火灾隐患或勇敢扑灭火灾事故的个人给予表彰和奖励。对违反规定，造成火灾事故的人员视情节给予处罚，造成严重后果的依法追究刑事责任。

13. 材料仓库防火管理制度

（1）施工现场材料仓库的安全防火由材料仓库负责人全面负责。

（2）对进入仓库的易燃物品要按类存放，并挂设好警示牌和灭火器。

（3）注意季节性变化情况，高温期间（如气温超过38℃以上时），应及时采取措施，防止易燃品自燃起火。

（4）仓库间电灯要求吸顶，离地不得低于2.4m，电线敷设规范，夜间要按时熄灯。

（5）工地其他易燃材料不得堆垛仓库边。如需要堆物时，离仓库保持6m以上，并挂设好灭火器。

（6）严格检查制度，做好上下班前后的检查工作。

14．木工间防火管理制度

（1）木工间由木工组长负责防火工作，对本组作业人员开展经常性的安全防火教育，增强防火意识和提高灭火技术。

（2）使用机械必须严格检查电气设备、安全防护装置及随机开关，破损电线及时更换。

（3）木工间严禁烟火，如发现作业人员抽烟或作业场内有烟蒂按规定罚款处理，每天做好落手清工作。

（4）木工间内的灭火器经常检查，发现药物及压力表失效时，及时与工地安全员联系更换。

（5）按国标设置安全防火警告标志及警告牌，做好防火安全检查工作，发现隐患，及时整改。

（6）木工间非作业人员严禁入内，一旦发生人为火灾事故，应追究当事人责任。

15．奖励与惩罚

（1）奖励方法

①关心消防工作，积极投入消防工作，成绩显著的。

②模范遵守消防法规，制止违反消防法规的行为，表现突出。

③及时了解和消除重大火险隐患，避免火灾事故发生的。

④积极扑救火灾、抢救公共财产和人民生命财产，表现突出的。

⑤对查明火灾原因有突出贡献的。

⑥在消防工作其他方面做出显著贡献的。

⑦对以上在消防工作中有先进事迹的个人应给予表扬和奖励。

（2）惩罚规定。有下列行为之一，情节较重的，由本单位或上级主管部门给予行政处分或经济处罚。

①施工人员不按防火制度规定进行施工。

②防火负责人不履行职责的。

③值班人员擅离职守或失职的。

④不按规定添置消防器材、设备的责任人。

⑤故意损坏消防器材的。

二、防火管理责任制

1．消防负责人防火责任制

项目消防负责人是工地防火安全的第一责任人，负责本工地的消防安全，履行以下职责。

（1）制定并落实消防安全责任制和防火安全管理制度，组织编制火灾的应急预案和落实防火、灭火方案以及火灾发生时应急预案的实施。

（2）拟订项目经理部及义务消防队的消防工作计划。

（3）配备灭火器材，落实定期维护、保养措施，改善防火条件，开展消防安全检查，及时消除火险隐患。

（4）管理本工地的义务消防队和灭火训练。

（5）对职工进行消防安全教育，组织消防知识学习，使职工懂得安全动火、用电和其他防火、灭火常识，增强职工消防意识和自防自救能力。

（6）组织火灾自救，保护火灾现场，协助火灾原因调查。

交底人：×××、×××、×××　责任人：×××、×××、×××

2. 义务消防队防火责任制

（1）模范遵守和贯彻本单位的防火制度，对违反者进行劝阻。

（2）了解本单位的防火措施，定期进行检查，发现不安全因素立即解决，并向领导汇报。

（3）经常维修、保养消防器材设备，保证完好可用，并根据本单位的实际情况需要报请领导添置各种消防器材。

（4）组织消防业务学习和技术操练，提高消防业务水平。

（5）组织队员轮流值勤。

（6）协助领导制定本单位灭火的应急预案。发生火警立即启动应急预案，实施灭火与抢救工作。协助有关部门调查起火原因，提出改进措施。

（7）积极参加本地区的消防联防活动。

（8）安全员达到"三懂三会"，即懂得防火知识，会报火警；懂得消防器材的性能和使用方法，会使用灭火器材；懂得灭火知识，会扑救初起火灾。

交底人：×××、×××、×××　责任人：×××、×××、×××

3. 现场电工防火责任制

（1）电工必须持政府许可部门核发的《电工安全操作证》上岗操作。

（2）要按照有关规范安装检修电气线路和电气设备。

（3）配合技术人员正确计算配电线路负荷，配线正确，对配电线路指定专人负责和维修，不得擅自增加用电设备，不得随便乱装乱用。

（4）严禁使用铜丝、铁丝代替熔丝，按容量正确使用熔丝。

（5）要经常检查电气设备运行情况，对超负荷和擅自加大熔丝容量等隐患，及时向有关部门提出整改意见。

（6）积极主动向用电人员宣传安全用电常识，组织职工进行电气知识讲座，制止违章用电行为。

（7）配合义务消防员对电气防火器材进行维护。

（8）要掌握排除电气故障的方法，并会使用灭火器扑灭电气火灾。

交底人：×××、×××、×××　责任人：×××、×××、×××

4. 木工防火责任制

（1）禁止在木工间和木工作业场所吸烟。

（2）禁止在木工间使用明火。

（3）在操作各种木工机械前，仔细检查电气设备是否完好。

（4）在工作完毕和下班时，清理场地，将木屑、刨花堆放到安全地点，并切断电源，关闭门窗。

（5）要积极参加消防活动，掌握防火灭火知识

交底人：×××、×××、××× 责任人：×××、×××、×××

5. 仓库管理人员防火责任制

（1）不准携带火种入库。

（2）不准在库房内使用电加热器具和燃气具。

（3）不准在库房内设置办公室和工场间。

（4）不准在库房内架设临时电线和使用60W以上的白炽灯，使用有镇流器的灯具，应将镇流器安装在库房外。

（5）不准在库房内存放仓库人员使用的油棉纱、油手套等物品。

（6）要将各类物资分类、限额存放，堆放的物资留出顶、灯、墙、柱、堆等防火间距。

（7）认真检查物资堆放安全情况，离开仓库时切断电源，并关闭门窗。

（8）掌握储存物资性质和防火灭火知识，发现火灾后能熟练使用灭火器材，及时扑救。

交底人：×××、×××、××× 责任人：×××、×××、×××

6. 焊工防火责任制

（1）有《焊、割工种消防专业培训合格证》，没有正式焊工在场指导，实习员不准从事焊、割作业。

（2）凡属一级、二级、三级动火审批范围的焊、割作业，未办理动火审批手续和落实防火、防爆措施之前，不准焊、割。

（3）不了解焊、割现场和周围的安全情况，不准焊、割。不了解焊、割件内部是否安全时，不准焊、割。

（4）盛装过可燃、易爆气体、液体的各种容器、管道、仓间、罐柜等，未经清洗和测爆，没有安全保障时，不准焊、割。

（5）在用可燃材料作保温、冷却、隔声、隔热、装饰的部位，未采取切实可靠的防火安全措施，不准焊、割。

（6）有压力或密封的容器、管道，不准焊、割。

（7）焊割部位附近堆有易燃、易爆物品，在未做彻底清理或采取切实有效的措施之前，不准焊、割。

（8）因火星飞溅、导体传热和感应能引起焊割部位毗连的物体、建筑物或爆炸的，未采取安全措施，不准焊、割。

（9）有与明火作业相抵的情况，不准焊、割。

交底人：×××、×××、××× 责任人：×××、×××、×××

7. 油漆工防火责任制

（1）禁止火种进入工作现场。

（2）禁止使用明火加温或在密闭状态下溶解漆料。

（3）禁止乱倒剩余漆料溶剂。

（4）随领随用油漆溶剂，剩料要及时加盖，注意储存安全。

（5）经常消除工作场地的油漆沉积物，并要注意工作场地的通风。

（6）掌握防火灭火知识，熟练使用灭火器材。

交底人：×××、×××、×××   责任人：×××、×××、×××

8. 门卫、警卫人员防火守则

（1）严格执行值班制度，对违反规定的行为要及时劝阻和制止。

（2）严禁任何人擅自将易燃、易爆危险品带入施工现场。

（3）要加强夜间巡逻，认真检查火源、火种和电器等重点部位的防火安全，并做好值班记录。

（4）要掌握单位内重点部位生产储存物资的性质和灭火器材的分布情况，会使用灭火器材扑灭初起火灾。

（5）要熟悉火灾、救护、报警和上级主管部门电话号码，发生火灾，及时报警。

交底人：×××、×××、×××   责任人：×××、×××、×××

9. 职工防火守则

（1）在消防负责人领导下，学习消防知识，懂得消防工作重要性。

（2）爱护消防设施及消防器材。

（3）自觉遵守工地有关部位的消防制度，听从职能人员的劝告。

（4）严禁在床上吸烟及乱扔烟头，严禁私自乱拉乱接电气设备。

（5）严禁在宿舍内使用电加热器具和燃气具。

（6）发现火灾险情立即向领导反映，避免事故发生。

范本 4.02

××国际酒店消防安全管理制度

第一章　总则

火灾始终时时刻刻对酒店业构成巨大的威胁。目前，国内外酒店对消防工作越来越重视。我们酒店投入了大量的资金，购买了先进的火灾报警系统和自动灭火系统，这对酒店消防工作起到了积极的作用。但是酒店的消防工作应以预防为主，为了做好应对各种突发事件的准备，根据酒店的现实情况，制定本规定。

第二章　消防机构

第一节　消防委员会的成立

消防委员会的人员组成如下

消防委员会主任：酒店总经理。

副主任：总经理助理、工程部总监、安全部经理。

成员：工程部、安全部主管及其他各部门经理。

第二节 三级防火责任人的确定

酒店设三级防火组织，任命三级消防安全责任人。

一级消防安全责任人由酒店法人代表总经理担任。

二级消防安全责任人由各部门经理担任。

三级消防安全责任人由各级主管及领班担任。

第三节 义务消防队的成立

根据《中华人民共和国消防法》和《机关、团体、企业、事业单位消防安全管理规定》的有关规定，企事业单位必须成立自建消防组织，在各自的岗位上发挥作用。结合酒店的具体情况，根据要求，本酒店各部门都要成立义务消防队，由部门经理任队长，队员从在岗职工中选取。

第三章 职责

第一节 消防委员会职责

（1）认真执行消防法规，做好酒店消防安全工作。

（2）认真组织制定消防规章制度和灭火预案。

（3）组织实施消防安全责任制和消防安全岗位责任制。

（4）立足自防自救，对员工进行防火安全教育，领导义务消防队，组织消防演习。

（5）布置、检查、总结消防工作，定期向消防部门报告消防工作。

（6）组织防火检查，消除火灾隐患。

（7）积极组织人员扑救火灾事故。

第二节 义务消防队职责

（1）贯彻执行酒店消防工作要求，做好消防宣传工作。

（2）不断进行防火检查，消除火险隐患。

（3）熟悉酒店各重点部位，熟悉消防设施的性能及操作方法。

（4）积极参加酒店各项消防活动。

（5）积极参加抢救和扑灭火灾或疏散人员，保护现场。

（6）在有关领导的授权下，积极追查火灾发生原因。

第三节 各部门经理职责

（1）负责领导本部门的消防安全工作，具体落实防火工作有关规定和要求。

（2）把防火工作纳入本部门工作的议事日程，布置检查消防工作，及时处理和整改隐患。

（3）根据本部门具体性质，制定具体的岗位防火规定。

（4）落实辖区内消防设施、灭火器材的管理责任制。

（5）当火灾发生时，迅速组织人员疏散客人至指定地点，搞好善后工作。

（6）在总经理的领导下，追查火灾事故原因，对肇事者提出处理意见。

第四节 安全部经理职责

（1）在总经理的领导下，全面负责酒店内部的消防工作。

（2）认真传达、贯彻消防工作方针政策，搞好本部门的人员分工，完善酒店的消防管理制度。

（3）建立健全各级义务消防组织，有计划开展教育和训练，配备和管理好消防设施与器材。

（4）组织好防火救灾教育及防火安全检查，建立防火档案和制订灭火作战计划，确定重点，制定措施，监督落实隐患整改工作。

（5）加强防火工作目标管理，建立健全动用明火请示审批手续，对违反酒店消防规定的重大问题，要当场制止，严肃追查责任者。

（6）密切协作，认真追查火灾事故的原因。

（7）相互配合，搞好新员工的消防安全教育。

（8）定期对全酒店进行消防安全检查。

（9）监督各部门搞好消防工作。

第五节　消防主管职责

（1）认真贯彻执行国家和酒店制定的消防安全工作的有关规定，结合酒店的实际情况开展消防工作。

（2）制定布置消防工作的计划安排，督导下属工作。

（3）定期召开消防例会，传达贯彻安全部的决定和指令。

（4）负责组织检查、监督各部门防火安全措施的落实，消除火灭隐患，检查消防器材、设备的管理工作。

（5）经常向员工进行防火安全教育，检查员工是否自觉遵守防火制度和安全操作规程。

（6）负责建立健全本部门义务消防组织，对本部门义务消防员，应该排好班次，保证每个班次都有义务消防员在岗。

（7）负责协助有关部门调查火灾原因，对直接责任者提出本部门处理意见。

（8）组织扑救初起火灾，引导客人及员工疏散。

第六节　各部门领班的消防职责

（1）负责本班组的防火工作，具体组织贯彻、执行有关消防安全管理规范和防火措施。

（2）负责向本班组员工介绍防火注意事项和有关规定，检查酒店内特别是重点部位的防火措施落实情况。

（3）结合本班组的具体情况，经常进行防火宣传教育，自觉遵守防火制度和安全技术操作规程。

（4）定期检查酒店内的消防设施和器材，确保消防设施和器材清洁、完好。

（5）每日领班要不定期进行防火检查，发现隐患后及时处理，重大隐患要上报上级主管。

（6）发现火情要及时组织本班组人员积极扑救初起火灾。

（7）火灾扑灭后，在上级领导的授权下保护现场。

第七节 消防监控员职责

（1）熟练掌握消防设备操作规程。

（2）对机器设备的各种显示都能迅速做出判断。

（3）发现火警后能及时上报并采取相应措施。

（4）严格服从上级领导的指令，认真完成上级领导指派的临时任务。

（5）认真检查设备，发现问题及时上报。

（6）做好交接班记录。

第八节 消防巡视员的职责

（1）认真贯彻执行酒店消防安全管理规定和各项消防安全制度。

（2）积极参加安全部的各项防火安全教育和消防业务知识的训练和学习，通过经常化、制度化的学习和训练，使自己达到"三懂、三会、三能"，即：懂本岗位内的火灾危险性，懂得预防火灾的措施，懂得扑救初起火灾的方法；会报警，会使用消防器材，会扑救初起火灾；能宣传，能检查，能及时发现和整改火灾隐患。

（3）认真检查消防器材及消防设备的完好情况。跟进施工队伍，根据《施工管理规定》严格检查施工情况，发现火灾隐患，及时报告。

（4）如发现有异味、异声、异色要及时报告，并查明情况和积极采取有效措施进行处理。

（5）当发生火灾时，首先要保持冷静，不可惊慌失措，迅速查明情况向消控中心或总机报告，要讲明地点、燃烧物质、火势情况、本人姓名、员工号，并积极采取措施，就近取用灭火器材进行扑救。

（6）电器着火要先断开电源，再进行扑救。气体火灾要先关闭燃气阀门，如果阀门关不紧，先不要灭火，设法将阀门关闭再进行灭火。

（7）保护火灾现场，协助有关部门调查火灾原因。

第四章 消防要求

（1）酒店员工必须严格遵守防火安全制度，参加消防活动。

（2）熟悉自己岗位的工作环境、操作的设备及物品情况，知道安全出口的位置和消防器材的摆放位置，懂得消防设备的使用方法，必须知道消防器材的保养措施。

（3）牢记总机报警号码"0"和火警电话号码"119"，救火时必须无条件听从消防中心和现场指挥员的指挥。

（4）严禁员工将货物堆放在消火栓、灭火器的周围。严禁在疏散通道上堆放货物，确保疏散通道的畅通和灭火器材的正常使用。

（5）如发现异色、异声、异味，须及时报告上级有关领导，并采取相应措施进行处理。

（6）当发生火灾火警时，首先保持镇静，不可惊慌失措，迅速查明情况向消防中心报告。报告时要讲明地点、燃烧物质、火势情况、本人姓名、工牌号，并积极采取措施，利用附近的灭火器，进行初起火灾扑救，关闭电源，积极疏散酒店内的顾客，有人受伤，先救人，后救火（小火同时进行）。

第五章 防火管理

第一节 消防日常管理

（1）无论本单位、外单位及施工单位，如果要动火都必须到安全部消防控制中心办理"动火证"，严格遵守消防动火规定，并配备相应数量的灭火器材。

（2）重点部位动火须由工程部经理签字，然后到消防中心办证。动火时，安全警卫人员必须在场监护。

（3）严禁在防火通道、楼梯口内堆放货物，疏散标志和出口指示标志应完好，应急照明设施必须保证正常。

（4）严禁施工单位将易燃、易爆物品带进酒店范围内，如施工单位确需使用，应报安全部消防监控中心（消控中心）及工程部，征得有关人员同意后方可使用。

（5）仓库内禁止烟火，不准乱拉临时电线，不准使用加热设备。仓库照明灯限制60W以下白炽防爆灯、防爆日光灯，严禁使用碘钨灯。物品入库时，防止夹带火种，入库后，保安人员要经常巡视检查。

（6）进行油炸食品时注意控制油温、油量，防止油锅着火；电烤食品时注意温度。

（7）变电所、配电室、空调机房等地，不准存放易燃易爆和化学物品，严禁吸烟。

（8）所有的排油烟机及管道，应定期清理油垢，在清理卫生时，不得将水喷淋到电源插座和开关上，防止电源短路引发火灾。

第二节 防火设计与施工管理

（1）凡新建、改建、扩建的装修工程，必须按照消防规范设计施工。施工前必须将施工图纸上报消防监控中心，由监控中心报消防部门审批后，方可施工。

（2）扩建、改建、装修工程不得随意改动消防设施，确需改动的消防设施，要经安全部经理及消防监控中心批准，由本地消防应急救援部门同意后方可施工，任何单位和个人均不得擅自施工使用。

（3）外来施工单位的施工人员进入现场前，必须到安全部办理手续，并进行消防安全教育，经考试合格后，方可进入现场施工。

（4）所有外来施工人员必须严格遵守酒店的所有规章制度。

第六章 消防设备的使用与维护

（1）严格维护消防自动报警系统的设备，工程部要定期派人协助消控人员进行测验，发现问题及时解决，以保证设备的完好状态。

（2）店内的烟感及温感探测器需每年清洁检测。

（3）要每年排放一次喷淋管网内的水，使自动喷淋系统管网内的水形成活水。

（4）自动灭火装置、加压泵、消火栓、喷淋、手动报警按钮每月检查一次（手动和自动分别检查）。

（5）店内消火栓每季试放一次。

（6）店内消火栓、送风机、排烟机、防排烟阀每季试启动一次。

（7）消防中心监控系统、事故广播系统及事故备用电源每季检测一次。

（8）店内各部门办公室、安全部视情况配备轻便手提式ABC干粉灭火器及灭火推车，摆放位置须明显易取，任何部门及个人不得随意挪动。

（9）灭火器由辖区部门派专人负责保管及外表卫生清洁，ABC干粉灭火器每两年由消防中心经过测试更换一次。

（10）各种消防管道的维修、停水、消防设施的维修与调试等，都应事先报安全部门。

第七章 制度

第一节 三级防火制度

1. 一级检查由各部门主管实施

（1）员工必须每日自检本岗位的消防安全情况，排除隐患，不能解决的隐患要及时上报，若发现问题又不及时解决，由此而发生火灾事故，由各部门主管及员工本人负责。

（2）各部门主管要将每日自检的结果做好记录。

（3）负责维护、保养本部门辖区内灭火器材及其他消防设施，不得有损坏、放空的现象发生。

2. 二级检查由各部门经理实施

（1）各部门经理每周应组织对本责任区域内的设备、物品，特别是易燃易爆物品进行严格检查，发现问题妥善处理。

（2）检查本部门一级消防安全工作的落实情况。

（3）组织处理本部门的火灾隐患，做到及时整改，定期给本部门员工进行消防安全教育。

3. 三级检查由总经理领导组织实施

（1）每月由总经理或委托安全部经理对各部门进行重点检查或抽查，检查前不予以通知。

（2）检查的主要内容应是各部门贯彻、落实消防安全工作的执行情况，重点部门的防火管理制度的执行情况。

第二节 动火审批制度

1. 一级动火审批

凡有下列情况之一者属于一级动火范围。

（1）禁火区域。

（2）油罐、油箱、油车以及存过可燃物体的容器及接在一起的辅助设备。

（3）各种受压设备。

（4）危险性较大的登高焊、割。

（5）比较密封的室内、容器内、地下室。

（6）与焊、割作业有明显抵触场所。

（7）现场堆有大量可燃和易燃物品。

（8）各种管道井。

审批方法：由要求进行焊、割作业的部门填写动火申请单，必须由有关部门负责人、焊工本人、工程技术人员、防火监护人等有关人员在动火申请单上签字，然后报安全部消防监控中心，由消控中心上报酒店主管安全领导审批。对危险性特别大的项目，经审批同意后，并采取严密措施方可进行施工。

2. 二级动火审批

凡属下列情况之一者属二级动火范围。

（1）在具有一定危险因素的非禁火区域内进行临时焊、割作业。

（2）小型油箱、油桶等容器。

（3）登高焊、割作业。

审批方法：由申请焊、割作业的部门填写动火申请单，由工程部负责召集部门的负责人、焊工、技术人员、部门安全检查员在申请单上签字后，交安全部消控中心审批。

3. 三级动火审批

凡属非固定的，没有明显危险因素的场所，临时焊、割作业都属三级动火范围。

审批办法：由申请动火部门填写动火申请单，由焊工本人签字、部门安全员签字，工程部签署意见，报安全部消控中心审批。

第三节　施工防火制度

（1）凡属一级、二级、三级动火范围的焊、割未办理动火审批手续的，不得擅自进行焊、割作业。

（2）焊工要遵守焊工的"十不焊割"，各级领导都应该支持，不得强迫工人违章作业，否则工人有权拒绝焊、割，焊工在进行焊、割作业时，要严格遵守操作规程。

（3）严禁在油库、仓库、车库、机房、控制室、电梯间、商场吸烟，不准在行走中吸烟，必须在指定地点吸烟，烟头火柴梗要放在烟缸内。

（4）酒店内严禁乱拉临时电线，如施工、维修需要拉临时线路，应报工程部，安全部批准，由酒店电工操作，临时线路用完后，要及时拆除。

（5）安装、修理电气设备，必须由电工操作，并要严格执行电业部门的有关规定及操作规程，不准擅自改装电气设施，电气设备不准超负荷运行，禁止使用不符合安全要求的电线、电气设备及保险装置。

（6）电气设备要定期检查，防止引起电火花和电弧、短路、电阻过大、发热、超负荷、缺相及电线绝缘损坏现象，严禁用电线头直接插入插座。

（7）酒店内严禁储存易燃易爆物品，工作必须使用的可按不超过一周的作用量储存。要定人、定点、定措施妥善保管，并报安全部。

（8）严禁将易燃易爆物品带入酒店，楼内严禁燃放烟花爆竹，开大型展览会需要燃放烟花爆竹，应在大门外。

（9）保管易燃易爆物品，必须建立严格的收发、登记、回收，切实做到限额领料，活完料尽。

第四节　防火安全检查制度

（1）酒店实行三级防火检查制度，班组结合交接班每日进行检查。各部门每周检查一次。安全部会同各部门一月检查一次。酒店每季度和重大节日要组织有关部门进行检查。

（2）除定期检查，要着重加强夜间巡逻检查，夜间各当值主管、领班、工程人员要重点检查电源、火源，并注意其他异常情况，及时消除隐患。

（3）各部门要认真落实消防安全规定，检查安全制度在本部门执行的情况，发现火灾隐患，积极采取防范措施，并向上级汇报。

（4）岗位防火责任人要严格遵守防火安全制度，积极参加各项安全活动，发现违章行为要及时劝阻，并向部门领导汇报，每天停止工作后，负责检查责任区内的消防安全。紧闭门窗，清除易燃物，检查好电源、火源，做好交接班。

（5）工程部要定期对重点部位的电气设备、线路、照明、自动报警、灭火系统、防排烟系统、防火门、消火栓、防火卷帘、空调系统、煤气管路等进行大检查，并做好记录。

（6）每次检查中查出的火灾隐患要详细登记，逐条研究，限期整改，对一时难以整改的问题，要及时上报，同时采取防范措施。

第五节　火灾隐患整改制度

（1）杜绝"老检查、老不改"的老大难问题，应清醒认识到迟改不如早改，使火灾隐患整改工作落到实处。

（2）对一时解决不了的火灾隐患，应逐件登记，由酒店安全领导小组制订整改计划，并采取临时措施，定专人负责，确保安全，限期整改，并要建立立案、销案制度，改一件，销一件。

（3）对消防监督机关下达的火灾隐患整改通知书，要及时研究落实，按时复函、回告。各部门对安全部的火灾隐患通知单，也要研究落实，如本部门解决不了，要上报酒店领导，酒店领导同消防安全小组成员共同研究处理。

（4）酒店技术改造发展规划中，要认真制定消防安全措施，以防止产生新的火灾隐患。

第六节　消防设施和器材管理制度

（1）安全部对酒店消防器材装备必须统一登记，要求逐级负责、专人管理，每季度进行一次清洁，发现问题及时解决。

（2）工程部要定期测试、检查自动报警、自动灭火系统，防排烟设施，消火栓，防火卷帘等消防设施，凡失灵损坏的要及时修复，并负责日常维护保养，确保好用。

（3）消防给水设备需要停水维修时，工程部要通知安全部，经过有关领导批准后方能动工。

（4）在各部门所管辖区域设置的一切消防设施及器材，所在部门要设专人负责保管和保养，要经常检查，在保养中发现损坏、丢失，应报安全部予以补充。

（5）一切消防器材应设在使用方便的地方，不准随意搬动或乱堆乱放，消防设施器材周围、消防通道、走廊要保持清洁，不准堆放任何物品，确保通道的畅通。除发生火灾，任何人不准擅自动用消防器材。

（6）灭火器使用期限超过时，由安全部消防主管负责更换。

（7）对新购置的消防器材，应根据国家和企业规定的产品质量标准进行严格检验，经检验合格后方可使用。

（8）对消防设施、器材管理好的部门和个人，应该结合检查评比对该部门和个人进行表扬和奖励；对管理不当、保养不好和违反操作规程而丢失、损坏和造成人身伤亡事故的，要及时查明原因和责任，严肃处理。

（9）对故意损坏和破坏消防设施器材的行为，视情节追究刑事责任。

第七节　火灾的调查及处理制度

（1）火灾扑灭后，安全部要设专人保护现场，无关人员不准进入现场。

（2）火灾现场包括下列三个范围。

一是发生火灾引起燃烧的场所。

二是虽然未发生燃烧但与火灾原因有关的场所。

三是发生火灾涉及的场所。

（3）在扑救火灾时，以不影响灭火行动为前提，要注意尽可能地减少对现场的变动，保护现场的痕迹与物证。

（4）发生火灾事故，安全部及有关人员应主动配合公安机关查清原因，查明肇事责任者，并提出处理意见，对有意隐瞒火灾事故不报告者、提供伪证者，要追究责任，严肃处理。

（5）发生事故必须做到"三不放过"，即：事故原因不清不放过；事故责任者和员工没有受到教育不放过：没有防范措施不放过。

第八节　动用明火管理制度

（1）在饭店内任何部位动用电、气焊喷灯等明火作业，必须经部门领导同意，以文字形式报酒店安全部审核、批准，领取动火证后方可作业。

（2）安全部负责审核、管理和签发动火证工作。

（3）安全部在审核动火申请同时，必须到现场检查，一切防火措施齐全后由消防主管签字，再发给动火证。

（4）动火作业过程中应严格遵守动火证上的各项规定，否则一切后果由动火方自负（施工单位动火按安全部其他有关规定执行）。

（5）饭店内所有部位不得使用电热器具（电炉、电熨斗、电褥、电饭锅等），特殊情况须经安全部同意并办理手续后方可使用。

第九节　电气设备管理制度

（1）电工必须经过电业部门正式考核，发给上岗证后才能正式进入工作岗位。未考取上岗证的学徒工不得单独操作。电工必须严格执行电工手册的规定，并结合酒店防火要求，进行各种安装维修工作，不得违反操作规程。

（2）安装和维修电气设备，必须由专门电工按规定进行施工，设备增设、更换必须经工程部、安全部共同检查后方可使用。

（3）电气设备和线路不准超负荷使用。接头要牢固，绝缘要良好。禁止使用不合格的保险装置。

（4）所有电气设备和线路要定期检修，并建立维修制度，发现可能引起火花、短路、发热及电线绝缘损坏等情况必须立即修理。

（5）在储存易燃液体、可燃气体钢瓶、石油及其他化学危险品库内敷设的照明线路，应使用金属套管，并采用防爆型灯具和开关。

（6）禁止在任何灯头上使用纸、布或其他可燃材料作灯罩。

（7）在任何部位安装、修理电气设备，未经实验和正式使用之前，工作人员离开现场时，必须切断设备的电源。

（8）高低压配电室应保持清洁干燥，要有良好的通风及照明设备，禁止吸烟，在室内动火必须经安全部批准，严格执行饭店的《动火明火管理规定》

（9）使用电热器具，所有导线必须符合规定要求，绝缘要良好，并有合格的保险控制。必须设在可靠的不燃基座上，使用时要有专人看管，用完断电。

第十节　电、气焊作业防火制度

（1）电气焊工必须经过专门培训，掌握焊、割安全技术，经考试合格后方可操作。

（2）使用电、气焊喷灯要选择安全地点，作业前要仔细检查上、下、左、右情况，周围的可燃物必须清除干净。如不能清除应采取浇湿、设接火盘、遮隔或其他安全可靠的措施加以保护。用电、气焊在高处进行焊割作业时，除采取上述安全措施外，不得将乙炔罐、氧气瓶放在焊割部位的下面，要保持足够的水平距离，在楼内作业时应将乙炔罐、氧气瓶放在建筑物以外的安全地点，并设专人看护。

（3）电、气焊在焊割前要对焊割工具进行全面检查，严禁使用有毛病、安全保护装置不健全或失灵的焊割工具。乙炔发生器的器头装置及胶管遇冷冻结时，只能用热水或蒸汽解冻，严禁使用明火烘烤或用金属物敲打。

（4）焊、割作业及点火要严格遵守操作程序，焊条头、热喷嘴要放在安全地点，焊、割结束或中途离开现场时，必须切断电、气源，并仔细检查现场，确认无余火复燃危险时方可离开。操作完毕半小时内反复检查，以防遗留火种发生问题。

（5）电焊机的各种导线不得残破裸露，更不准与气焊软管、气体的导管及有气体的气瓶接触。气焊软管也不得从使用易燃、易爆物品的场所或部位穿过。油脂或沾油的物品禁止与氧气瓶接触。

（6）电焊机、地线不准接在建筑物、机械设备各种管道金属架上，必须设立专用地线，不得借路。

（7）严禁在有可燃气体和爆炸危险品的场所进行焊、割作业，应按有关规定保持一定距离。

（8）焊、割作业不得与油漆喷漆、木工以及其他危险操作同方位、同时间交叉作业。

（9）焊、割现场必须由动火方自备灭火器材。

第十一节　严格限制吸烟制度

（1）酒店员工吸烟必须遵守酒店有关规定，酒店内严禁员工吸烟。

（2）酒店内所有公共场所设置了充足的专供宾客使用的烟灰缸，客房服务员应认真检查，发现有丢落在地上的烟头和火柴棒要及时清理，以免留下火种。

（3）对违章吸烟和违反上述规定的员工，安全部将依据有关规定处理。

（4）全体职工有责任监督并自觉遵守本规定，对积极监督维护和纠正违章吸烟的员工，要给予表扬和奖励。

第十二节　办公室防火制度（适用于酒店内各行政办公室）

（1）在办公室内严禁吸烟。

（2）办公室废纸要放在纸篓内并及时清除。无用的资料文件要及时清理和统一安全销毁。

（3）不准在办公室内使用任何电加热器具（包括电暖器），特殊情况须经安全部同意后办理使用登记手续。

（4）机要室、机案室、财务室、计算机房等机房设专人管理，闲人免进。

（5）下班前要对室内进行防火安全检查，切断电源，确认无问题和隐患后，关窗、锁门方可离开。

第十三节　库房防火制度

（1）库房应设专人负责安全防火工作。

（2）库房内严禁吸烟和使用明火，且严禁携带火种进入库房。

（3）物品入库时应认真检查是否有遗留火种，特别是对草包、纸包、布包物品须严格检查，如有可疑，应隔离存放，进行观察。

（4）库房内的照明灯具及其线路应参照电力设计规范敷设，由正式电工安装、维修，引进库房的电线，必须装置在金属或硬质难燃塑料套管内，禁止乱拉临时线。

（5）库房内不准使用碘钨灯、电熨斗、电炉子、电烙铁等电加热器具，不应使用60W以上的白炽灯，不准超负荷作业，不准用不合格的保险装置。

（6）每年至少两次对库房内灯具、电线等设备进行检查，发现电线老化、破损、绝缘不良等可能引起打火、短路等不良因素，必须及时更新线路。

（7）物品应按"五距"要求码放

①顶距。货垛距顶50cm。

②灯距。货物距灯50cm。

③墙距。货垛距墙50～80cm。

④柱距。垛与柱子10～20cm。

⑤垛距。垛与垛之间100cm，主要通道其间距不应小于1.5m。

（8）要保持库内通道和入口的畅通，消防器材要放在指定地点，不得随意挪动，在消防器材1m范围内不能堆放物品。

（9）库房内不准设办公室、休息室，不准住人，不准用可燃材料搭建隔层。

（10）工作人员必须熟悉消防器材放置的地点，掌握消防器材的使用方法，能够扑灭初起火灾。

（11）每天下班前要进行防火安全检查，做到人走灯灭、锁门。

（12）非易燃易爆库房内不得存放易燃易爆的危险品。

第十四节 客房防火制度

（1）认真贯彻执行《消防法》《机关、团体、企业、事业单位消防安全管理规定》及酒店的各项防火安全制度。

（2）客房服务员要结合打扫整理房间及其他服务工作，随时注意火源、火种，如发现未熄灭的烟头、火柴棒等要及时熄灭后再倒入垃圾袋内，以防着火。

（3）对房间内配备的电器应按规定及有关制度办理，发现不安全因素如短路、打火、漏电、接触不良、超负荷用电等问题，除及时采取措施外，要立即通知工程部检修，并报安全部。

（4）要劝阻宾客不要将易燃、易爆、化学毒剂和放射性物品带进楼层和房间，如有劝阻不听或已带入的客人，应及时报告安全部。

（5）要及时清理房间的可燃物品，如废纸、报纸、资料及木箱、纸箱（盒）等，以便减少火灾隐患。如果客人房间可燃物品较多，又不让清理的或不遵守消防局制定的住宿防火规定的，要及时报告安全部。

（6）楼层服务人员要坚守岗位、提高警惕，注意楼层有无起火因素，要做到"五勤"（勤转，勤看，勤查，勤闻，勤说），尤其对饮酒过量的客人要特别注意，防止其因吸烟、用电、用火不慎引起火灾。

（7）服务员必须做到人人熟悉灭火器存放的位置，掌握灭火器的性能及使用方法，灭火器存放的位置不得随意移动，并维护好辖区内一切消防设施、设备。

（8）在遇有火情时，应按应急方案采取灭火行动，并按上级指令疏散客人，由最近的消防楼梯撤离到安全地带。要做到逐房检查，注意保护现场和客人的财产安全。

第十五节 前厅防火制度

（1）前厅工作人员要随时注意、发现并制止宾客将易燃易爆物品、枪支弹药、化学剧毒、放射性物质带进饭店区域，如宾客不听劝阻，应立即报告值班经理和安全部。

（2）要随时注意宾客扔掉的烟头、火柴棒，发现后应及时处理。

（3）所有人员必须会使用灭火器材，熟记就近灭火器材的存放位置，并做好保养和监护工作，发现有人挪动立即制止并报酒店安全部。

（4）不准堆放废纸、杂物，严禁在行李寄存处休息。

（5）发生火警后要对客人进行安抚，稳定客人的情绪，防止出现混乱。

（6）发生火情时，要及时报警并采取应急措施。

第十六节 电话总机防火制度

（1）工作间严禁明火作业，不准存放易燃易爆和与本机房无关的物品，无关人员严禁入内。

（2）严禁使用汽油、酒精清洗机件。

（3）室内电气设备要有专人负责，定期检查维修各种电源插板，并要有明显标志。

（4）值班人员要坚守岗位，精神集中，不得擅离职守，要不断注意各种设备机件的运转情况，发现异常及时处理。

（5）保持室内清洁、走道畅通，灭火器材存放位置不得随意挪动。

（6）机房工作人员必须熟练掌握消防器材的使用方法，懂得初起火灾的扑救。

第十七节　商务中心防火制度

（1）电传、打字、复印室内严禁吸烟，并用中、英文制作标牌贴出提示客人。

（2）室内工作人员要及时清理电传纸条等可燃物品，使用电气设备不得超负荷，接头、线路绝缘要良好。

（3）工作人员下班前，要对整个房间进行检查，关闭电源、门、窗后方可离开。

（4）发生火情时，应熟悉灭火器材的存放位置和使用方法，协助客人疏散到安全地带。

第十八节　餐厅防火制度（包括酒吧、咖啡厅、宴会厅）

（1）在各种宴会、酒会和正常餐饮服务中，要注意宾客吸烟未熄灭的烟头、烟灰、火柴棒掉在烟缸外，在撤收台布时必须拿到后台，将脏物抖净，以免因卷入各种火种而引起火情。在清扫垃圾时，要将烟缸里的烟灰用水浸湿后，再倒进垃圾筒内。

（2）餐厅的出入门及通道不得堆放物品，要保持畅通。所有门钥匙要有专人管理，以备一旦有事时使用。

（3）餐厅要对各种电气设备经常注意检查，如发现短路、打火、跑电、漏电、超负荷等应及时通知电工进行检修处理。

（4）工作人员要学会使用所备灭火器材，保持器材清洁，出现火情时按指令疏散客人并积极进行扑救。

（5）要认真执行酒店有关防火规章制度。

第十九节　厨房防火制度

（1）厨房在使用各种炉灶时，必须遵守操作规程，并要有专人负责，发现问题及时报告工程部。

（2）厨房内各种电气设备的安装使用必须符合防火要求，严禁超负荷运行，且要求绝缘良好，接点要牢固，要有合格的保险装置。厨房增设电器，要由工程部派人安装并报安全部备案。

（3）厨房在炼油、炸食品和烘烤食品时，不得离人，油锅、烤箱温度不要过高，油锅放油不宜过满，严防溢锅着火，引起火灾。

（4）厨房的各种燃气炉灶、烤箱开火时必须按操作规程操作（先点火后开气），不准往灶火眼内倒置各种杂物，以防堵塞火眼发生事故。

（5）经常清理通风、排烟道，做到人走关闭电源、气源，熄灭明火。烟道油物要半年清除一次。

（6）在点燃煤气时，要使用点火棒并设专人看管，以防熄灭。在煤气工作期间，严禁离开岗位。若发生煤气失火，应先关气后灭火。

（7）厨房工作人员应熟悉灭火器材的使用和存放位置，不得随意挪动和损坏。

（8）一旦发生火情要沉着、冷静，及时报警和扑救。

第二十节　电脑房防火制度

（1）机房内禁止明火作业，严禁存放易燃、易爆和其他与工作无关的物品。

（2）废纸、过期的文件或其他可燃物要及时清理，不允许乱堆乱放，需要销毁时，应在指定的安全地点进行销毁，并保证现场始终有人看守。

（3）经常检查辖区内防火规范落实情况，定期对设备进行清理、检查和保养。

（4）工作人员应熟悉灭火器材的使用及存放位置，下班前要对所有房间进行安全检查，切断电源、关闭门窗后方可离开。

第二十一节　消防泵房防火制度

（1）严禁非工作人员进入泵房，泵房内不准私人会客。

（2）严禁携带危险品进入泵房。

（3）泵房内不得随意使用明火，必要时须经安全部同意办理动火手续后方可使用。

（4）不得在泵房内做木工、油工及其他工种作业。

第二十二节　电梯机房防火制度

（1）机房内禁止存放各种油料、纸张和易燃、易爆物品。严禁兼作库房和其他工作间用。

（2）机房梯厢顶部和梯井底部要定期清扫，及时清除布毛、纸屑、垃圾等可燃物。

（3）严禁使用汽油等易燃液体清洗机件，并应采取有效措施以防着火，擦布、油棉丝等要妥善处理好，不得乱扔乱放。

（4）机房内严禁明火作业。

第二十三节　木工加工间防火制度

（1）操作间内严禁吸烟，并在明显处设置"严禁吸烟"标志。

（2）严禁在木工房内动用明火，禁止在操作间内乱拉临时线路，如确实需要，由酒店正式电工安装。

（3）操作间内的木屑、刨花等杂物每天下班前应清扫干净。

（4）下班前要进行防火安全检查，切断各种电源，确保无误后方可离开。

（5）消防器材应摆放在指定地点，不准随便挪动位置，工作人员应掌握其使用方法，并能够扑救初起火灾。

第二十四节　地下层、机械层、设备间防火制度

（1）严禁在设备间内动用明火，如需动火作业，应经部门主管签字后到安全部办理动火证，并在现场设监护人员。

（2）工作人员要严格遵守操作规程，禁止存放各种易燃、易爆化学危险品。

（3）严格执行交接班制度，做好值班记录，当班人员要随时注意设备运转情况，发现问题要及时维修。如果需要停止消防设备维修时，应及时通知安全部消控中心。

（4）发生火灾时，要知道各自职责、任务，及时按规定开闭各种消防应急设备。

（5）保持通道畅通，不得在门口通道处堆放物品。

（6）消防器材应放置在指定地点，严禁随意挪用。

第二十五节　变、配电室及发电机房防火制度

（1）室内严禁明火作业，严禁存放易燃、易爆物品以及与室内设备无关的一切物品，严禁在室内会客，无关人员严禁入内。

（2）值班人员要保持通讯畅通，发现危险情况，应及时果断处置。

（3）当班人员要做到勤听、勤看、勤闻、勤检查设备，逢节假日敏感期要全面检查，确保供电安全。

（4）严禁用汽油、煤油等危险品擦洗设备。

（5）保持室内清洁、走道畅通，禁止在门口通道处堆放物品。

（6）工作人员要熟悉掌握室内气体灭火系统的使用方法和作用，做到人在时开关放在手动位置，离开时放在自动位置。发现问题及时报告工程部维修。

（7）发生火情时，无条件执行临时指挥部的命令，及时切断相关区域的电源。

（8）经常检查发电机房设备情况，发现低油位，应及时补充油料，保证设备处在良好战备状态。

（9）熟悉消防器材的摆放位置，掌握其使用方法。

（10）自觉遵守安全操作程序，不准违章作业。

（11）所有员工上岗前应经过安全部的消防知识培训。

第二十六节　室外煤气总阀室防火制度

（1）室内严禁无关人员入内。

（2）工作人员必须严格遵守安全操作规程，经常检查室内设备有无泄漏现象，发现问题及时排除并报告有关部门。

（3）对各种仪表设施要定期检查，节假日期间要重点检查、责任到人，确保安全。室内要铺设胶皮垫，以防打火引起火灾。

（4）应在表房门口设置严禁烟火的标志，表房周围10m内严禁明火作业。

（5）严禁在室内拉设临时线路，配备的电气设备（包括照明）应采用防爆型装置。

（6）维修人员进入室内应配备防静电工作服、工作鞋。

（7）如发生严重泄漏，除立即关闭阀门外，应马上通知调压站和煤气公司。

（8）如大楼内发生火灾，表房值班人员应立即关闭有关阀门，并坚守岗位以备随时做进一步紧急处理。

第二十七节　消防奖惩制度

1. 奖励

在消防工作中有下列先进事迹之一者，给予表扬奖励。

（1）模范遵守消防法规，制止违反消防法规的行为，事迹突出者。

（2）及时发现和消除重大火灾隐患，避免重大火灾发生。

（3）积极扑救火灾，抢救酒店财产和宾客生命财产，表现突出者。

（4）对查明火灾原因有突出贡献者。

（5）在消防工作和其他方面做出业绩的贡献者。

2. 惩罚

有下列行为之一者，尚未造成后果，处以罚款和警告。

（1）在酒店范围内吸烟。

（2）不服从管理、违反消防规章制度或冒险作业的。

（3）部门负责人不执行消防法规，违章指挥操作的。

（4）存在火灾隐患，经多次指出，仍不实施整改的。

第二十八节 易燃、易爆物品库房防火制度

（1）易燃、易爆化学物品的仓库保管员应当熟悉化学物品的分类、性质，掌握消防器材的操作、使用和维护保养方法，做好本岗位的消防安全工作。

（2）易燃、易爆化学物品的仓库内不准设办公室、休息室。库房布局、储存类别不得擅自改变。

（3）易燃、易爆化学物品应按《危险货物品名表》（GB 12268）分类、分项、分区、定品种、定库房、定人员储存管理。

（4）建立健全入库验收、发货检查、提货验收等入库登记制度，主要包括：校对物品；检查包装情况及物品是否有变质、分解等情况；检查需加稳定剂的化学物品是否充足了稳定剂；检查气体钢瓶使用期限是否过期。

（5）化学物品堆码不得超高、超宽；堆垛要留"五距"，即墙距（不小于0.5m），柱距（不小于0.3m），顶距（不小于0.5m），灯距（不小于0.5m），垛距（不小于1m）；化学物品垛底应有衬垫。

（6）对易燃、易爆化学物品要坚持一日三查，即上班后、当班中、下班前检查，检查后要做好检查情况和交接班的记录；对发现的问题要及时处理、消除隐患，每天下班前要关好库房门窗，切断库内电源。

（7）易自燃和遇湿易燃的物品，必须在温度较低、通风良好和空气干燥的场所储存。

（8）对爆炸品的储存管理要严格；使用过的油棉纱、油手套等沾油纤维物及可燃包装，应存放在安全地点定期处理。

（9）照明灯具必须为防爆灯，以免灯具爆裂而引起化学物品燃烧或爆炸。施工单位必须在指定的区域内进行隔离。

（10）不得在化学物品存放处乱搭、乱接电线，电线必须做好日常护理，发现隐患及时处理。

（11）易燃、易爆物品仓库周围10m内严禁烟火。

第八章 宣传与培训

（1）消防控制中心应指定专人负责酒店的消防安全知识的宣传和培训工作。

（2）充分利用墙报、图片等形式，报道近期内的防火安全工作情况，推广普及各种消防知识，力求形式生动、内容丰富。

（3）要以各种形式进行灭火救援项目的技术比赛，从而达到具有强烈的消防意识、提高消防技术素质的目的。

（4）各岗位新员工，上岗前要按工种进行消防培训，不合格者不能上岗。上岗后还要参加消防中心组织的不定期考核，其成绩作为评估员工工作情况的一项标准。

第**5**章
企业消防安全组织建立

　　根据《机关、团体、企业、事业单位消防安全管理规定》
（公安部[2001]第61号令）第五条的规定，单位应当落实逐级消
防安全责任制和岗位消防安全责任制，明确逐级和岗位消防安全
职责，确定各级、各岗位的消防安全责任人。

本章导视

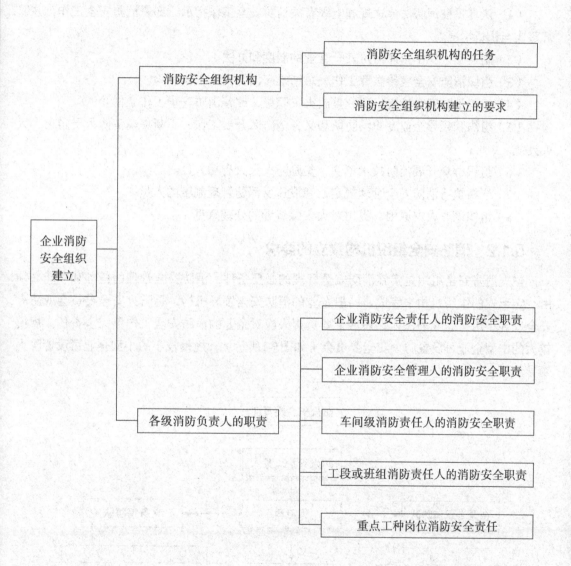

消防安全组织机构 ─── 消防安全组织机构的任务

消防安全组织机构建立的要求

企业消防安全组织建立

各级消防负责人的职责 ─── 企业消防安全责任人的消防安全职责

企业消防安全管理人的消防安全职责

车间级消防责任人的消防安全职责

工段或班组消防责任人的消防安全职责

重点工种岗位消防安全责任

5.1 消防安全组织机构

5.1.1 消防安全组织机构的任务

消防安全组织机构的任务如下。

（1）认真贯彻消防法律法规和上级有关消防安全工作指示，部署消防安全工作，并监督落实与执行情况。

（2）制定、审议本企业消防安全管理的制度和办法。

（3）组织消防安全宣传教育工作，总结推广消防安全工作经验。

（4）组织消防安全检查，研究整改火灾隐患，改善消防工作条件。

（5）组织和领导企业专职消防队和义务消防队开展工作，不断提高消防人员防火、灭火技能。

（6）组织群众开展消防技术革新，奖励防火灭火有功人员。

（7）严格执行消防安全管理规定，惩戒违反消防管理制度的人员。

（8）组织调查火灾原因、提出对火灾肇事者的处理意见。

5.1.2 消防安全组织机构建立的要求

建立消防安全组织是实施消防安全管理的必要条件，消防安全管理的任务和职能必须由一定形式的组织机构来完成。一般企业的消防安全领导机构，是防火安全委员会或防火安全领导小组，企业的法人代表或主要负责人应对企业的消防安全工作负完全责任。规模较大的中型企业可设置防火安全委员会（如图5-1所示），规模较小的小型企业可设置防火领导小组。

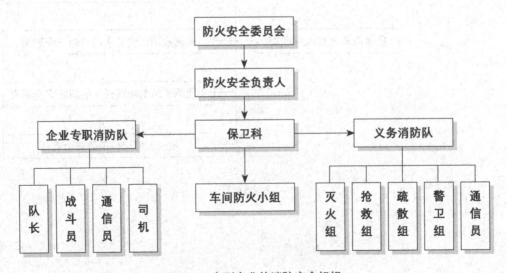

图5-1　中型企业的消防安全组织

车间也可设置防火安全领导小组或安全员（如图5-2所示）。班组应设兼职安全员，协助班组长履行防火安全职责。

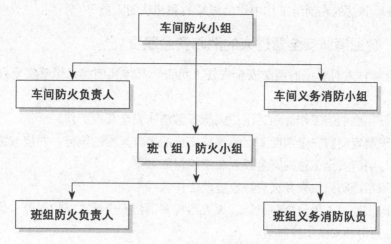

图5-2　车间防火安全组织

5.2　各级消防负责人的职责

企业应建立消防网络，对于公司的各级人员——消防安全领导小组、消防兼职领导、消防中心、消防队员、义务消防队员等也都要明确其消防职责，并以文件的形式体现出来。

5.2.1　企业消防安全责任人的消防安全职责

企业的消防安全责任人应当履行以下消防安全职责。

（1）贯彻执行消防法规，保障本企业消防安全符合规定，掌握本单位的消防安全情况。

（2）将消防工作与本单位的生产、科研、经营、管理等活动统筹安排，批准实施年度消防工作计划。

（3）为本单位的消防安全提供必要的经费和组织保障。

（4）确定逐级消防安全责任，批准实施消防安全制度和保障消防安全的操作规程。

（5）组织防火检查，督促落实火灾隐患整改，及时处理涉及消防安全的重大问题。

（6）根据消防法规的规定建立并领导专职消防队、义务消防队组织，制定符合本单位实际的灭火和应急疏散预案，并实施演练。

（7）负责本单位重点保卫场所的动火审签工作。

（8）在新建、扩建和改建工程项目时，应责成有关部门将工程项目报消防应急救援部门办理建筑设计消防审核手续。

（9）负责向消防应急救援部门汇报工作，并受其监督。

（10）组织指挥火灾的扑救工作和对火灾事故的追查处理。

（11）表彰和惩处在消防工作中作出成绩的和违法的人员。

5.2.2 企业消防安全管理人的消防安全职责

消防安全管理人对单位的消防安全责任人负责，具体实施和组织落实下列的消防安全管理工作。

（1）拟订年度消防工作计划，组织实施日常消防安全管理工作。

（2）组织制定消防安全制度和保障消防安全的操作规程的执行，并检查督促其落实。

（3）拟订消防安全工作的资金投入和组织保障方案。

（4）组织实施防火检查和火灾隐患整改工作。

（5）组织实施对本单位消防设施、灭火器材和消防安全标志维护保养，确保其完好有效，确保疏散通道和安全出口畅通。

（6）组织管理专职消防队和义务消防队。

（7）组织开展对员工进行消防知识、技能的宣传教育和培训，组织灭火和应急疏散预案的实施和演练；单位消防安全责任人委托的其他消防安全管理工作。

消防安全管理人应当定期向消防安全责任人报告消防安全情况，及时报告涉及消防安全的重大问题。没有确定消防安全管理人的单位，以上消防安全管理工作由单位消防安全责任人负责实施。

5.2.3 车间级消防责任人的消防安全职责

车间级消防责任人的消防安全职责如下。

（1）坚决贯彻执行上级的逐级防火责任制。

（2）坚决贯彻执行上级布置的消防安全工作任务、防火安全责任制及规章制度。

（3）组织班组建立岗位防火责任制，并督促落实。

（4）落实防火检查制度，发现火灾隐患要及时整改，对于无力解决的问题，应及时上报。

（5）负责职工的消防安全教育，领导本部门、本车间义务消防队，有计划地组织业务学习培训。

（6）负责车间级的动火审批、签字手续。

（7）定期向公司消防负责人汇报消防工作情况，申报消防器材的添置计划，并负责器材的维修保养工作。

5.2.4 工段或班组消防责任人的消防安全职责

工段或班组消防责任人的消防安全职责如下。

（1）贯彻执行安全防火责任制，落实车间各项防火对策，使每个员工都明确各自的防火责任。

（2）开好班前会，消除员工不良的心理状态，提高员工防火警惕性，做好作业火险分析、预测和预防、控制措施。

（3）认真进行作业前、作业中和作业后的安全检查及作业场所的清理整顿，督促作业人员严格遵守防火安全制度和安全操作规程，纠正和制止违章作业人员的不安全行为。

（4）组织开展安全教育活动，抓好新员工、复工和调岗员工的安全教育，要使每个员工明确知道消防安全应知应会内容，坚持巡查检查制度，并将检查结果记入安全检查记录中。

（5）监督危险作业的实施，及时发现和消除事故隐患。

（6）要定期总结本组的安全情况，做到有表扬、有批评，采纳合理意见，完善制度，以提高班组的消防安全素质。

5.2.5 重点工种岗位消防安全责任

（1）电工岗位消防安全责任

①要认真学习掌握电气知识和国家有关电气规范、操作规程。

②严格执行电气安装操作规程和电气消防安全管理。

③在有爆炸危险的场所应安装防爆型的灯具、开关和电机。在有大量粉尘、尘埃的场所应安装防尘型的灯具、开关和电机。一般仓库的开关、配电盘应安装在库房外墙上。在有爆炸危险和有大量粉尘、尘埃的场所，电线应穿管敷设。

④对于不符合规定的电气设备或者强迫在不符合要求的场所安装电气设备时，电工有权拒绝安装。

⑤要经常检查、维修、保养各种电气设备，及时消除事故隐患，发现不符合要求使用的电气设备，有权予以撤除。

（2）电氧焊工岗位消防安全责任

①要认真执行动火管理制度。做到"四不动火"，即：不见批准有效的动火申请单不动火；未经认真检查逐条落实防火措施不动火；没有动火监护人在场不动火；没有配备消防器材不动火。

②使用氧气瓶时，要特别注意瓶嘴处不能接触油脂，氧气瓶不能靠近热源，夏季不得在日光下曝晒，搬运时不准滚动、撞击。

③乙炔发生器应放在通风和没有明火的地方。乙炔发生器距作业点应保持5～10m的距离。乙炔发生器与氧气瓶之间要保持不小于3m的距离。

④加强电石管理，不准将电石放在露天，应储存在单独的房间内，防止电石受潮。

⑤电石残渣、废水要倒在指定的安全地点，并定期清除处理。

⑥作业后，要仔细检查有无火灾隐患，确无危险后，才能离开作业现场。

（3）油漆工岗位消防安全责任

①油漆应在符合消防安全要求的房间内存放，严禁烟火。在库内应使用防爆电气设备。

②漆料要当天领用，未用完的漆料要当天归还入库。

③配制漆料应在单独的房间进行。

④静电喷漆时，喷枪与工件之间要保持一定的距离。

⑤用过的棉纱破布要集中放在铁质桶内，定期处理，不准随地乱扔。

⑥有权制止不符合安全要求的作业。

（4）木工岗位消防安全责任。

①木工车间严禁烟火。不准在车间内生火熬胶，在室外熬胶时，要有人看管，胶熬好后熄灭余火。

②加工木料的各种机器设备上的转动轴承部位要经常加油润滑，防止摩擦生热。

③电气设备发生故障或超负荷运行，应立即报告电工检查、修理。

④木工间内的刨花、锯木屑、棉纱等杂物，每天要清扫到安全的地方存放并妥善处理，保持室内清洁。

⑤每天下班时要切断室内电源。

（5）易燃液体清洗工岗位消防安全责任

①用易燃液体作清洗剂的车间，严禁烟火和使用明火，禁止穿带有铁钉的鞋进入车间，严禁将火柴、打火机带入车间。

②车间内不准存放易燃洗涤剂，做到当天领用，余料归库。

③开启盛装易燃洗涤剂的容器时，要用敲击不发火花的工具。

④在搬动工件和容器时，要轻拿轻放，防止工件与工件，或工件与容器撞击产生火花。

⑤在用机械洗涤工件时，要防止产生静电放电起火。

⑥要熟悉灭火器的使用、维修、保养方法。

范本 5.01

（餐饮业）消防安全责任书

甲方：（出租方）

乙方：（承租方）

为了加强各租赁单位消防安全管理，明确甲、乙双方在消防工作中的权利和义务，根据《中华人民共和国消防法》及××市消防工作相关规定，特制定本消防安全责任书，请双方共同遵守履行。

一、甲方责任

1. 甲方有义务监督乙方对所有员工进行上岗前的消防安全教育，以便乙方员工熟悉酒店消防的有关制度和规定；掌握基本的灭火常识和逃生技能。

2. 甲方后勤部安保及相关部门，有权定期或不定期对乙方经营场所进行消防安全检查（包括消防设施设备的配备和有效性的检查）。在检查中如发现乙方有违章违规现象及存在重大火灾隐患的，甲方有权责令乙方进行整改或停业整顿；而因此造成的一切后果，将由乙方自行承担。

二、乙方责任

1. 乙方承租人为本单位消防安全责任人，全面负责承租场所的消防安全工作；有义务培训员工掌握基本的消防知识和逃生技能。

2. 乙方有义务确保承包区域内所有消防设备设施和器材的完好，严禁私自挪用、关停、损坏消防设施设备。

3. 在未经许可的前提下，不得擅自使用大功率电器，严禁私拉乱接电线。

4. 乙方必须保证辖区内各消防疏散通道的畅通，严禁在走道、楼梯疏散口等部位堆放杂物或私自上锁。

5. 乙方应按照相关规定定期请专业人员对烟道进行彻底清理，确保安全。

6. 严禁在承租区域内使用和储存易燃易爆及化学物品；因经营需要储存易燃品时，应设置专门存放区域并指派专人妥善保管。

三、违约责任

1. 因甲方未按本责任书规定履行监督职责，出现乙方违规行为的，甲方将承担相应管理责任。

2. 因乙方未按本责任书规定内容履行职责，违反相关法律法规及管理规定的，由此造成的一切后果或经济处罚，将由乙方自行承担一切后果和相应的法律责任。

四、其他未尽事宜，由双方协商解决。

五、本责任书一式三份，甲方、乙方和当地消防监督部门各执一份。

甲方：　　　　　　　　　　乙方：
（章）　　　　　　　　　　（章）
甲方代表：　　　　　　　　乙方代表：
____年___月___日　　　　____年___月___日

范本 5.02
（办公单位）消防安全责任书

甲方：（出租方）
乙方：（承租方）

为了加强各租赁单位消防安全管理，明确甲、乙双方在消防工作中的权利和义务，根据《中华人民共和国消防法》及××市消防工作相关规定，特制定本消防安全责任书，请双方共同遵守履行。

一、甲方责任

1. 甲方有义务监督乙方对所有员工进行上岗前的消防安全教育，以便乙方员工熟悉单位消防的有关制度和规定；掌握简单的灭火常识。

2. 甲方负责在乙方承租区域配置相应数量的消防器材，并定期对消防器材进行检查、维护和保养，以确保各消防器材的正常使用。

3. 甲方后勤部安保及相关部门，有权定期或不定期对乙方办公场所进行消防安全检查。在检查中如发现乙方有违章违规现象及存在重大火灾隐患的，甲方有权责令乙方进行整改或停业整顿；而因此造成的一切后果，将由乙方自行承担。

二、乙方责任

1. 乙方承租人为本单位消防安全责任人，全面负责承租场所的消防安全工作；有义务培训员工掌握基本的消防知识和逃生技能。

2. 乙方有义务确保承包区域内所有消防设备设施和器材的完好，严禁私自挪用、关停、损坏消防设施设备。

3. 在未经许可的前提下，不得擅自使用大功率电器，严禁私拉乱接电线。

4. 严禁在承租区域内使用和储存易燃易爆及化学物品。

5. 乙方必须保证辖区内各消防疏散通道的畅通，严禁在走道、楼梯疏散口等部位堆放杂物或私自上锁。

6. 严禁在办公场所内动用明火（包括焚烧废纸等）。确因工作需要，必须动用明火的，需提前向甲方申请并填写"动用明火审批表"报甲方安保部批准后，方可在指定地点、时间采取相应防范措施下动火。

三、违约责任

1. 因甲方未按本责任书规定履行监督职责，出现乙方违规行为的，甲方将承担相应管理责任。

2. 因乙方未按本责任书规定内容履行职责，违反相关法律法规及管理规定的，由此造成的一切后果或经济处罚，将由乙方自行承担一切后果和相应的法律责任。

四、其他未尽事宜，由双方协商解决。

五、本责任书一式三份，甲方、乙方和当地消防监督部门各执一份。

甲方：   乙方：

（章）   （章）

甲方代表：   乙方代表：

_____年___月___日   _____年___月___日

范本 5.03

安保消防安全责任书

保安部是酒店的安全保卫部门，是负责酒店安全保卫工作的职能部门。保安部员工主要负责酒店的安全保卫工作，维护酒店内部治安秩序，保障酒店及其人员的财产和人身安全。

酒店的安全工作，同酒店的命运息息相关，因此，为明确保安部员工的责任，特制订本消防安全责任书。

1. 认真做好交接班记录，并办好交接班手续。否则，发生的一切责任事故，均由两班员工承担，两个班长各承担50%。

2. 严格物品出入及放行手续。若因门卫岗把关不严造成物品流失，所流失物品由财务部评估其价值，由当班门卫岗保安员承担赔偿责任。

3. 夜间住宿客人车辆，由于保安员没有认真履行职责，且未认真巡查而造成车辆被盗或人为破坏，一切责任由当值保安负责。

4. 坚守岗位，不私自离岗、串岗，时常巡视、检查责任区域，及时发现安全隐患。若由于私自离岗、串岗及巡查责任区域不认真、不彻底，而发生抢劫、盗窃、火灾等，一切责任由该岗当值保安员负责。

5. 消防中控室保安员应每天检查酒店消防设备正常运转情况。发现不能正常运转或异常的消防设施、设备应及时书面报告部门负责人。若因玩忽职守没能及时发现设备异常而出现火灾、设备不能正常运转等事故及现象，当值消防员负主要责任。

6. 巡逻保安员工，若不能按规定对酒店仔细彻底巡查，不按规定巡查而发生盗窃、火灾等事故，巡查保安员负玩忽职守责任。

7. 酒店发生火情，保安员接警后而没有及时赶到现场，导致事故事态扩大，当值保安员、接警保安员对此次事故负责任，保安部负责人负督导不严责任。

8. 保安部负责人制定酒店长、短期消防、安全培训制度，制定酒店长、短期消防、安全检查制度，若因没制定以上制度造成安全事故，责任由部门负责人承担。

9. 部门负责人需对酒店每位新入职的员工进行消防安全培训，严禁培训不合格的员工上岗，否则由此而引起的消防安全事故，责任由部门负责人承担。

10. 部门负责人按店长指示监督各部门对《限期整改通知书》的执行情况，把整改结果及时汇报店长，并按店长指示对隐患部门及部位进行整改，否则由此引起的消防、安全事故，责任由部门负责人承担。

11. 部门负责人应按酒店各项规章制度严格要求、规范保安部各位员工，若因部门负责人督导不严、管理不到位而造成保安部内部无组织、无纪律，发生有关责任事故，部门负责人负主要责任。

12. 保安部员工若因维护酒店利益而身体受到伤害，则酒店负责一切医疗费用，直到身体恢复且正常上岗为止。致残或死亡则按国家规定处理。

13. 保安部员工若非因公致伤、致残或死亡，一切责任自负，与酒店无关。

14. 部门负责人为本部门的消防安全责任人，对消防安全负主要责任。

15. 本责任书一式两份，同具法律效力。

16. 本责任书从_____年___月___日至_____年___月___日有效。

酒店负责人：   部门负责人：

部门全体人员：

_____年___月___日   _____年___月___日

范本 5.04

工程消防安全责任书

工程部的任务是负责酒店动力设备的运行管理、维修保养、更新改造，确保营业需要。为明确责任，特制订本消防安全责任书。

一、责任

1. 负责酒店电力系统、电梯、空调系统、冷热水系统及地面管道、锅炉系统的运行管理工作，设施设备的维护、保养和检修工作。

2. 负责酒店水暖设备、消防设备的定期保养和维护工作。

3. 负责酒店中央空调设备定期维护保养和故障检修。

4. 负责酒店楼宇维护、设施、家具、门锁的修理工作。

5. 负责酒店灯饰、灯具的定期检查工作。

6. 负责酒店办公设备、线路更新和检查工作。

7. 负责酒店工程施工的联络、检查、督促及验收工作。

二、以上责任范围内的设备，接到维修通知后，在有配件的情况下不能及时修理而造成事故的，由酒店调查确认后，按事故性质和损害程度研究进行处理。

三、以上责任范围内设备因修理不当，而造成事故，责任由该维修人员负责。

四、对责任区域范围内的酒店设施、设备维修时，操作规程及施工质量应符合当地消防、安全要求。否则，由此造成的事故由部门主管人承担50%，当事人承担50%。

五、工程部所有员工必须严格执行设备操作、维护、保养安全操作规程，否则，由此造成的事故由当事人负责，酒店不承担任何责任。

六、禁止无关人员进入机房重地，否则，造成机械人为破坏、物品丢失等事故，则责任由该当值人员负责，并赔偿一切损失。

七、动用明火时，需办理动用明火证，动火时注意防火，动火完工后需彻底清理火种，否则，引起火灾由该动火者全权负责，并赔偿经济损失。

八、机房内灭火器材应备齐，确保发生意外时能正常使用。若因没能备齐灭火器材而出现的事故，由部门主管人负责。

九、酒店内的各种电气设备，应保证符合电工安全使用规定，否则由此引发一切事故由主管人负责。

十、部门负责人每周应安排人员对酒店设施、设备安全检查并填写检查表格存档。若因主管人工作安排失职而造成的后果，责任自负。

十一、每月一次由负责人分工到人对酒店电气设备、电线进行安全检查，发现隐患及时排除（若因无法克服原因而不能排除隐患，需报请总经理书面批准）。若因负责人安排不力或隐患排除不当，则一切责任事故自负。

十二、每季度一次对吊灯、组合灯、大堂玻璃等进行安全检查，检查其坚固、牢靠性并及时处理。若因没检查或检查不到位而发生砸伤人及其他事故，由部门主管人负责。

十三、值班人员必须严格遵守岗位职责，服从指挥，严格执行安全操作及保养程序，保证维修质量，按时完成任务。若因擅自操作、不服从管理违反操作规程而发生设备损坏或事故的，由当事人负责。

十四、填写机械运转记录及值班记录、交接班记录。发生事故，若因交接不清，责任事故由两班人员负担（以记录内容为准）。

十五、严禁当值喝酒、脱岗或酒后上岗，若由此引发事故，则后果自行承担，并赔偿酒店损失。

十六、部门负责人应每月对员工进行一次技术培训与考评，严禁技术不过关的员工上岗。

十七、维修人员对机械进行维修、保养时，虽按操作规程操作但仍发生了意外，造成伤、残、亡等事故，则视为工伤。若因操作不当而引发的事故，一切责任自负。

十八、部门主管人为该部门的防火安全责任人，对本部门消防安全负主要责任。

十九、本责任书一式两份，同具法律效力。

二十、本责任书＿＿＿＿年＿＿月＿＿日至＿＿＿＿年＿＿月＿＿日有效。

酒店负责人：　　　　　　　　　　　　部门负责人：
　　＿＿＿＿年＿＿月＿＿日　　　　　　　＿＿＿＿年＿＿月＿＿日

范本 5.05
消防安全责任人、消防安全管理人登记表

消防安全责任人姓名			
性别		年龄	
职务		民族	
籍贯		文化程度	
接管时间			
工作简历			
消防安全检查管理人姓名			
性别		年龄	
职务		民族	
籍贯		文化程度	
接管时间			
工作简历			

范本 5.06

消防专、兼职管理人登记表

部门		姓名		年龄	
性别		籍贯			
文化程度		职务职称			
确定时间		培训证号			
接受培训情况					
姓名		年龄			
性别		籍贯			
文化程度		职务			
确定时间		培训证号			
接受培训情况					

范本 5.07

义务消防组织登记表

消防负责人			管理人	
义务队员总数			负责人	
基层义务消防组织情况				
姓名	性别	出生年月	身体状况	电话
备注				

范本 5.08

关于确定企业消防安全管理组织机构的通知

单位各班组：

为了更好地落实消防安全管理制度，确保单位人员生命和财产安全，保障正常的工作秩序，现确定本单位消防安全管理组织机构如下。

消防安全责任人：（本单位法人代表）

消防安全管理人：（主要的管理人员）

消防工作归口管理职能部门负责人：（主要指保安部门负责人）

各区域或班组组长　区域一：

区域二：

灭火行动组或义务消防队　组长：

成员：

紧急疏散组　组长：

成员：（必须包括各区域主要负责人及相关人员）

通信联络组　组长：

成员：（主要为消防控制室或值班室人员）

紧急救护组　组长：

成员：（懂得基本救护知识的人员）

×× 有限公司（加盖公章）

时间：＿＿＿＿年＿＿月＿＿日

范本 5.09

关于确定消防安全责任人的通知

本公司确定＿＿＿＿＿＿＿为消防安全责任人，履行以下消防安全职责：

（一）贯彻执行消防法规，保障单位消防安全符合规定，掌握本单位的消防安全情况。

（二）将消防工作与本单位的经营、管理等活动统筹安排，批准实施年度消防工作计划。

（三）为本单位的消防安全提供必要的经费和组织保障。

（四）确定逐级消防安全责任，批准实施消防安全制度和保障消防安全的操作规程。

（五）组织防火检查，督促落实火灾隐患整改，及时处理涉及消防安全的重大问题。

（六）根据消防法规的规定建立专职消防队、义务消防队。

（七）组织制定符合本单位实际的灭火和应急疏散预案，并实施演练。

×× 有限公司（加盖公章）

时间：＿＿＿＿年＿＿月＿＿日

范本 5.10

关于确定消防安全管理人的通知

本公司确定_____为消防安全管理人，履行以下消防安全职责：

（一）拟订年度消防工作计划，组织实施日常消防安全管理工作。

（二）组织制定消防安全制度和保障消防安全的操作规程并检查督促其落实。

（三）拟订消防安全工作的资金投入和组织保障方案。

（四）组织实施防火检查和火灾隐患整改工作。

（五）组织实施对本单位消防设施、灭火器材和消防安全标志的维护保养，确保其完好有效，确保疏散通道和安全出口畅通。

（六）组织管理专职消防队和义务消防队。

（七）在员工中组织开展消防知识、技能的宣传教育和培训，组织灭火和应急疏散预案的实施和演练。

×× 有限公司（加盖公章）

时间：_____年____月____日

范本 5.11

员工消防安全工作承诺书

一、认真学习和执行《机关、团体、企业、事业单位消防安全管理规定》（公安部[2001]第61号令）、《中华人民共和国消防法》和本单位有关消防工作有关规定，提高自己的消防安全意识，严格照章规范操作和行事。

二、工作期间做到不吸烟、不喝酒，没有酒气，文明上岗、优质服务。

三、熟悉现场安全通道，自觉维护安全通道畅通。

四、掌握灭火器材的分布情况，熟练使用灭火器材，知晓火警电话"119"，把握现场应急事项（使用灭火器材、引导群众疏散等）有序进行。

五、上班前对工作区域的检查，保证设备和设施正常运行。

六、下班前对工作区域的检查，保证关闭切断各设备电源及应急灯正常。

七、不得私自乱拉乱接电线，不得擅自动用明火。

八、遇有火情或隐患，即在第一时间向消防管理人员反映，并合理使用防火灭火逃生器具，拨打火警电话"119"。

承诺人：

_____年____月____日

（注：每位员工各签1份）

第6章
消防安全教育与培训

　　消防教育培训是企业管理工作的重要环节之一，也是认真贯彻执行安全生产方针政策、法律法规、各项规章制度，提高全员安全消防素质、安全消防管理水平和防止各类事故以及推行"三全"安全管理机制，从而实现安全生产的重要手段。

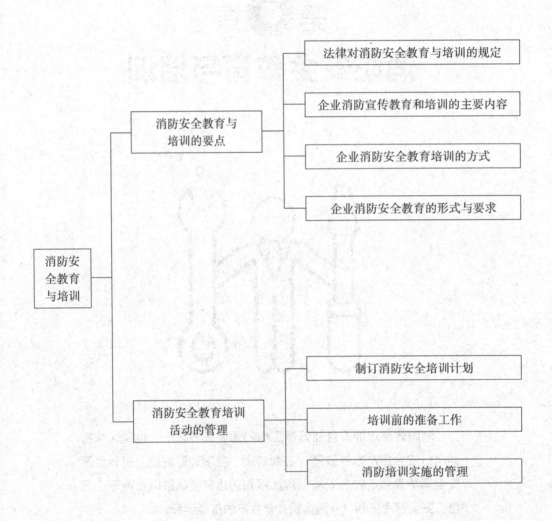

消防安全教育与培训

消防安全教育与培训的要点
- 法律对消防安全教育与培训的规定
- 企业消防宣传教育和培训的主要内容
- 企业消防安全教育培训的方式
- 企业消防安全教育的形式与要求

消防安全教育培训活动的管理
- 制订消防安全培训计划
- 培训前的准备工作
- 消防培训实施的管理

6.1 消防安全教育与培训的要点

　　企业应该加强对员工的消防安全教育与培训，使员工充分认识消防工作的重要性，使各级工作人员关心、重视、支持、参与消防工作，保证员工有一个安全良好的工作环境，最大限度地避免和减少火灾危害。

6.1.1 法律对消防安全教育与培训的规定

　　《机关、团体、企业、事业单位消防安全管理规定》（公安部[2001]第61号令）第三十六、三十七、三十八条对企业的消防安全教育与培训作出了明确的规定。

　　（1）应该接受消防安全培训的人员。图6-1所列人员应当接受消防安全专门培训。

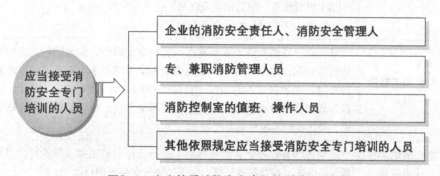

图6-1　应当接受消防安全专门培训的人员

　　（2）消防安全教育与培训的频次。企业消防安全教育与培训的频次要符合以下要求。

　　①消防安全重点单位对每名员工应当至少每年进行一次消防安全培训。

　　②公众聚集场所对员工的消防安全培训应当至少每半年进行一次。

　　③企业应当组织新上岗和进入新岗位的员工进行上岗前的消防安全培训。

　　（3）宣传教育和培训的内容。《机关、团体、企业、事业单位消防安全管理规定》第三十六规定，宣传教育和培训内容应当包括以下内容。

　　①有关消防法规、消防安全制度和保障消防安全的操作规程。

　　②本单位、本岗位的火灾危险性和防火措施。

　　③有关消防设施的性能、灭火器材的使用方法。

　　④报火警、扑救初起火灾以及自救逃生的知识和技能。

　　公众聚集场所对员工的消防安全培训内容还应当包括组织、引导在场群众疏散的知识和技能。

6.1.2 企业消防宣传教育和培训的主要内容

　　企业消防宣传教育和培训的内容主要包括安全消防思想（方针政策）、安全消防知识、安全消防技能和安全消防法律法规四个方面的内容，如表6-1所示。

表6-1　企业消防宣传教育和培训的内容

序号	内容	具体说明
1	安全消防思想教育	（1）思想认识和方针政策的教育。以提高安全消防重要意义的认识和全面理解党和国家有关安全消防工作的方针政策，并认真贯彻执行； （2）劳动纪律教育。遵守劳动纪律是贯彻安全消防方针、减少伤害事故和火灾事故，实现安全生产的重要保证
2	安全消防知识教育	所有员工都必须具备安全消防基本知识，尤其应加强对农民工的安全消防知识的教育与培训。其主要内容应包括： （1）本单位的安全消防基本概况及特点； （2）生产工艺流程等生产概况； （3）消防报警电话、危险部位及安全防护的基本知识； （4）安全消防注意事项； （5）机械设备、消防设施及器材等相关安全消防知识； （6）个人防护用品的正确使用知识等
3	安全消防技能教育	结合本单位或岗位专业等特点，实现安全操作、安全防护及火灾的扑救、疏散逃生和自救互救等所必须具备的基本技能要求。安全消防技能知识是比较专门、细致和深入的知识，它包括安全技术、消防技术、劳动卫生和安全操作规程及事故案例教育等；尤其是事故教育，可以从教训中吸取有益的东西，预防类似事故的重复发生
4	安全消防法律法规教育	运用各种有效形式，对全体员工进行安全消防法律法规教育，提高员工的遵法、守法、懂法的自觉性，从而达到安全生产的目的

6.1.3　企业消防安全教育培训的方式

企业要在企业内不同的部位悬挂消防安全标志，利用各种会议、网络、广播、标语、简报、电影、幻灯、办培训班、消防安全展览等各种形式，开展经常性的消防安全教育，以提高员工的安全思想和预防事故的能力。

 **特别提示**

企业除按以上要求开展工作外，还应开展形式多样的宣传教育和培训工作。安全消防防毒防爆重点企业，应每半年进行一次安全消防培训和应急措施演练。

6.1.4　企业消防安全教育的形式与要求

（1）新员工、实习代培等人员"三级消防安全教育"。对新员工（包括临时工、农民工、学徒工、实习和代培人员）必须进行厂、车间、班组三级消防安全教育（如表6-2所示）；时间不少于40小时。同时填写三级消防安全教育卡片存档备查。

表6-2 三级安全消防教育

序号	级别	教育内容	责任人
1	公司（厂）级培训	（1）党和国家的安全消防方针政策、法律法规等； （2）本单位生产概况，工艺流程；安全消防状况及特点，安全消防规章制度及遵章守纪等； （3）安全消防知识及突发事故应急救援管理；安全标志标识讲解；初起火灾的扑救、报警；如何抢救伤员、排险、报告及保护现场；典型事故案例等； （4）危险性大、人员密集的场所，其工作人员还应强化组织疏散逃生的能力教育； （5）此级别培训教育教材由安全部负责编写	安全部
2	车间(部门)级培训	（1）本单位的生产、安全消防特点及状况；应具备的安全消防技术知识等； （2）安全消防要求、重点部位及注意事项；安全和防火灭火措施；消火栓、灭火器和自动报警系统的使用与维护等； （3）紧急情况的处置，以疏散逃生救护知识为重点；典型事故案例教育等； （4）防护用品、用具的正确使用； （5）其他有关安全消防防爆知识的培训教育内容； （6）此级别教材由各车间（部门）负责编写，并报安全部审批备案	车间主任、部门负责人
3	班组级培训	班组级培训包括对休假、工伤停工一周以上人员复工前教育，对工伤休假人员增加事故教训教育。 （1）本班组内及本岗位作业特点（环境）及安全操作规程和安全消防责任制等规章制度； （2）班前安全讲话、安全活动制度及纪律，事故案例教育等； （3）本岗位易发生事故的不安全因素及防范措施；所使用的机械设备、工具的安全要求及正确使用； （4）爱护和正确使用安全消防设施、器材及个人安全防护用品等； （5）消防安全要求做到"三懂四会"，三懂是：懂本岗位火灾危险性、懂预防火灾的措施、懂灭火疏散的方法；四会是：会报警、会使用消防器材、会扑救初起火灾、会组织人员疏散（要求:食堂、宿舍等公共场所工作人员）； （6）此级别教材由各班组负责编写，并报车间（部门）、安全部审批备案	班组长

（2）入厂消防安全教育。对于临时工、合同工、外包工和入厂（库）参观或办事的人员，在进厂前必须接受入厂消防安全教育。具体如图6-2所示。

人员一 对临时工的消防安全教育

　　临时工（包括家属工、合同工）系因生产临时需要而招来的各种工人，对他们的消防安全教育，由使用临时工的部门提前将招来的人数、担任的工作，事先通知厂保卫科，以便针对具体情况做好安全教育的准备。对他们教育的内容包括：本企业生产特点；入厂须知；所担任工作的性质；注意事项；消防安全制度。使用临时工的部门，应指定专人负责，加强对他们的安全教育和管理

人员二 对外包工的消防安全教育

　　外包工系指外单位在工厂内承包某工程的工作人员或工人。外包工进厂前，也应由发包单位和承包单位联系好，将进厂的人数、担任的工作及施工地点，事先通知保卫科，约好时间，接受入厂消防安全教育。入厂后的教育，应以承包单位为主。严格贯彻执行工厂消防安全规章制度

人员三 对参观办事人员的消防安全教育

　　对到企事业单位参观或办事人员的进厂消防安全教育，由厂接待部门负责，应将本企业的消防安全规章制度及安全注意事项向来厂参观或办事的人员讲清楚，并有专人陪同，以保证进厂安全

图6-2　入厂消防安全教育人员及内容

　　（3）变换工种（岗位）消防安全教育。凡改变工种或调换工作岗位的员工必须接受教育；时间不少于4小时，并经考核合格后方可上岗。主要内容如图6-3所示。

内容一 新工种（岗位）及班组安全消防要求及注意事项；安全操作规程和安全消防责任制等规章制度

内容二 新岗位必备的安全消防知识；易发生事故的不安全因素及防范措施；作业环境状况等

内容三 新设备、机具、安全防护、灭火器材、个人防护等的使用

内容四 一般工种不得从事特种作业

图6-3　变换工种（岗位）消防安全教育的内容

（4）特殊工种消防安全教育。对从事有火灾危险的特殊工种的人员，如电工、电氧焊工、油漆工、处理易燃易爆化学物品的操作工、搬运工、仓库保管员等作业工人定期进行消防安全知识学习和培训，系统地进行消防安全教育。

①结合工作实际，开展岗位有针对性的消防安全教育。

②收集整理典型事故，进行案例教育。

（5）班组班前安全防火防爆教育。班前安全防火防爆教育，是单位日常性安全防火教育活动之一，是公司实现安全生产的重要保证措施。因此，必须把班前安全防火防爆讲话工作抓实抓细抓好，并要做好记录。

①对安全消防防尘防毒防爆等知识、须知和规程学习抽考，有针对性地开展事故案例教育等。

②安全消防防爆等技能演练；当班作业易发生的危险和应采取的预防措施等。

③遗留消防安全等问题的处置与安全措施，并督促整改完善。

④特殊性、危险性较大的工作，主管领导要亲自讲话，并详细进行安全防火防爆等技术交底，确保安全生产。

（6）车间级周一安全活动。每周一开始工作前，应对在岗人员开展消防安全法规教育活动。活动形式可采取看录像、听报告、分析事故案例、板报图片展览、灭火器操作演示、智力竞赛、热点辩论等多种形式进行。主管领导要亲自讲话，主要内容包括以下方面。

①上周安全消防防爆等工作情况，存在问题及对策；本周工作重点和要求及措施。

②最新安全消防防爆等信息教育，提高员工安全生产意识和素质及技能。

③针对实际工作的其他安全消防防爆内容。

（7）节假日安全消防教育。节假日前后应特别注意各级管理人员及作业人员的思想动态；有意识、有针对性、有目的地进行教育；稳定其思想情绪，防止各类事故的发生。

（8）特殊情况的安全消防教育。出现图6-4所示几种情况时，应对相关人员进行教育；时间不少于2小时。

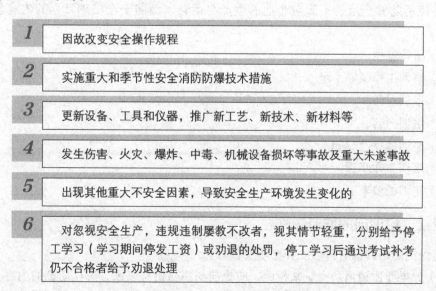

1	因故改变安全操作规程
2	实施重大和季节性安全消防防爆技术措施
3	更新设备、工具和仪器，推广新工艺、新技术、新材料等
4	发生伤害、火灾、爆炸、中毒、机械设备损坏等事故及重大未遂事故
5	出现其他重大不安全因素，导致安全生产环境发生变化的
6	对忽视安全生产，违规违制屡教不改者，视其情节轻重，分别给予停工学习（学习期间停发工资）或劝退的处罚，停工学习后通过考试补考仍不合格者给予劝退处理

图6-4 需进行安全消防教育的特殊情况

（9）季节性生产消防教育。进入雨期、高温、冬季季节前，由各单位负责人组织本单位员工进行专门的季节性生产安全消防防尘防毒防爆等技术教育；时间不少于2h。

（10）紧急抢修（故障处理）消防教育。紧急抢修（故障处理）等现场的作业人员必须进行有针对性的消防安全教育。主要内容包括图6-5所示的内容。

1 本作业项目安全消防防爆防毒等状况及作业条件。例如，高处、地下及密闭罐体内作业、立体交叉作业、带电作业、焊接、中毒、火灾、爆炸等

2 作业现场中的不安全因素及防护措施和相关事故案例

3 本作业项目的安全消防防毒防爆等技术及安全措施和安全注意事项等

4 根据实际情况补充的教育内容

图6-5　紧急抢修（故障处理）消防教育的内容

6.2　消防安全教育培训活动的管理

要使消防安全教育培训活动落到实处，真正地能够执行到位，必须有组织、有计划地去开展。

6.2.1　制订消防安全培训计划

做任何事都要有计划地进行，企业在开展消防培训也需要有计划地进行。能够安全生产，并使消防安全培训不影响企业的生产与运营。消防安全培训计划的内容包括以下方面。

（1）指导思想。

（2）培训工作领导小组。

（3）培训对象。

（4）培训内容。

（5）培训地点及时间。

（6）培训工作步骤。

（7）培训的要求。

6.2.2　培训前的准备工作

在组织消防培训前有许多工作必须要做好。

（1）如果要邀请消防支队来授课，应提前与消防机构联系，确认培训的内容、消防支

队派遣的讲师及时间。

（2）一些培训教具的准备。理论知识的授课须准备培训课件（如PPT文件）、电脑等；实操培训则要准备好器材，比如灭火器的使用、消火栓的使用，必须根据学员人数预备相当数量的器材供使用。

（3）培训前要向各部门下发书面的消防培训通知，另外还要准备培训的签到表。

6.2.3　消防培训实施的管理

消防培训实施过程中一定要坚持签到制度，要确保每一个受训人员到位。另外，要对培训实施考核、评估，并将此纳入员工的绩效考核之中。

范本 6.01

消防安全教育、培训登记表

学习培训日期		组织人	
参加人数		学习培训地点	
教育培训对象			
学习、培训内容			
备注：			

范本 6.02

员工消防安全培训、考核情况登记表

序号	姓名	时间	培训考核成绩	不合格人员处理情况	备注

注：如果是新员工培训，应在备注栏中注明。

范本 6.03

消防知识技能培训登记表

培训日期	培训机构	培训内容	姓名	所在岗位	培训成绩	本人签字

范本 6.04

消防安全教育培训签到表

编号：

时间		授课老师	
地点			
授课内容			
参加培训人员签到					
姓名	部门	姓名	部门	姓名	部门
备注：					

第7章
消防安全检查

　　消防安全检查是指企业内部结合自身情况，适时组织督促、了解本企业内部消防安全工作情况，查找存在的问题和隐患的一项消防安全管理工作。

本章导视

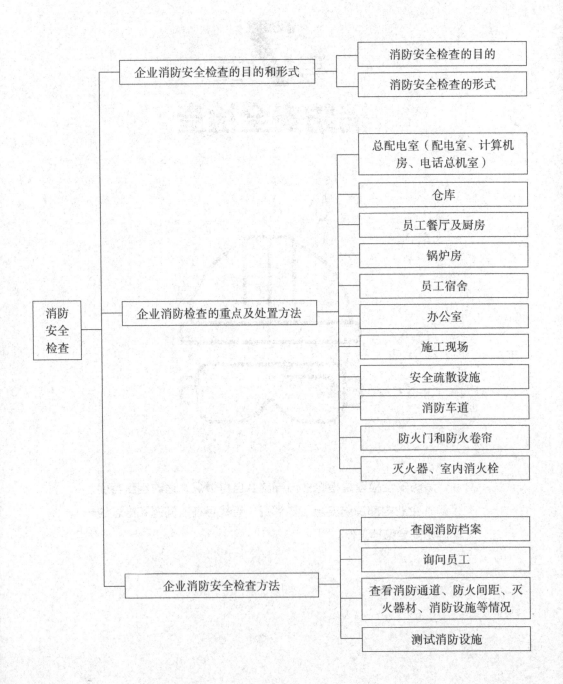

消防安全检查

├─ 企业消防安全检查的目的和形式
│   ├─ 消防安全检查的目的
│   └─ 消防安全检查的形式
│
├─ 企业消防检查的重点及处置方法
│   ├─ 总配电室（配电室、计算机房、电话总机室）
│   ├─ 仓库
│   ├─ 员工餐厅及厨房
│   ├─ 锅炉房
│   ├─ 员工宿舍
│   ├─ 办公室
│   ├─ 施工现场
│   ├─ 安全疏散设施
│   ├─ 消防车道
│   ├─ 防火门和防火卷帘
│   └─ 灭火器、室内消火栓
│
└─ 企业消防安全检查方法
     ├─ 查阅消防档案
     ├─ 询问员工
     ├─ 查看消防通道、防火间距、灭火器材、消防设施等情况
     └─ 测试消防设施

7.1 企业消防安全检查的目的和形式

7.1.1 消防安全检查的目的

企业通过消防安全检查，对本企业消防安全制度、安全操作规程的落实和遵守情况进行检查，以督促规章制度、措施的贯彻落实，这是企业自我管理、自我约束的一种重要手段，是及时发现和消除火灾隐患、预防火灾发生的重要措施。

7.1.2 消防安全检查的形式

消防安全检查是一项长期的、经常性的工作，在组织形式上应采取经常性检查和定期性检查相结合、重点检查和普遍检查相结合的方式。具体检查形式主要有图7-1所示。

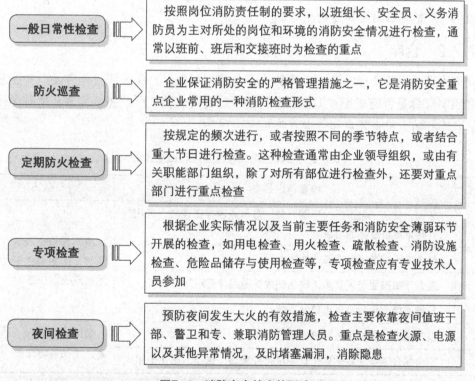

一般日常性检查	按照岗位消防责任制的要求，以班组长、安全员、义务消防员为主对所处的岗位和环境的消防安全情况进行检查，通常以班前、班后和交接班时为检查的重点
防火巡查	企业保证消防安全的严格管理措施之一，它是消防安全重点企业常用的一种消防检查形式
定期防火检查	按规定的频次进行，或者按照不同的季节特点，或者结合重大节日进行检查。这种检查通常由企业领导组织，或由有关职能部门组织，除了对所有部位进行检查外，还要对重点部门进行重点检查
专项检查	根据企业实际情况以及当前主要任务和消防安全薄弱环节开展的检查，如用电检查、用火检查、疏散检查、消防设施检查、危险品储存与使用检查等，专项检查应有专业技术人员参加
夜间检查	预防夜间发生大火的有效措施，检查主要依靠夜间值班干部、警卫和专、兼职消防管理人员。重点是检查火源、电源以及其他异常情况，及时堵塞漏洞，消除隐患

图7-1 消防安全检查的形式

7.2 企业消防检查的重点及处置方法

本节主要就企业防火检查的要点——进行阐述。

7.2.1 总配电室（配电室、计算机房、电话总机室）

总配电室（配电室、计算机房、电话总机室）的防火检查要点和处置方法如表7-1所示。

表7-1 总配电室（配电室、计算机房、电话总机室）的防火检查要点和处置方法

序号	检查判定要点	处置方法
1	电源线、插销、插座、电源开关、灯具是否存在破损、老化、有异味或温度过高的现象	填写检查记录表，告知危害，上报有关领导，制定限期改正措施
2	是否有过量物品、易燃易爆物品和可燃物品存放	填写检查记录表，告知危害，协助当场改正
3	灭火器是否摆放在明显位置，是否被覆盖、遮挡	

总配电室或配电室是所有房间、处所、用电设备的总电源，其安全与否，事关企业的正常生产、工作以及生活秩序，历来是企业的消防重点部位。该类场所要求24小时值班，严禁吸烟，严禁存放易燃易爆物品。

7.2.2 仓库

仓库管理要严格遵守企业《仓库防火安全管理规则》。在火源管理方面，要注意电气线路和照明灯具是否处于正常工作状态，要严防遗留火种，严禁违章存放易燃易爆化学危险品。仓库的防火检查要点和处置方法如表7-2所示。

表7-2 仓库的防火检查要点和处置方法

序号	检查判定要点	处置方法
1	插销、插座、电源线、电源开关、灯具是否存在破损、老化、有异味或温度过高的现象	填写检查记录表，告知危害，上报有关领导，制定限期改正措施
2	是否未经批准擅自安装、使用电器	
3	是否严格按照防火要求，物品码放要做到"五距"[①]	
4	易燃易爆化学物品是否单独存放	
5	消防通道、楼梯是否存放物品	填写检查记录，告知危害，协助当场改正
6	灭火器是否摆放在明显位置，是否被覆盖、遮挡、挪作他用	

① "五距"出自《仓库防火安全管理规则》第十八条的规定，库存物品应当分类、分垛储存，每垛占地面积不宜大于100m²，垛与垛间距不小于1m，垛与墙间距不小于0.5m，垛与梁、柱间距不小于0.3m，主要通道的宽度不小于2m。

7.2.3 员工餐厅及厨房

员工餐厅和厨房是集中用火部位，要严防燃气泄漏，要严格遵守安全操作规程，特别是在加工油炸食品时，要专人看管，同时配备必要的灭火器材和灭火毯等。此外，要定时

清洗烟道。员工餐厅及厨房的防火检查要点和处置方法见表7-3。

表7-3 员工餐厅及厨房的防火检查要点和处置方法

序号	检查判定要点	处置方法
1	点锅后炉灶是否有人看守	填写检查记录表，告知危害，协助当场改正
2	油炸食品时，锅内的油是否超过2/3	
3	通道是否有物品码放、是否被封堵	
4	灭火器是否摆放在明显位置、是否被覆盖、遮挡、挪作他用	
5	防火疏散门是否灵敏有效	填写检查记录表，告知危害，上报有关领导，制定限期改正措施
6	燃气阀门是否被遮挡、封堵，是否能正常开启、关闭	
7	烟道内的油垢是否过多	
8	是否配备灭火毯等简易灭火器材	
9	插销、插座、电源线、电源开关、灯具是否存在破损、老化、有异味或温度过高的现象	
10	使用电器是否有超载现象	

7.2.4 锅炉房

目前燃气锅炉已经普遍投入使用，要严防燃气泄漏，锅炉房内禁止存放可燃物，要严格遵守安全操作规程，禁止无关人员进入，确保消防报警和灭火设施灵敏好用。锅炉房的防火检查要点和处置方法见表7-4。

表7-4 锅炉房的防火检查要点和处置方法

序号	检查判定要点	处置方法
1	插销、插座、电源线、电源开关、灯具是否存在破损、老化、有异味或温度过高的现象	填写检查记录表，告知危害，协助当场改正
2	可燃气体探测器是否定期保养、测试、灵敏有效，是否被杂物遮挡	
3	燃气阀门是否正常开启、关闭，是否被封堵、遮挡，是否定期保养	填写检查记录表，告知危害，上报有关领导，制定限期改正措施
4	灭火器是否摆放在明显位置、是否被覆盖、遮挡、挪作他用	

7.2.5 员工宿舍

员工宿舍的火源管理主要是加强用火用电的管理和教育。严禁乱拉临时线，严格卧床吸烟，严禁使用电热器具，严禁在宿舍内私自烧制食物。员工宿舍的防火检查要点和处置方法见表7-5。

表7-5　员工宿舍的防火检查要点和处置方法

序号	检查判定要点	处置方法
1	插销、插座、电源线、电源开关、灯具是否存在破损、老化、有异味或温度过高的现象	填写检查记录表，告知危害，上报有关领导，制定限期改正措施
2	通向室外的疏散楼梯、防火门是否符合要求	
3	疏散指示标志、应急照明灯具是否灵敏好用	
4	禁止卧床吸烟标志、疏散图是否按照要求配置	
5	是否使用酒精炉、电热锅、煤气灶等在宿舍自制食品	填写检查记录表，告知危害，协助当场改正
6	是否违章使用热水器、电热杯、电热毯等电热设备	
7	是否在宿舍或楼道内焚烧书信、文件、垃圾等物品	
8	是否在宿舍或楼道内燃放烟花、爆竹	
9	是否疏散通道、安全出口被堵塞或上锁	

7.2.6　办公室

办公室内应加强用电设备如电脑、空调、打印机、饮水机的安全使用和管理，避免长时间待机，严禁私自增加大功率用电设备，要加强对吸烟行为的管理，杜绝遗留火种，下班要断电。办公室的防火检查要点和处置方法见表7-6。

表7-6　办公室的防火检查要点和处置方法

序号	检查判定要点	处置方法
1	插销、插座、电源线、电源开关、灯具是否存在破损、老化、有异味或温度过高的现象	填写检查记录表，告知危害，上报有关领导，制定限期改正措施
2	插排、插座是否超负荷使用	填写检查记录表，告知危害，协助当场改正
3	人员下班后是否关闭电源	
4	是否私自增加电气设备和接拉临时电源线	
5	是否存放易燃易爆和大量可燃物	
6	垃圾是否及时清理，是否遗留火种	

7.2.7　施工现场

施工现场可燃物多，人员复杂，施工人员消防安全意识良莠不齐，是火灾易发多发场所。应配备必要的灭火设施和器材，加强电焊、气焊审批和现场消防安全管理，及时清理可燃物品，严禁交叉作业，严禁在宿舍内使用电炉子、热得快、电褥子等电热设备和乱拉临时电线。施工现场的防火检查要点和处置方法见表7-7。

表7-7　施工现场的防火检查要点和处置方法

序号	检查判定要点	处置方法
1	施工暂设和施工现场使用的安全网、围网和保温材料是否易燃可燃	填写检查记录表，告知危害，上报有关领导，制定限期改正措施
2	是否按照仓库防火安全管理规则存放、保管施工材料	
3	是否在建设工程内设置宿舍	
4	是否在临时消防车道上堆物、堆料或者挤占临时消防车道	
5	建设工程是否存放易燃易爆化学危险品和易燃可燃材料	
6	是否在作业场所分装、调料易燃易爆化学危险物品	填写检查记录表，告知危害，协助当场改正
7	是否在建设工程内使用液化石油气	
8	施工作业用火时是否领取用火证	
9	施工现场内是否有吸烟现象	
10	是否在宿舍内使用电炉子、热得快、电褥子等电热设备，是否乱拉临时电线	

7.2.8　安全疏散设施

安全疏散设施是火灾时人员的逃生要道，保持始终畅通至关重要。

（1）疏散楼梯、楼梯间、疏散走道和安全出口的防火检查要点

①是否有可燃物、易燃物堆放堵塞。

②是否有障碍物堆放，堵塞通道，影响疏散。

③安全出口是否被锁闭。

（2）疏散指示标志与应急照明的防火检查要点

①疏散指示标志外观是否完好无损，是否被悬挂物遮挡。

②疏散指示标志指示方向是否正确无误。

③疏散指示标志指示灯照明是否正常，充电电池电量是否充足。

④应急照明灯具和线路是否完好无损。

⑤应急照明灯具是否处于正常工作状态。

对于上述巡视内容，如果存在问题，对于能够当场解决的，协助当场解决；不能当场解决的，上报相关领导，协调限期解决。

7.2.9　消防车道

（1）消防车道的防火检查要点

①消防车道是否堆放物品、被锁闭、停放车辆等，影响畅通。

②消防车道是否有挖坑、刨沟等行为，影响消防车辆通行。

③消防车道上是否有搭建临时建筑等行为。

（2）发现消防车道存在问题的处置方法。对于上述巡视内容，如果存在问题，对于能够当场解决的，协助当场解决；不能当场解决的，上报相关领导，协调限期解决。

7.2.10　防火门和防火卷帘

防火门和防火卷帘是主要的防火分隔设施，对它们的防火检查，主要体现在"分隔"或者"封闭"上，真正起到将突然发生的火灾控制在一定空间范围内的作用。

（1）防火门的检查要点

①防火门的门框、门扇、闭门器等部件是否完好无损，并具备良好的隔火、隔烟作用。

②带闭门器的防火门是否能够自动关闭，电动防火门当电磁铁释放后能按顺序顺畅关闭。

③防火门门前是否堆放物品影响开启。

（2）防火卷帘检查要点

①防火卷帘下是否堆放杂物，影响降落。

②防火卷帘控制面板、门体是否完好无损。

③防火卷帘是否处于正常升起状态。

④防火卷帘所对应的烟感、温感探头是否完好无损。

（3）发现防火门、防火卷帘存在问题的处置方法。对于上述巡视内容，如果存在问题，对于能够当场解决的，协助当场解决；不能当场解决的，上报相关领导，协调限期解决。

7.2.11　灭火器、室内消火栓

（1）灭火器安全检查

①灭火器压力表的外表面不得有变形、损伤等缺陷，否则应更换。

②灭火器的压力表的指针是否在绿区，否则应充装驱动气体。

③灭火器的喷嘴是否有变形、干裂、损伤等缺陷，否则应予更换。

④喷射软管是否畅通、是否有变形和损伤，否则应予更换。

⑤灭火器的压把、阀体等金属件不得有严重损伤、变形、锈蚀等影响使用的缺陷，否则必须更换。

⑥保险销和铅封是否完好，是否被开启喷射过。

⑦有以下情况之一的灭火器应报废。

a.筒体严重锈蚀（锈蚀面积大于等于筒体总面积的三分之一）。

b.表面有凹坑：筒体明显变形，机械损伤严重。

c.器头存在裂纹，无泄压机构。

d.筒体为平底等结构不合理。

e.没有间歇喷射机构的手提式。

f.没有生产厂名称和出厂年月，包括铭牌脱落，或虽有铭牌，但已看不清生产厂名称，或出厂年月钢印无法识别。

g.筒体有锡焊、铜焊或补缀等修补痕迹。

h.被火烧过。

灭火器报废后，应按照等效替代的原则进行更换。

（2）室内消火栓的日常检查

①室内消火栓、水枪、水带、消防水喉是否齐全完好。有无生锈、漏水，接口垫圈是否完好无缺，并进行放水检查，检查后及时擦干，在消火栓阀杆上加润滑油。

②消防水泵在火警后能否正常供水。

③报警按钮、指示灯及报警控制线路是否正常，无故障。

④检查消火栓箱及箱内配装有消防部件的外观有无损坏，涂层是否脱落，箱门玻璃是否完好无缺。

⑤对室内消火栓的维护，应做到各组成设备经常保持清洁、干燥，防锈蚀或无损坏。为防止生锈，消火栓手轮丝杆等转动部位应经常加注润滑油。设备如有损坏，应及时修复或更换。

⑥日常检查时如发现室内消火栓四周放置影响消火栓使用的物品，应进行清除。

7.3 企业消防安全检查方法

消防安全检查方法是指企业为达到实施消防安全检查的目的所采取的技术措施和手段。

7.3.1 查阅消防档案

消防档案是企业履行消防安全职责、反映企业消防工作基本情况和消防管理情况的载体。

查阅消防档案应注意以下问题。

（1）企业的消防档案应包括消防安全基本情况和消防安全管理情况。其内容必须按照《机关、团体、企业、事业单位消防安全管理规定》中第四十二条、第四十三条的规定，全面地反映企业消防工作的实际状况。

（2）制定的消防安全制度和操作规程是否符合相关法规和技术规程。

（3）灭火和应急救援预案是否可靠。

（4）查阅消防应急救援机构填发的各种法律文书，尤其要注意责令改正或重大火灾隐患限期整改的相关内容是否得到落实。

相关
知识
法规对企业消防档案的规定

《机关、团体、企业、事业单位消防安全管理规定》对于企业消防档案的要求有两款规定：

第四十二条　规定消防安全基本情况应当包括以下内容。

（一）单位基本概况和消防安全重点部位情况。

（二）建筑物或者场所施工、使用或者开业前的消防设计审核、消防验收以及消防安全检查的文件、资料。

（三）消防管理组织机构和各级消防安全责任人。

（四）消防安全制度。

（五）消防设施、灭火器材情况。

（六）专职消防队、义务消防队人员及其消防装备配备情况。

（七）与消防安全有关的重点工种人员情况。

（八）新增消防产品、防火材料的合格证明材料。

（九）灭火和应急疏散预案。

第四十三条　规定消防安全管理情况应当包括以下内容。

（一）公安消防机构填发的各种法律文书。

（二）消防设施定期检查记录、自动消防设施全面检查测试的报告以及维修保养的记录。

（三）火灾隐患及其整改情况记录。

（四）防火检查、巡查记录。

（五）有关燃气、电气设备检测（包括防雷、防静电）等记录资料。

（六）消防安全培训记录。

（七）灭火和应急疏散预案的演练记录。

（八）火灾情况记录。

（九）消防奖惩情况记录。

前款规定中的第（二）、（三）、（四）、（五）项记录，应当记明检查的人员、时间、部位、内容、发现的火灾隐患以及处理措施等；第（六）项记录，应当记明培训的时间、参加人员、内容等；第（七）项记录，应当记明演练的时间、地点、内容、参加部门以及人员等。

7.3.2　询问员工

询问员工是消防安全管理人员实施消防安全检查时最常用的方法。为在有限的时间之内获得对检查对象的大致了解，并通过这种了解掌握被检查对象的消防安全状况，消防人员可以通过询问或测试的方法直接而快速地获得相关的信息。

（1）询问各部门、各岗位的消防安全管理人，了解其实施和组织落实消防安全管理工作的概况以及对消防安全工作的熟悉程度。

（2）询问消防安全重点部位的人员，了解企业对其培训的概况。

（3）询问消防控制室的值班、操作人员，了解其是否具备岗位资格。

（4）公众聚集场所应随机抽询数名员工，了解其组织引导在场群众疏散的知识和技能以及报火警和扑救初起火灾的知识和技能。

7.3.3 查看消防通道、防火间距、灭火器材、消防设施等情况

消防通道、消防设施、灭火器材、防火间距等是建筑物或场所消防安全的重要保障，国家的相关法律与技术规范对此都做了相应的规定。查看消防通道、消防设施、灭火器材、防火间距等，主要是通过眼看、耳听、手摸等方法，判断消防通道是否畅通，防火间距是否被占用，灭火器材是否配置得当并完好有效，消防设施各组件是否整齐无损、各组件阀门及开关等是否置于规定启闭状态、各种仪表显示位置是否处于正常允许范围等。

7.3.4 测试消防设施

使用专用检测设备测试消防设施设备的工况，要求防火检查员应具备相应的专业技术基础知识，熟悉各类消防设施的组成和工作原理，掌握检查测试方法以及操作中应注意的事项。对一些常规消防设施的测试，利用专用检测设备对火灾报警器报警、消防电梯强制性停靠、室内外消火栓压力、消火栓远程启泵、压力开关和水力警铃、末端试水装置、防火卷帘启闭等项目进行测试。

范本 7.01

推车灭火器检查表

管理单位：　　　　　　　　　　　　　管理者：

编号：　　　　　　　　　　　　　　　年度：

检查项目＼月份		1	2	3	4	5	6	7	8	9	10	11	12
灭火器托架是否损坏													
机筒有无损失													
药剂是否在有效期限内													
推车是否被挪用													
周围是否被物品堵塞													
喷嘴管是否损坏或腐蚀													
重量检测：			重量			kg			称重时间				
检查者													

备注：1. 一经开启使用或故障，必须充装、检修；禁止任意移动使用灭火器。

　　　2. √：良好；×：异常。

　　　3. 每年称重一次并记录在案；年泄漏量超过5%，需要查明原因并重新充装。

范本 7.02

手提灭火器定期检查表

管理单位：　　　　　　　　　　　　管理者：
编号：　　　　　　　　　　　　　　年度：

检查项目	月份											
	1	2	3	4	5	6	7	8	9	10	11	12
灭火器托架是否损坏												
机筒有无损失												
提手把有无断裂												
药剂是否在有效期限内												
安全插栓是否被拔掉												
周围是否被物品堵塞												
喷嘴、罐体是否损坏或腐蚀												
重量检测：		重量			kg		称重时间					
检查者												

备注：1. 一经开启使用或故障，必须充装、检修；禁止任意移动使用灭火器。
　　　2. √：良好；×：异常。
　　　3. 每年称重一次并记录在案；年泄漏量超过5%，需要查明原因并重新充装。

范本 7.03

每月消防安全自查情况记录表

检查时间：　　　年　　月　　日

检查项目	检查内容	情况记录	发现问题及处置情况
电气防火措施落实情况	电气线路设备状况	□开关安装在可燃材料上 □插座安装在可燃材料上 □配电箱安装在可燃材料、壳体未采用A级材料 □照明、电热设备的高温部未采取不燃材料隔热措施 □采取铜线、铝线代替保险丝 □电气线路敷设未采取防火保护措施 □防爆、防潮、防尘场所电气设备不符合安全要求 □存在其他问题：_____	
	电气防火管理情况	□电气设备安装、维修人员不具备电工资格 □私接电气线路、增加用电负荷未办理审核、审批手续 □在营业期间违章进行设备检修和电气焊作业 □违章使用具有火灾危险性的电热器具 □存在其他问题：_____	

检查项目	检查内容	情况记录	发现问题及处置情况
可燃物、火源管理情况	可燃物、火源管理情况	☐违章经营、储存甲、乙类商品，违章使用液化石油气及闪点＜60℃的液体燃料 ☐违章使用甲、乙类可燃液体、气体作燃料的明火取暖炉具 ☐违章使用乙类清洗剂 ☐存放商品超过两日销售量 ☐盛装可燃液体、气体的密闭容器未采取避免日光照射的措施 ☐存在违章吸烟现象，营业期间违章进行明火维修和油漆粉刷作业 ☐配电设备等电气设备周围堆放可燃物 ☐装修施工现场动用电气设备等明火不符合有关安全要求 ☐营业结束后未清除遗留火种、可燃杂物，关闭非营业用电源 ☐存在其他问题：	
防火分隔、安全疏散管理措施落实情况	防火分隔、安全疏散设施状况	☐防火门损坏或缺少、常闭式防火门无闭装置、关闭不严、未开向疏散方向 ☐防火卷帘损坏或缺少、未采取防火保护措施，升、降、停功能不完备，无机械手动装置 ☐防火卷帘下方0.5m范围内堆放物品 ☐疏散指示标志损坏或缺少、指示方向错误、无保护罩、布线未采取保护措施、无备用电源 ☐火灾应急照明损坏或缺少、指示方向错误、无保护罩、布线未采取保护措施、无备用电源 ☐火灾应急广播扬声器损坏、缺少、声压不够 ☐非营业期间未将共享空间里防火卷帘降至距地1.8m ☐仓库防火分隔不符合要求 ☐柜台和货架位置改动影响安全疏散 ☐营业厅内食品加工区分隔及加热设施不符合要求 ☐防火、防爆、防雷措施不落实 ☐楼板、防火墙和竖井孔等重点防火分隔部位封堵 ☐存在其他问题：	
	安全疏散设施管理情况	☐疏散指示标志等安全疏散设施被遮挡 ☐安全疏散图示缺少、常闭防火门无保持关闭状态的提示 ☐疏散通道被占用、封堵 ☐安全出口上锁 ☐在安全出口、疏散通道上安装栅栏等影响疏散的障碍物 ☐公共区域的外窗上安装金属护栏 ☐物品摆放妨碍人员安全疏散 ☐在疏散走道、楼梯间悬挂、摆放可燃物品 ☐消防车道堵塞 ☐存在其他问题：	
消防水源和消防设施、器材管理情况	消防水源	☐无水或水量不足 ☐无水位指示装置 ☐合用水池未采取保持消防用水量的措施 ☐冬季未采用防冻措施 ☐管道阀门关闭不当 ☐存在其他问题：	

续表

检查项目	检查内容	情况记录	发现问题及处置情况
消防水源和消防设施、器材管理情况	消火栓系统	□系统处于正常工作状态 □消防水泵故障 □消火栓被遮挡、挤占、埋压 □消火栓箱内水枪、水带等不齐全 □消火栓无明显标示 □消火栓箱上锁 □水带与消火栓接口连接不严密、漏水 □消火栓压力显示不正常 □存在其他问题：＿＿＿＿＿＿＿＿＿＿	
	自动喷水灭火系统	□系统处于正常工作状态 □喷淋水泵故障 □洒水喷头被遮挡、改动位置或拆除 □报警阀、末端试水装置没有明显标志 □末端试水装置压力显示不正常 □自动控制功能异常 □消防电源不能保证 □系统被违章关闭 □存在其他问题：＿＿＿＿＿＿＿＿＿＿	
	火灾自动报警系统	□系统处于正常工作状态 □控制器或联动控制装置故障 □探测器被遮挡、改动位置或拆除 □手动报警按钮损坏、遮挡、无标志 □火灾警报装置损坏、遮挡 □控制中心联动控制设备功能异常 □消防电源不能保证 □系统被违章关闭 □存在其他问题：＿＿＿＿＿＿＿＿＿＿	
	机械防烟排烟系统	□系统处于正常工作状态 □防、排烟风机故障 □送风口、排烟口被遮挡、改动位置或损坏 □自动控制功能异常 □消防电源不能保证 □系统被违章关闭 □存在其他问题：＿＿＿＿＿＿＿＿＿＿	
	灭火器	□灭火器选型不当 □灭火器被挪作他用、埋压 □灭火器箱上锁 □未按指定位置摆放 □灭火器失效 □存在其他问题：＿＿＿＿＿＿＿＿＿＿	

续表

检查项目	检查内容	情况记录	发现问题及处置情况
消防值班情况	消防控制中心值班情况	□自动消防系统操作人员无岗位资格证 □值班人员脱岗 □值班人员违反消防值班制度 □未填写值班记录 □存在其他问题：_____	
	其他重点部位值班情况	□值班人员脱岗 □值班人员违反消防值班制度 □未填写值班记录 □存在其他问题：_____	
防火巡查和火灾隐患整改情况	防火巡查	□巡查频次不够 □巡查部位、内容不全 □未填写巡查记录 □发现问题未及时报告 □发现问题未采取相应防范措施 □存在其他问题：_____	
	火灾隐患整改	□火灾隐患底数不清、责任不明、超过时限 □应立即整改的火灾隐患没有立即整改	
	火灾隐患整改	□限期改正的火灾隐患，未按时间向消防应急救援部门报送整改情况复函 □对危险部位未落实停业整改要求 □未及时报告隐患整改进展情况 □未落实整改期间的防范措施 □存在其他问题：_____	
消防安全培训教育演练情况	重点部位人员	□已进行岗前消防安全培训，熟练掌握消防安全知识 □未进行岗前消防安全培训 □无培训记录	
	其他人员	□已进行（或参加）消防安全培训，熟练掌握消防知识 □未进行（或参加）消防安全培训 □无培训记录	
	消防宣传教育活动	□按计划开展 □未按计划开展 □未记录消防宣传、教育活动情况	
	消防演练	□已制定灭火救援和疏散逃生预案 □未制定灭火救援和疏散逃生预案 □已在规定时间按预案进行演练 □未在规定时间按预案进行演练 □未记录消防演练情况活动情况	
其他			

检查人员签字： 　　　　　　　　　单位负责人签字：

范本 7.04

每周防火巡查记录表

单位：　　　　　　　　　　　　　　　　　　　　　　　　　　　　　　　　　　　　　　　年　　　月

序号	巡查内容	巡查情况 月　　日	处理情况 月　　日
1	消防通道（含疏散通道、安全出口、楼道、小区消防道路等）是否保持畅通，是否被占用、堵塞		
2	安全疏散指示标志、应急照明灯具是否完好		
3	各层消防通道防火门是否常闭		
4	灭火器等消防器材和消防安全标志是否在位、完整		
5	灭火器的灭火剂是否过期		
6	消火栓内各项器材是否完整、到位		
7	稳压泵房电源是否到位，设备是否正常		
8	防火门是否堆放杂物，影响使用		
9	消防水水源是否保持充足		
10	消防自动警报系统等消防设施是否正常运转		
11	企业内部是否使用明火及存放易燃易爆物品		
签署	巡查人： 　　　　时　　分	记录时间： 　　时　　分	处理时间： 　　时　　分

说明：没有发现问题的检查情况栏内打"○"，有问题的要准确详细记载并及时反馈给相关人员。

范本 7.05

消防安全日巡查记录表

　　　　年　　　月

项目	日期														
	1	2	3	4	5	6	7	8	9	10	11	12	…	30	31
监控设备完好情况															
疏散通道是否畅通															
安全出口															
安全指示标志															

项目	日期														
	1	2	3	4	5	6	7	8	9	10	11	12	...	30	31
灭火器完好情况															
消火栓完好情况															
是否有遗留火种、可燃物															
其他问题															
巡查情况															
巡查人员:						消防安全管理人:									

注：1. 符合标准打"√"，不符合打"×"；

　　2. 检查中发现问题，要做好登记并及时上报公司行政办，予以处理。

范本7.06

每日防火巡查记录表

巡查时间	年 月 日 时 分	巡查人	
巡查部位：			
发现的火灾隐患及采取的措施或处理的结果：			
巡查记录人签名			年　月　日
消防安全管理人签名			年　月　日

注：1. 单位要规定出必须巡查的重点部位。

　　2. 应在此表内填写除消防设施外的其他巡查情况。

　　3. 消防设施的巡查情况应填写在"建筑消防设施巡查情况记录表"内。

范本 7.07

防火巡查记录表

_____年___月___日

巡查 时间	安全 出口	疏散 通道	标识 标志	防火门	卷帘 下方	消防 器材	重点 部位	水电 违章	问题 记录	处理 情况	巡查 人
时　分	☐正常 ☐异常	☐正常 ☐异常	☐正常 ☐异常	☐正常 ☐异常	☐正常 ☐异常	☐正常 ☐异常	☐正常 ☐异常	☐正常 ☐异常			
时　分	☐正常 ☐异常	☐正常 ☐异常	☐正常 ☐异常	☐正常 ☐异常	☐正常 ☐异常	☐正常 ☐异常	☐正常 ☐异常	☐正常 ☐异常			
时　分	☐正常 ☐异常	☐正常 ☐异常	☐正常 ☐异常	☐正常 ☐异常	☐正常 ☐异常	☐正常 ☐异常	☐正常 ☐异常	☐正常 ☐异常			
时　分	☐正常 ☐异常	☐正常 ☐异常	☐正常 ☐异常	☐正常 ☐异常	☐正常 ☐异常	☐正常 ☐异常	☐正常 ☐异常	☐正常 ☐异常			
时　分	☐正常 ☐异常	☐正常 ☐异常	☐正常 ☐异常	☐正常 ☐异常	☐正常 ☐异常	☐正常 ☐异常	☐正常 ☐异常	☐正常 ☐异常			
时　分	☐正常 ☐异常	☐正常 ☐异常	☐正常 ☐异常	☐正常 ☐异常	☐正常 ☐异常	☐正常 ☐异常	☐正常 ☐异常	☐正常 ☐异常			

主管人：

范本 7.08

岗位防火检查记录

检查时间		检查人	
所在岗位			
岗位检查内容			
处理措施			

范本 7.09

建筑消防设施巡查记录

单位名称： 时间：

巡查项目	巡查内容	巡查情况		
		正常	故障	故障原因及处理情况
消防供配电设施	消防电源工作状态			
	自备发电机状况			
	消防配电房、发电机房环境			
火灾自动报警系统	火灾报警探测器外观			
	区域显示器运行状况、CRT图形显示器运行状况、火灾报警控制器、消防联动控制器外观和运行状况			
	手动报警按钮外观			
	火灾警报装置外观			
	消防控制室工作环境			
消防供水设施	消防水池外观			
	消防水箱外观			
	消防水泵及控制柜工作状态			
	稳压泵、增压泵、气压水罐工作状态			
	水泵接合器外观、标识			
	管网控制阀门启闭状态			
	泵房工作环境			
消火栓（消防炮）灭火系统	室内消火栓外观			
	室外消火栓外观			
	消防炮外观			
	启泵按钮外观			
自动喷水灭火系统	喷头外观			
	报警阀组外观			
	末端试水装置压力值			
泡沫灭火系统	泡沫喷头外观			
	泡沫消火栓外观			
	泡沫炮外观			
	泡沫产生器外观			

巡查项目	巡查内容	巡查情况		
		正常	故障	故障原因及处理情况
泡沫灭火系统	泡沫液储罐间环境			
	泡沫液储罐外观			
	比例混合器外观			
	泡沫泵工作状态			
气体灭火系统	气体灭火控制器工作状态			
	储瓶间环境			
	气体瓶组或储罐外观			
	选择阀、驱动装置等组件外观			
	紧急启/停按钮外观			
	放气指示灯及警报器外观			
	喷嘴外观			
	防护区状况			
防烟排烟系统	挡烟垂壁外观			
	送风阀外观			
	送风机工作状态			
	排烟阀外观			
	电动排烟窗外观			
	自然排烟窗外观			
	排烟机工作状态			
	送风、排烟机房环境			
应急照明和疏散指示标志	应急灯外观			
	应急灯工作状态			
	疏散指示标志外观			
	疏散指示标志工作状态			
应急广播系统	扬声器外观			
	扩音机工作状态			
消防专用电话	分机电话外观			
	插孔电话外观			

续表

巡查项目	巡查内容	巡查情况		
		正常	故障	故障原因及处理情况
防火分隔设施	防火门外观			
	防火门启闭状况			
	防火卷帘外观			
	防火卷帘工作状态			
消防电梯	紧急按钮外观			
	轿厢内电话外观			
	消防电梯工作状态			
灭火器	灭火器外观			
	设置位置状况			
其他设施				
巡查人（签名）			年　　月　　日	
消防安全管理人（签名）			年　　月　　日	
备注				

注：1. 情况正常的打"√"，存在问题或故障的打"×"。

2. 对发现的问题应及时处理，当场不能处置的要填报"建筑消防设施故障处理记录"。

（说明：本表为样表，依照有关规定每日进行防火巡查的单位应每日巡查。单位可根据消防设施实际情况及值班时段制表。本表存档时间不应少于1年）

范本 7.10

消防设施月度检查记录表

单位名称：　　　　　　　　　　　　时间：

检测项目		检测内容	实测记录
消防供电配电	消防配电	试验主、备电切换功能	
	自备发电机	试验启动发电机组	
	储油设施	核对储油量	

检测项目		检测内容	实测记录
火灾自动报警系统	火灾报警探测器	试验报警功能	
	手动报警按钮	试验报警功能	
	警报装置	试验警报功能	
	报警控制器	试验报警功能、故障报警功能、火灾优先功能、打印机打印功能、火灾显示盘和CRT显示器的显示功能	
	消防联动控制器	试验联动控制和显示功能	
消防供水设施	消防水池	核对储水量	
	消防水箱	核对储水量	
	稳（增）压泵及气压水罐	试验启泵按钮、停泵时的压力工况	
	消防水泵	试验启泵和主、备泵切换功能	
	管网阀门	试验管道阀门启闭功能	
消火栓（消防炮）灭火系统	室内消火栓	试验屋顶消火栓出水和静压	
	室外消火栓	试验室外消火栓出水和静压	
	消防炮	试验消防炮出水	
	启泵按钮	试验远距离启泵功能	
自动喷水灭火系统	报警阀组	试验放水阀放水及压力开关动作信号	
	末端试水装置	试验末端放水及压力开关动作信号	
	水流指示器	核对反馈信号	
泡沫灭火系统	泡沫液储罐	核对泡沫储罐有效期和储存量	
	泡沫栓	实验泡沫栓出水和出泡沫	
气体灭火系统	瓶组与储罐	核对灭火剂储存量	
	气体灭火控制设备	模拟自动启动，试验切断空调等相关联动	
机械加压送风系统	风机	试验联动启动风机	
	送风口	核对送风口风速	
	风机	试验联动启动风机	
	排烟阀、电动排烟窗	试验联动启动排烟阀、电动排烟窗；核对排烟口风速	
应急照明		试验切断正常供电，测量照度	
疏散指示标志		试验切断正常供电，测量照度	

检测项目		检测内容	实测记录
应急广播系统	扩音器	试验联动启动和强制切换功能	
	扬声器	测试音量、音质	
消防专用电话		试验通话质量	
防火分隔	防火门	试验启闭功能	
	防火卷帘	试验手动、机械应急和自动控制功能	
	电动防火阀	试验联动关闭功能	
消防电梯		试验按钮迫降和联动控制功能	
灭火器		核对选型、压力和有效期	
其他设施			
测试人（签名）：　　　年　　月　　日		测试单位（盖章）：　　　年　　月　　日	
消防安全责任人或消防安全管理人（签名）：　　　　　　　　　　　年　　　月　　　日			

注：1. 情况正常的打"√"，存在问题或故障的打"×"。

2. 对发现的问题应及时处理，当场不能处置的要填报"建筑消防设施故障处理记录"。

3. 测试人和测试单位应符合《建筑消防设施的维护管理》（GB 25201）的要求，测试人和测试单位对本记录负责。

（说明：本表为样表，单位可根据消防设施实际情况及值班时段制表。本表存档时间不应少于3年）

第8章
火灾隐患排除

　　火灾隐患排除是消防安全管理的一项基本内容，是保障企业消防安全的一项重要措施。只有将检查中所发现的火灾隐患彻底消除，才能够真正地防止火灾的发生。

本章导视

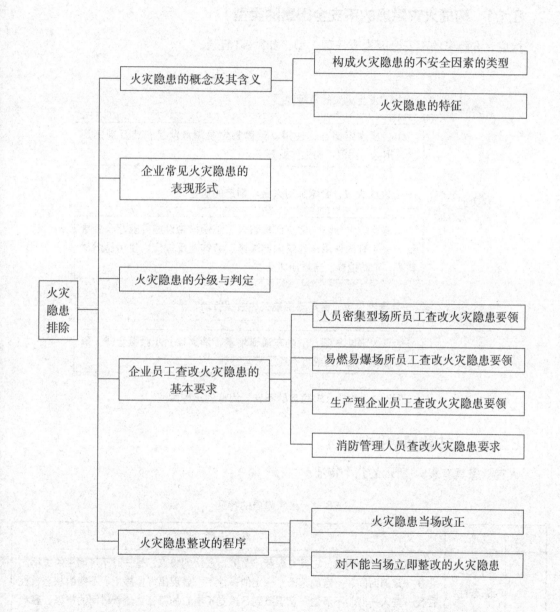

火灾隐患排除

- 火灾隐患的概念及其含义
  - 构成火灾隐患的不安全因素的类型
  - 火灾隐患的特征
- 企业常见火灾隐患的表现形式
- 火灾隐患的分级与判定
- 企业员工查改火灾隐患的基本要求
  - 人员密集型场所员工查改火灾隐患要领
  - 易燃易爆场所员工查改火灾隐患要领
  - 生产型企业员工查改火灾隐患要领
  - 消防管理人员查改火灾隐患要求
- 火灾隐患整改的程序
  - 火灾隐患当场改正
  - 对不能当场立即整改的火灾隐患

8.1　火灾隐患的概念及其含义

火灾隐患是指违反消防法律、法规，有可能造成火灾危害的隐藏的一切不安全因素。

8.1.1　构成火灾隐患的不安全因素的类型

构成火灾隐患的不安全因素有三种类型，如图8-1所示。

类型一　增加了发生火灾的危险性

> 如违反规定储存、使用、运输易燃易爆危险品；违反规定用火、用电、用气、明火作业等

类型二　一旦发生火灾，会增加对人身、财产的危害

> 如建筑防火分隔、建筑结构防火、防烟排烟设施等随意改变导致失去应有的作用；建筑内部装修、装饰违反规定，使用易燃材料等；消防设施、器材损坏无效

类型三　一旦导致火灾，会严重影响灭火救援行动

> 如缺少消防水源，消防车通道堵塞，消火栓、水泵接合器，消防电梯等不能使用或者不能正常运行等

图8-1　构成火灾隐患的不安全因素的三种类型

8.1.2　火灾隐患的特征

火灾隐患具有表8-1所示的几个特征。

表8-1　火灾隐患的特征

序号	特征	具体说明
1	隐蔽性	隐患是潜藏的祸患，它具有隐蔽、藏匿、潜伏的特点，是一时不可明见的灾祸。它在一定的时间、一定的范围、一定的条件下，显现出好似静止、不变的状态，往往使一些人一时看不清楚、意识不到、感觉不出它的存在，随着时间的推移，客观条件的成熟，逐渐使隐患形成灾害
2	危险性	隐患是事故的先兆，而事故则是隐患存在和发展的必然结果。许多火灾隐患难以彻底消除，恶性火灾随时都会发生，无数血的教训都反复证明了这一点

续表

序号	特征	具体说明
3	突发性	任何事物都存在量变到质变，渐变到突变的过程。隐患也不例外，它集小变而为大变，集小患而为大患
4	随意性	隐患的产生和造成祸害，都由于人的消防意识的淡薄和消防知识的缺乏，消防意识的淡薄和责任心的缺乏两者是相辅相成的，它们必然引发日常工作中的随意性
5	重复性	火灾事故发生后，由于没有严格地按隐患处置原则来处理，火灾事故的重复性是必然的
6	季节性	有相当部分的隐患带着明显的季节性特点，它随着季节的变化而变化
7	因果性	隐患险于明火，即是火灾隐患和火灾二者之间的因果关系。消防工作的客观规律告诉我们，今天的火灾隐患很有可能就是明天或后天的火灾，而今天的火灾就是昨天的火灾隐患
8	时效性	防火检查的目的是发现和消除火灾隐患。但消除火灾隐患还必须讲究时效性

8.2 企业常见火灾隐患的表现形式

企业常见火灾隐患的表现形式有以下方面。

（1）建筑布局不合理。

（2）建筑物结构和耐火等级不符合防火规范。

（3）建筑物的内部装修不符合要求。

（4）火源、热源、电源距可燃物较近。

（5）禁火区内有火源。

（6）易燃、易爆场所的电气设置不符合要求。

（7）从事具有火灾危险性的操作工种人员不具备消防常识，未经安全教育培训上岗。

（8）接触危险品的人员未经消防培训。

（9）消防水源不足。

（10）未配备灭火器材或消防器材缺乏及损坏。

（11）损坏或擅自挪用、拆除、停用消防设施。

（12）占用防火间距。

（13）在工作车间、仓库内设置员工宿舍。

（14）易燃物品生产、储存、运输、包装不符合规定，性质相抵触的物品混存。

（15）消火栓、自动喷淋及自动报警系统等施工不符合要求。

（16）缺少防火制度和相应措施。

（17）电气设备的类型与使用场所不相适应。

（18）安全疏散出口少，消防通道不符合规定或堵塞，无疏散标志。

8.3　火灾隐患的分级与判定

根据不安全因素引起火灾的可能性大小和可能造成的危害程度不同，火灾隐患一般分为一般火灾隐患和重大火灾隐患，火灾隐患的分级与判定标准如表8-2所示。

表8-2　火灾隐患的分级与判定标准

分级	定义	判定标准
一般火灾隐患	指存在的不安全因素有引发火灾的可能性，并且一旦发生火灾就会有一定的危害后果，但危害后果不至于很大	（1）影响人员安全疏散或者灭火救援行动，不能立即改正的 （2）消防设施不完好有效，影响防火灭火功能的 （3）擅自改变防火分区，容易导致火灾蔓延、扩大的 （4）在人员密集场所违反消防安全规定，使用、储存易燃易爆化学物品，不能立即改正的 （5）不符合城市消防安全布局要求，影响公共安全的
重大火灾隐患	指存在的不安全因素引发火灾的可能性大，而且一旦发生火灾，其危害后果也将是损失大、伤亡大或者影响大的一类火灾隐患	（1）生产、储存和装卸易燃易爆化学物品的工厂、仓库和专用车站、码头、储存区，未设置在城市的边缘或相对独立的安全地带 （2）甲、乙类厂房设置在建筑的地下、半地下室 （3）甲、乙类厂房、库房或丙类厂房与人员密集场所、住宅或宿舍混合设置在同一建筑内 （4）公共娱乐场所、商店、地下人员密集场所的安全出口、楼梯间的设置形式及数量不符合规定 （5）旅馆、公共娱乐场所、商店、地下人员密集场所未按规定设置自动喷水灭火系统或火灾自动报警系统 （6）易燃可燃液体、可燃气体储罐（区）未按规定设置固定灭火、冷却设施

8.4　企业员工查改火灾隐患的基本要求

企业要求所有的员工会查改火灾隐患，熟记消防安全规章制度，明确岗位消防安全职责，掌握本岗位火灾危险性和火灾防范措施，人人能够发现工作场所火灾隐患，并能够及时进行处置。员工能够落实岗位检查制度，针对所在工作环境和岗位特点，开展班前班后防火检查。

8.4.1　人员密集型场所员工查改火灾隐患要领

人员密集型场所员工查改火灾隐患应做到"九查九禁"，如图8-2所示。

一查吸烟用火，禁擅用明火	⇨	公共场所内不能违反禁令吸烟、使用明火照明、取暖，严禁擅自使用酒精炉、煤油炉、进行电气焊操作
二查通道出口，禁锁闭占用	⇨	安全出口、疏散通道应该保持畅通，严禁锁闭、占用、堵塞，安全疏散门应向疏散方向开启，不得设置影响安全疏散的门槛、台阶、屏风
三查灭火器材，禁损坏挪用	⇨	消防设施和灭火器材应当完好有效，不能损坏、缺失、擅自挪用。室内消火栓水压充足，水带、水枪配备齐全，不得被圈占、遮挡，灭火器压力充足，保养良好；防火卷帘下严禁堆放物品，影响操作
四查疏散标志，禁遮挡损坏	⇨	疏散标志配备齐全，指示方向正确，不得损坏、遮挡
五查人员宿舍，禁三合一体	⇨	公共娱乐场所、商场、市场内严禁留宿人员，严禁场所内生产、储存、经营、住宿"二合一""三合一""多合一"
六查场所人员，禁超员营业	⇨	公共娱乐场所内容纳人员不能超过0.5人/m²，影视放映场所容纳人员不能超过1人/m²
七查物品存放，禁违章储存	⇨	人员密集型场所内不能违反规定经营、储存易爆易燃物品，高层建筑、地下建筑内不得储存、使用瓶装液化石油气
八查电气线路，禁私拉乱接	⇨	电气线路应当由取得岗位资格的电工按照规定安装、敷设，严禁私拉乱接
九查用电设备，禁违章使用	⇨	人员密集型场所不能违章使用电暖气、热水器、电炉等大功率电器，电气设备附近不能放置易燃可燃物品

图8-2 人员密集型场所查改火灾隐患的"九查九禁"

8.4.2 易燃易爆场所员工查改火灾隐患要领

易燃易爆场所企业查改火灾隐患应做到"八查八禁"，如图8-3所示。

一查制度落实，禁违章作业	⇨	易燃易爆场所员工应当严格按照规章制度、操作规程进行作业，严禁违章作业
二查容器管线，禁跑冒滴漏	⇨	易燃易爆气体、液体的盛装容器外观完好，压力正常，输送管线接口严密，无损坏或跑冒滴漏
三查使用明火，禁擅用火源	⇨	易燃易爆场所严禁吸烟、使用明火，严禁擅自动火施工作业

图8-3

四查静电危险，禁积聚放电	静电跨线和静电接地完好，员工应当穿戴防静电工作服，使用不产生火花的工具
五查装卸搬运，禁摩擦碰撞	易燃易爆危险物品在装卸搬运过程中必须按操作规程操作，严禁摩擦碰撞，严禁野蛮作业
六查物品放置，禁混存乱放	易燃易爆危险物品应按规定分类存放，严禁危险品与非危险品、易相互发生化学反应的物品和灭火方法不同的物品混存混放
七查电气线路，禁私接乱接	电气线路应当由取得岗位资格的电工按照规定安装、敷设，严禁私拉乱接
八查灭火器材，禁损坏挪用	消防设施和灭火器材应当完好有效，不能损坏、缺失、擅自挪用。室内消火栓水压充足，水带、水枪配备齐全，不得被圈占、遮挡；灭火器压力充足，保养良好；防火卷帘下严禁堆放物品，影响操作

图8-3 易燃易爆场所查改火灾隐患的"八查八禁"

8.4.3 生产型企业员工查改火灾隐患要领

生产型企业员工查改火灾隐患应做到"八查八禁"，如图8-4所示。

一查吸烟用火，禁擅用明火	生产型企业严禁吸烟、使用明火，严禁擅自动火施工作业
二查用气用油，禁跑冒滴漏	生产型企业应加强用气用油部位的安全管理。易燃易爆气体、液体的盛装容器外观完好，压力正常，输送管线接口严密，无损坏或跑冒滴漏
三查通道出口，禁锁闭占用	安全出口、疏散通道应该保持畅通，严禁锁闭、占用、堵塞，安全疏散门应向疏散方向开启，不得设置影响安全疏散的门槛、台阶、屏风
四查设施器材，禁损坏挪用	消防设施和灭火器材应当完好有效，不能损坏、缺失、擅自挪用。室内消火栓水压充足，水带、水枪配备齐全，不得被圈占、遮挡，灭火器压力充足，保养良好；防火卷帘下严禁堆放物品，影响操作
五查疏散标志，禁遮挡损坏	疏散标志配备齐全，指示方向正确，不得损坏、遮挡
六查电气线路，禁私拉乱接	电气线路应当由取得岗位资格的电工按照规定安装、敷设，严禁私拉乱接

七查制度落实，禁违章作业
企业员工应严格按照规章制度、操作规程进行作业，严禁违章作业
八查员工宿舍，禁“三合一体”
在设有车间或者仓库的建筑内严禁设置员工宿舍

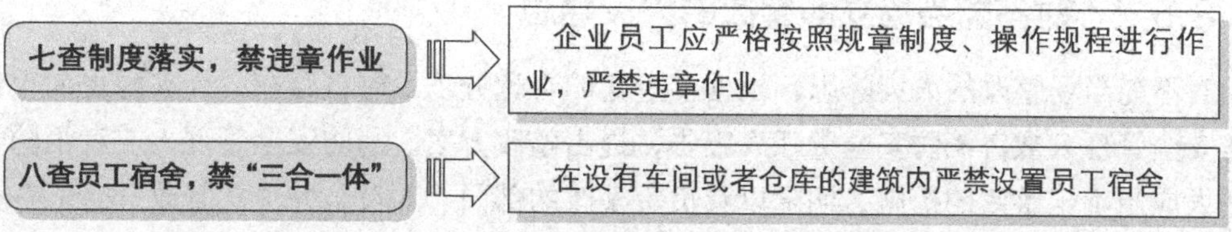

图8-4 生产型企业查改火灾隐患的“八查八禁”

8.4.4 消防管理人员查改火灾隐患要求

消防管理人员要对消防安全管理制度和消防安全管理措施的落实情况进行巡查和检查，并认真填写巡查、检查记录。

8.5 火灾隐患整改的程序

员工要能按照“查禁”内容要求和有关规章制度，针对所在工作环境和岗位特点，开展班前、班后防火检查，对于发现的火灾隐患整改按整改的难易程度进行整改。

8.5.1 火灾隐患当场改正

对下列违反消防安全规定的行为，单位应当责成有关人员当场改正并督促落实。

（1）违章进入生产、储存易燃易爆物品场所的。

（2）违章使用明火作业或者在具有火灾、爆炸危险的场所吸烟、使用明火等违反禁令的。

（3）将安全出口上锁、遮挡，或者占用、堆放物品影响疏散通道通畅的。

（4）消火栓、灭火器材被遮挡影响使用或者被挪作他用的。

（5）常闭式防火门处于开启状态，防火卷帘下堆放物品影响使用的。

（6）消防设施管理、值班人员和防火巡查人员脱岗的。

（7）违章关闭消防设施、切断消防电源。

（8）其他可以当场改正的行为。

火灾隐患当场改正的要求如图8-5所示。

能够立即整改的火灾隐患可立即整改
要求一
单位消防管理人员在防火巡查发现的，应责成有关人员立即整改，并做好记录
要求二

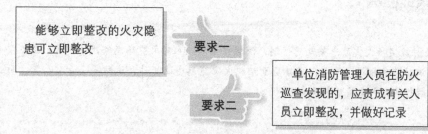

图8-5 火灾隐患当场改正的要求

8.5.2 对不能当场立即整改的火灾隐患

对不能当场整改的火灾隐患，根据本企业的管理分工及时将存在的火灾隐患向单位的消防安全管理人或者消防安全责任人报告，提出整改方案。消防安全管理人或者消防安全责任人应当确定整改的措施、期限以及负责整改的部门、人员，并落实整改资金。在火灾隐患未消除之前，单位应当落实防范措施，保障消防安全。

火灾隐患整改完毕，负责整改的部门应当将整改情况记录报送保卫部防火科，防火科派工作人员与整改单位安全管理人员一并到现场复查，经查火灾隐患消除并达到消防安全管理规范要求，由防火科科长签字后存档备查；如复查仍未达到消防安全规范要求，责令其部门继续整改直至达到火灾隐患排除为止。

对不能当场整改的火灾隐患应按图8-6所示的步骤处理。

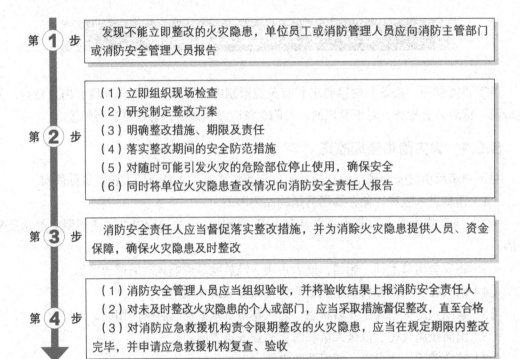

图8-6　不能当场整改的火灾隐患的处理步骤

　　企业应实行火灾隐患整改责任制，消防安全责任人对火灾隐患整改总负责，消防安全管理人和消防应急救援主管部门直接负责组织火灾隐患整改工作，消防安全管理人员、员工应当认真履行各自火灾隐患整改责任。

范本 8.01

火灾隐患情况记录表

检查部位			
检查人员		检查日期	
火灾隐患			
整改意见			
被检查部位负责人意见			
		签名： 年 月 日	
消防安全管理人意见			
		签名： 年 月 日	
消防安全责任人意见			
		签名： 年 月 日	
处理结果			

范本 8.02

火灾隐患整改通知书

_____:

_____年____月____日防火检查发现你处存在火灾隐患，具体问题和整改意见如下：

存在问题	
整改意见	
限期整改时间	限你部门于____年____月____日整改完毕。 整改责任人（签字）： 检查人（签字）： 　　年　月　日 　　年　月　日

范本 8.03

火灾隐患当场整改情况记录单

印发【 　】　　　　　　　　　　　　　　　　　　第　　号

被检查部位：＿＿＿＿＿＿＿＿＿＿＿＿＿＿＿＿＿＿＿＿＿＿＿＿

检查时间：＿＿＿＿＿＿＿＿＿＿＿＿＿＿＿＿＿＿＿＿＿＿＿＿＿＿

检查人员：＿＿＿＿＿＿＿＿＿＿＿＿＿＿＿＿＿＿＿＿＿＿＿＿＿＿

被检查部位主管人员：＿＿＿＿＿＿＿＿＿＿＿＿＿＿＿＿＿＿＿＿＿

发现违章行为：

＿＿＿＿＿＿＿＿＿＿＿＿＿＿＿＿＿＿＿＿＿＿＿＿＿＿＿＿＿＿＿

＿＿＿＿＿＿＿＿＿＿＿＿＿＿＿＿＿＿＿＿＿＿＿＿＿＿＿＿＿＿＿

＿＿＿＿＿＿＿＿＿＿＿＿＿＿＿＿＿＿＿＿＿＿＿＿＿＿＿＿＿＿＿

＿＿＿＿＿＿＿＿＿＿＿＿＿＿＿＿＿＿＿＿＿＿＿＿＿＿＿＿＿＿＿

＿＿＿＿＿＿＿＿＿＿＿＿＿＿＿＿＿＿＿＿＿＿＿＿＿＿＿＿＿＿＿

整改落实情况：

＿＿＿＿＿＿＿＿＿＿＿＿＿＿＿＿＿＿＿＿＿＿＿＿＿＿＿＿＿＿＿

＿＿＿＿＿＿＿＿＿＿＿＿＿＿＿＿＿＿＿＿＿＿＿＿＿＿＿＿＿＿＿

＿＿＿＿＿＿＿＿＿＿＿＿＿＿＿＿＿＿＿＿＿＿＿＿＿＿＿＿＿＿＿

＿＿＿＿＿＿＿＿＿＿＿＿＿＿＿＿＿＿＿＿＿＿＿＿＿＿＿＿＿＿＿

被检查部位：

＿＿＿＿＿＿＿＿＿＿＿＿＿＿＿＿＿＿＿＿＿＿＿＿＿＿＿＿＿＿＿

＿＿＿＿＿＿＿＿＿＿＿＿＿＿＿＿＿＿＿＿＿＿＿＿＿＿＿＿＿＿＿

＿＿＿＿＿＿＿＿＿＿＿＿＿＿＿＿＿＿＿＿＿＿＿＿＿＿＿＿＿＿＿

＿＿＿＿＿＿＿＿＿＿＿＿＿＿＿＿＿＿＿＿＿＿＿＿＿＿＿＿＿＿＿

整改责任人：＿＿＿＿＿＿＿＿＿＿＿

承办人：＿＿＿＿＿＿＿＿＿＿＿＿＿

＿＿＿＿年＿＿＿月＿＿＿日

范本 8.04

火灾隐患整改情况表

存在问题	
整改意见	限你部门于____年____月____日整改完毕。 整改措施： 整改责任人（签字）：　　　　　　　　　　检查人（签字）： 　　年　月　日　　　　　　　　　　　　　　年　月　日
消防安全 管理人（责 任人）意见	管理人（签字）：　　　　　　　　　　　责任人（签字）： 　　年　月　日　　　　　　　　　　　　年　月　日
复查 情况	整改责任人（签字）：　　　　　　　　　检查人（签字）： 　　年　月　日　　　　　　　　　　　　年　月　日
处理 意见	消防安全管理人（签字）： 　　年　月　日

第 **9** 章
消防应急预案的编制与实施

　　预先防范，有备无患。虽然具体的火灾突发事件难以预料，但其总是有一定的规律可循，即相似性。这是"事前预防"的重要突破口。企业可以根据管理中的火灾隐患，编制消防应急处理预案，再加以培训、演练，就可以提高火灾突发事件发生时的紧急应对、处理能力。

本章导视

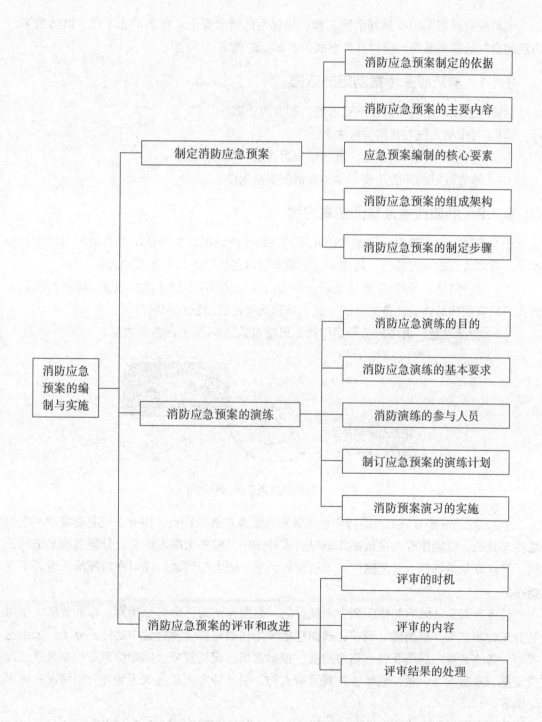

制定消防应急预案
- 消防应急预案制定的依据
- 消防应急预案的主要内容
- 应急预案编制的核心要素
- 消防应急预案的组成架构
- 消防应急预案的制定步骤

消防应急预案的演练
- 消防应急演练的目的
- 消防应急演练的基本要求
- 消防演练的参与人员
- 制订应急预案的演练计划
- 消防预案演习的实施

消防应急预案的评审和改进
- 评审的时机
- 评审的内容
- 评审结果的处理

消防应急预案的编制与实施

9.1　怎样制定消防应急预案

消防应急预案是为了做好消防工作，确保生命财产安全，落实消防工作"以防为主，防消结合"的基本原则，应付火灾事故，而制定的预案。

9.1.1　消防应急预案制定的依据

消防应急预案的制定应以下列法规、制度为依据。

（1）《中华人民共和国消防法》。

（2）《机关、团体、企业、事业单位消防安全管理规定》。

（3）地方政府的消防法规、本企业消防安全制度。

9.1.2　消防应急预案的主要内容

企业消防应急预案要全面地考虑在不同材料生产情况、生产危险性等级不同等特定条件下，可能发生的火灾情况。具体来说，预案可以包括以下几个方面的内容。

（1）任务目的。消防应急预案是一种实践性、应用性和操作性都很强的实战型预案，因此必须有明确具体的任务或目的。这也是预案制定的出发点和归宿。

（2）指导思想。消防应急预案的指导思想包括图9-1所示两方面内容。

图9-1　消防应急预案的指导思想

（3）组织指挥与分工。消防应急处置带有紧急作战的特点，因此，应急处置中的组织指挥与分工，更能体现人在预案实施时的重要作用。应根据高度统一、分层组织实施的原则，建立应急指挥部，对范围广、人员多的大型、超大型活动，还可在指挥部下设若干分指挥部。

任务分工是从纵向与横向两方面展开的。纵向包括指挥部与分指挥、作战分队、小组的分工，职、责、权明确、到位；横向包括实施预案时在应急处置中的任务分工，如迅速报警、指挥调度、通信联络、信息沟通、控制现场、现场警戒、防爆防毒等初期处置、保全证据、疏散人员、救护伤者、发现可疑人物、引导警方人员进入现场并介绍情况和提供帮助等。

组织指挥与分工的流畅运作，就是将纵向与横向两方面很好地结合起来。

（4）应急措施。消防应急措施一般包括火灾处置一般程序（接警、报警、处置、善后）、灭火的方法、人员和物资疏散的要领、火场救人的要求等。

（5）注意事项。在应急处置过程中，要求参与处置的人员必须注意和做到以下事项的工作。

①高度负责，分工协作。既要认真负责完成自己分工的任务，还要随时为他人提供协助和支援。

②严格遵守请示、报告、续报等制度。遇到处理不了的事，立即请示上级，并随时向上级报告自己的工作情况，重要情况要连续不断地报告。

③服从命令，听从指挥。

④在应急处置中注意保护自身安全。

⑤其他注意事项，应根据预案内容适当增加。

9.1.3 应急预案编制的核心要素

企业在编制消防安全应急预案时，应注重的是预案应包括哪些内容，才能适应应急活动的需要。因为应急预案是整个应急管理工作的具体反映，它的内容不仅限于事故发生过程中的应急响应和救援措施，还应包括事故发生前的各种应急准备和事故发生后的现场恢复，以及预案的管理与更新等。因此，完整的消防安全应急预案编制应包括六个关键要素。

（1）方针与原则。不管是哪种应急救援体系，都必须有明确的方针和原则作为开展应急救援工作的纲领。方针与原则反映了应急救援工作的优先方向、政策、范围和总体目标，应急的策划和准备、应急策略的制定和现场应急救援及恢复，都应当围绕方针和原则开展。

事故应急救援以预防为主，贯彻统一指挥、分级负责、区域为主、单位自救和社会救援相结合的原则。在事故应急救援中，预防工作是基础，除了要做好平时的事故预防工作，减少事故发生的可能性外，还要落实好救援工作的各项准备措施，充分做好各项准备工作，万一出现事故就能及时实施救援。

（2）应急策划。应急预案最重要的特点是要有针对性和可操作性。在制定应急预案时，必须明确预案的对象和可用的应急资源情况，即在全面系统地认识和评价所针对的潜在事故类型的基础上，识别出重要的潜在事故及其性质、区域、分布及事故后果。同时，根据危险分析的结果，分析评估现有的应急救援力量和资源情况，为所需的应急资源准备提供建设性意见。在进行应急策划时，应当列出国家、地方相关的法律、法规，作为制定预案和应急工作授权的依据。

（3）应急准备。对于发生可能性较大的应急事件，应做好充分的准备工作。能否成功地在应急救援中发挥作用，取决于应急准备是否充分。应急准备基于应急策划的部署，明确所需的应急组织及其职责权限、应急队伍的建设和人员培训、应急物资的准备、预案的演习、公众的应急知识培训和签订必要的互助协议等。

（4）应急响应。企业应急响应能力的体现，包括需要明确并实施在应急救援过程中的核心功能和任务。这些核心功能既相应独立，又互相联系，构成应急响应的有机整体，共同达到应急救援目的。

应急响应的核心功能和任务包括：接警与通知、指挥与控制、报警和紧急公告、通信、事态监测与评估、警戒与治安、人群疏散与安置、医疗与卫生、公共关系、应急人员安全、消防和抢险、泄漏物控制等。

根据企业消防风险性质的不同，需要的核心应急功能也可有一些差异。

（5）现场恢复。现场恢复是火灾事故发生后期的处理，如：泄漏物的污染处理、伤员的救助、后期的保险索赔和生产秩序的恢复等一系列问题。

（6）预案管理与评审改进。消防应急预案管理与评审改进强调在火灾事故后（或消防演练后）对预案不符合和不适宜的部分进行不断的修改和完善，使其更加适应现实应急工作的需要。但预案的修改和更新，要有一定的程序和相关评审指标。

9.1.4 消防应急预案的组成架构

消防应急预案的组成架构如表9-1所示。

表9-1 消防应急预案的组成架构

序号	组成部分	目的与内容
1	概述	预案的概述是为了便于管理人员的理解，简要介绍消防应急预案的概况。概述的内容包括：预案的目标、应急管理方针、预案的权威性、核心人员的职责、潜在的紧急情况和应急响应行动地点等
2	应急管理核心要素	企业应急管理的核心要素包括：指挥与控制、通信、生命安全、财产保护、社区安全、恢复与重建、行政与后勤等。核心要素的目的是保护生命、财产和环境，它是企业应急救援行动和应急响应程序的基础。各项要素应明确各功能应实现的具体目标，以及部门之间的分工与合作
3	应急响应程序	（1）应急响应程序说明了企业如何开展应急响应工作以及开展应急工作的具体程序。为了便于高层管理人员、部门领导、响应人员和普通员工能迅速有效地采取响应措施，预案应尽可能制定应急响应程序检查表； （2）需要制定程序的行动包括：现状评估；保护企业员工、来访者、设备、重要记录和其他财产，尤其是事发前三天内的记录和财产；恢复生产经营等； （3）对于火灾、爆炸等紧急情况需要制定下列具体的行动程序：警告员工、与员工沟通、企业人员疏散、响应活动管理、启动并运行应急行动中心、消防、行动终止、保存重要记录、恢复行动等
4	支持文件	紧急情况下所需要的支持文件包括：应急电话通信录、建筑物与现场和风险情况地图、资源清单等

9.1.5 消防应急预案的制定步骤

（1）撰写预案。撰写预案要确定具体的工作目标和阶段性工作时间表，制定工作任务清单，落实到具体的人员和时间。根据情况分析，确定解决问题的资源和存在的问题；确定预案总体和各章节的最佳结构；将预案按章节分配给每一位编写组成员，并制定各项具体工作的时间进度表。

（2）与外部机构协调一致。应急预案制定过程中要会见地方政府和社区机构人员。将企业已经开始制定应急预案的情况通知相关的地方政府部门，如消防部门。如果政府有具体要求，应将政府的要求纳入企业应急程序。

确定需要与外部机构沟通的内容，包括：企业应急响应的通道，向谁汇报、如何汇报，企业如何与外部机构和人员沟通，应急响应活动的负责人，在紧急情况下，哪些权力部门应该进入现场等。

（3）评审、培训和修订。将第一稿发放给各编写组成员审校，必要时修订。

在第二次审校时，开展桌面推演，人员包括企业管理人员和应急管理人员。在一间会议室内设计一个事故场景，参与人员讨论各自的职责，针对事故场景作出反应。充分讨论之后，找出并修订交代不清或重复的内容。

（4）批准和发布。经会议讨论后，向企业最高领导和高层管理人员汇报，经批准后发布应急预案。将应急预案装订好并逐一编号，发放并签收。注意应急响应核心人员家中应备份应急预案。

范本 9.01

火灾应急救援专项预案

1. 目的

为贯彻落实"安全第一，预防为主"的安全生产工作方针，切实做好各项应急处置厂区火灾的工作，正确处理因厂区火灾引发的紧急事务，确保公司在处置厂区火灾时反应及时、准备充分、决策科学、措施有力，使受伤人员得到及时救治，防止和控制火灾的蔓延，减少环境污染，把事故损失降到最低。

2. 适用范围

本预案适用于在公司厂区内（包括车间、仓库、宿舍等）发生的火灾应急工作。

3. 预案启动条件

发现火情后，如果火灾现场人员未能及时扑灭，火势未得到有效控制；可能对厂区员工、设备构成极大威胁；造成重大人员伤亡或重大财产损失时启动本预案。

4. 危险性分析及对周边环境的影响

本公司厂区存在一定量的包装箱（物）、油漆、稀释剂等可燃物，同时，由于供电线路老化、电源线短路以及人为火种、雷击等点火源的存在，均可能造成火灾事故的发生。发生火灾事故后主要的危害有：燃烧、爆炸造成人身烧伤、烫伤和设施的破坏，燃烧产生的气体及废物对环境的污染等。

5. 应急准备

5.1 应急救援组织机构、组成人员和职责划分

5.1.1 组织机构

（1）应急救援指挥部组织架构。成立公司火灾应急救援指挥部（以下简称"指挥部"）。见下图。

总指挥：陈××（总指挥不在由副总指挥全权负责）。

副总指挥：刘××（副总指挥不在由李××全权负责）。

成员：各职能部门负责人。

办公地点：总指挥办公室。

应急救援指挥部组织架构

（2）相关机构联系方式（见附件）。

5.1.2 相关机构职责

相关机构职责如下表所示。

相关机构职责

序号	相关机构		职责
1	应急指挥机构		（1）统一指挥、协调火灾事故的应急救援工作； （2）与公司所在地方政府职能部门的协调、沟通
2	应急职能部门	生产车间、仓库等所属管理部门（火场所属部门）	（1）组织人员帮助火场受灾人员逃生，对火灾现场人员进行疏散； （2）指挥现场岗位人员操作消防设施进行灭火； （3）指挥现场人员对火场进行隔离，清出火场隔离带，防止火灾事态扩大； （4）及时处理突发状况
		行政管理部	（1）负责调集公司保安，具体实施指挥部制定的抢险救灾方案和安全技术措施； （2）调集办公室的行政人员做好事故发生后的人员疏散、急救、戒严、警报、维持秩序和后勤保障等工作
		财务部	（1）火灾应急专项资金的日常管理工作； （2）火灾发生后，火灾应急专项资金的发放、资金用途的记录
		采购部	（1）消防设施、器材的日常补充采购工作； （2）火灾发生后，紧急消防物资的加急采购工作

5.2 应急物资准备

应配备灭火器、消火栓、消防沙等应急物资。

6. 火灾扑救

6.1 火灾扑救过程如下图所示。

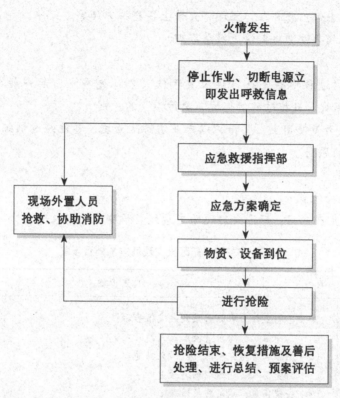

火灾扑救过程

6.2 报告程序

火灾上报流程见下图。

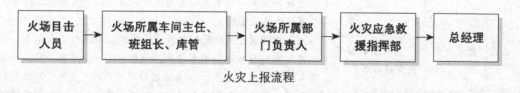

火灾上报流程

6.2.1 火灾发生后，现场目击人员要立即向上级部门主管领导报告，如有人员伤亡，立即拨打医疗急救电话120。

报告内容应包括但不限于以下内容。

（1）火灾现场状况。

（2）发生火灾可能的原因。

（3）人员伤亡情况。

（4）已采取的应急措施。

（5）现场消防应急物资及现场救援情况。

6.2.2 任何基层（车间、班、组）领导接到事故报告后，应立即向上级领导报告，不得延误。

6.2.3 火场所属部门负责人，立即将火情上报指挥部领导。

6.2.4 指挥部领导立即将火情上报总经理。

6.3 扑火原则

6.3.1 在扑火过程中要坚持"救人重于救火""先重点，后一般""先控制后消灭""杜绝二次事故和救援过程对环境二次污染"的原则。

6.3.2 在扑火力量使用上，坚持"以专业消防队为主，其他经过训练的或有组织的非专业力量为辅"的原则。

6.4 扑火指挥

6.4.1 火灾现场处置

6.4.1.1 车架生产车间、厂区火灾现场应急处置步骤（见下表）

车架生产车间、厂区火灾现场应急处置步骤

序号	火灾程度	处置步骤	
1	初起火灾	当班车间主任、班组长接到火灾报告后： （1）立即组织现场人员使用灭火器灭火； （2）指派人员监视火场，以防火场复燃； （3）对受伤人员进行现场急救； （4）安抚伤员，稳定伤员情绪； （5）根据《事故管理规定》按规定程序将事故上报，并将受伤人员送往医院治疗	
2	重大火灾	当班车间主任、班组长接到火灾报告后	（1）立即组织现场员工帮助火场受灾人员逃生，疏散火场周边人员，阻止无关人员靠近，切断火场电源，同时组织人员清出火场隔离带（油类火灾需关闭泄漏源，用沙土围住，防止火灾随油的流动蔓延）； （2）指挥经过消防培训的员工使用灭火器进行灭火工作（电气火灾可以在断电后用水扑救，油类火灾不能用水扑救，只能用灭火器或沙土灭火），如无法在短时间内扑灭火灾，则尽量控制火势，等待消防力量支援；如火势无法控制，则立即带领现场人员撤离至安全区域； （3）其他领导到达后，移交指挥权

序号	火灾程度		处置步骤
2	重大火灾	管理科科长接到火灾报告后	（1）接收火灾现场指挥权，组织人员继续执行当班车间主任、班组长未完成的火灾现场处理步骤； （2）视火场情况决定增派灭火人员或组织人员撤离； （3）联系公司行政管理部和采购部，补充救援物资； （4）组织人员对伤员进行现场急救后，联系车辆送往医院治疗； （5）向公司财务部借款，支付受伤人员的医疗费用和因救援工作产生的其他费用； （6）其他领导到达后，移交指挥权
		管理部部长接到火灾报告后	（1）接收火灾现场指挥权，组织人员继续管理科科长未完成的现场处理步骤； （2）如现场明火已熄灭，则指派人员监视火场，以防火场复燃；如火势仍未能得到有效控制，则联系本部门技术人员和公司安全科，制定灭火方案并将灭火方案上报指挥部

6.4.1.2 烤漆生产车间、厂区火灾现场应急处置步骤根据火灾类别而定。

（1）固体类普通火灾现场应急处置步骤见下表。

固体类普通火灾现场应急处置步骤

序号	火灾程度		处置步骤
1	初起火灾		当班车间主任、班组长接到火灾报告后： （1）立即组织现场人员使用灭火器灭火； （2）指派人员监视火场，以防火场复燃； （3）对受伤人员进行现场急救； （4）安抚伤员，稳定伤员情绪； （5）根据《事故管理规定》按规定程序将事故上报，并将受伤人员送往医院治疗
2	重大火灾	当班车间主任、班组长接到火灾报告后	（1）立即组织现场员工帮助火场受人员逃生，疏散火场周边人员，阻止无关人员靠近，切断火场电源，同时组织人员清出火场隔离带（将气瓶、可燃物、易燃物等搬至安全区域）； （2）指挥经过消防培训的员工使用灭火器进行灭火工作（断电后可以用水扑救），如无法在短时间内扑灭火灾，则尽量控制火势，等待消防力量支援，如火势无法控制，则立即带领现场人员撤离至安全区域； （3）其他领导到达后，移交指挥权
		管理科科长接到火灾报告后	（1）接收火灾现场指挥权，组织人员继续执行当班车间主任、班组长未完成的火灾现场处理步骤； （2）视火场情况决定增派灭火人员或组织人员撤离； （3）联系公司行政管理部和采购部，补充救援物资；

企业消防安全与应急全案（实战精华版）

序号	火灾程度	处置步骤
2	重大火灾	管理科科长接到火灾报告后：（4）组织人员对伤员进行现场急救后，联系车辆送往医院治疗；（5）向公司财务部借款，支付受伤人员的医疗费用和因救援工作产生的其他费用；（6）其他领导到达后，移交指挥权
		管理部部长接到火灾报告后：（1）接收火灾现场指挥权，组织人员继续管理科科长未完成的现场处理步骤；（2）如现场明火已熄灭，则指派人员监视火场，以防火场复燃；如火势仍未能得到有效控制，则联系本部门技术人员和公司安全科，制定灭火方案并将灭火方案上报指挥部

（2）液体类（油漆、稀释剂等危化品）火灾现场应急处置步骤见下表。

液体类（油漆、稀释剂等危化品）火灾现场应急处置步骤

序号	火灾程度	处置步骤
1	初起火灾	当班车间主任、班组长接到火灾报告后：（1）立即指挥现场员工关闭泄漏源；（2）组织现场人员使用灭火器、沙土快速灭火；（3）对受伤人员进行现场急救；（4）安抚伤员，稳定伤员情绪；（5）根据《事故管理规定》按规定程序将事故上报，并将受伤人员送往医院治疗
2	重大火灾	当班车间主任、班组长接到火灾报告后：（1）立即组织现场员工帮助火场受灾人员逃生，疏散火场周边人员，阻止无关人员靠近，切断火场电源，同时组织人员清出火场隔离带（将气瓶、可燃物、易燃物等搬至安全区域），并用沙土围堵，防止火灾随油的流动蔓延；（2）指挥经过消防培训的员工使用灭火器、沙土进行灭火工作（不能用水扑救），如火势无法控制，则立即带领现场人员撤离至安全区域；（3）其他领导到达后，移交指挥权
		管理科科长接到火灾报告后：（1）接收火灾现场指挥权，组织人员继续执行当班车间主任、班组长未完成的火灾现场处理步骤；（2）视火场情况决定增派灭火人员或组织人员撤离；（3）划定危险区域（危险区域边界到危险中心距离大于等于50m）；（4）申请防毒面具，并发放给危险区域附近活动的人员；（5）联系公司行政管理部和采购部，补充救援物资；（6）组织人员对伤员进行现场急救后，联系车辆送往医院治疗；（7）向公司财务部借款，支付受伤人员的医疗费用和因救援工作产生的其他费用；（8）其他领导到达后，移交指挥权

序号	火灾程度		处置步骤
2	重大火灾	管理部部长接到火灾报告后	（1）接收火灾现场指挥权，组织人员继续执行管理科科长未完成的现场处理步骤； （2）如现场明火已熄灭，则指派人员监视火场，以防火场复燃；如火势仍未能得到有效控制，则联系本部门技术人员和公司安全科，制定灭火方案并将灭火方案上报指挥部

（3）气体类（天然气等危化品）火灾现场应急处置步骤见下表。

气体类（天然气等危化品）火灾现场应急处置步骤

序号	火灾程度		处置步骤
1	初起火灾		当班车间主任、班组长接到火灾报告后： （1）立即指挥现场员工关闭泄漏源； （2）组织现场人员使用灭火器快速灭火； （3）对受伤人员进行现场急救； （4）安抚伤员，稳定伤员情绪； （5）根据《事故管理规定》按规定程序将事故上报，并将受伤人员送往医院治疗
2	重大火灾	当班车间主任、班组长接到火灾报告后	（1）立即组织现场员工帮助火场受灾人员逃生，疏散火场周边人员，阻止无关人员靠近，切断火场电源； （2）带领现场人员撤离至安全区域； （3）其他领导到达后，移交指挥权
		管理科科长接到火灾报告后	（1）接收火灾现场指挥权，组织人员继续执行当班车间主任、班组长未完成的火灾现场处理步骤； （2）划定危险区域（危险区域边界到危险中心距离大于等于50m）； （3）禁止任何人员进入危险区域内； （4）联系公司行政管理部和采购部，补充救援物资； （5）组织人员对伤员进行现场急救后，联系车辆送往医院治疗； （6）向公司财务部借款，支付受伤人员的医疗费用和因救援工作产生的其他费用； （7）其他领导到达后，移交指挥权
		管理部部长接到火灾报告后	（1）接收火灾现场指挥权，组织人员继续执行管理科科长未完成的现场处理步骤； （2）联系本部门技术人员和公司安全科，制定火灾应对措施并将应对措施上报指挥部

（4）爆炸事故现场应急处置步骤见下表。

爆炸事故现场应急处置步骤

序号	接报人员	处置步骤
1	当班车间主任、班组长接到火灾报告后	（1）立即疏散爆炸现场周边人员，阻止无关人员靠近； （2）确认爆炸现场无二次爆炸危险性后，组织人员抢救伤员； （3）对伤员进行现场急救； （4）安抚伤员，稳定伤员情绪； （5）组织人员扑灭爆炸现场的余火； （6）其他领导到达后，移交指挥权
2	管理科科长接到火灾报告后	（1）接收爆炸现场指挥权，组织人员继续执行当班车间主任、班组长未完成的爆炸现场处理步骤； （2）联系公司行政管理部和采购部，补充救援物资； （3）联系车辆将伤员送往医院治疗； （4）向公司财务部借款，支付受伤人员的医疗费用和因救援工作产生的其他费用； （5）其他领导到达后，移交指挥权
3	管理部部长接到火灾报告后	（1）接收爆炸现场指挥权，组织人员继续执行管理科科长未完成的现场处理步骤； （2）联系本部门技术人员和公司安全科，对爆炸现场已经出现和可能出现的突发状况制定应对措施，并将应对措施上报指挥部

6.4.1.3 组装生产车间、厂区火灾现场应急处置步骤见下表。

组装生产车间、厂区火灾现场应急处置步骤

序号	火灾程度	处置步骤
1	初起火灾	当班车间主任、班组长接到火灾报告后： （1）立即组织现场人员使用灭火器灭火； （2）指派人员监视火场，以防火场复燃； （3）对受伤人员进行现场急救； （4）安抚伤员，稳定伤员情绪； （5）根据《事故管理规定》按规定程序将事故上报，并将受伤人员送往医院治疗
2	重大火灾	当班车间主任、班组长接到火灾报告后： （1）立即组织现场员工帮助火场受灾人员逃生，疏散火场周边人员，阻止无关人员靠近，切断火场电源，同时组织人员清出火场隔离带（将火场周边的可燃物、易燃物等搬至安全区域）； （2）指挥经过消防培训的员工使用灭火器进行灭火工作（断电后可用水扑救），如无法在短时间内扑灭火灾，则尽量控制火势，等待消防力量支援；如火势无法控制，则立即带领现场人员撤离至安全区域； （3）其他领导到达后，移交指挥权

序号	火灾程度	处置步骤	
2	重大火灾	管理科科长接到火灾报告后	（1）接收火灾现场指挥权，组织人员继续执行当班车间主任、班组长未完成的火灾现场处理步骤； （2）视火场情况决定增派灭火人员或组织人员撤离； （3）联系公司行政管理部和采购部，补充救援物资； （4）组织人员对伤员进行现场急救后，联系车辆送往医院治疗； （5）向公司财务部借款，支付受伤人员的医疗费用和因救援工作产生的其他费用； （6）其他领导到达后，移交指挥权
		管理部部长接到火灾报告后	（1）接收火灾现场指挥权，组织人员继续管理科科长未完成的现场处理步骤； （2）如现场明火已熄灭，则指派人员监视火场，以防火场复燃；如火势仍未能得到有效控制，则联系本部门技术人员和公司安全科，制定灭火方案并将灭火方案上报指挥部

6.4.1.4 仓库及仓库所在厂区火灾现场应急处置步骤见下表。

仓库及仓库所在厂区火灾现场应急处置步骤

序号	火灾程度	处置步骤	
1	初起火灾	当班库管、装卸组长接到火灾报告后： （1）立即组织现场人员使用灭火器灭火； （2）指派人员监视火场，以防火场复燃； （3）对受伤人员进行现场急救； （4）安抚伤员，稳定伤员情绪； （5）根据《事故管理规定》按规定程序将事故上报，并将受伤人员送往医院治疗	
2	重大火灾	当班库管、装卸组长接到火灾报告后	（1）立即组织现场员工帮助火场受灾人员逃生，疏散火场周边人员，阻止无关人员靠近，切断火场电源，同时组织人员清出火场隔离带（将火场周边的可燃物、易燃物等搬至安全区域）； （2）指挥经过消防培训的员工使用灭火器进行灭火工作（断电后可用水扑救），如无法在短时间内扑灭火灾，则尽量控制火势，等待消防力量支援；如火势无法控制，则立即带领现场人员撤离至安全区域； （3）其他领导到达后，移交指挥权
		仓储科科长接到火灾报告后	（1）接收火灾现场指挥权，组织人员继续执行当班库管、装卸组长未完成的火灾现场处理步骤； （2）如现场明火已熄灭，则指派人员监视火场，以防火场复燃；如火势仍未能得到有效控制，则联系本部门技术人员和公司安全科，制定灭火方案并将灭火方案上报指挥部； （3）联系公司行政管理部和采购部，补充救援物资； （4）组织人员对伤员进行现场急救后，联系车辆送往医院治疗； （5）向公司财务部借款，支付受伤人员的医疗费用和因救援工作产生的其他费用； （6）其他领导到达后，移交指挥权

6.4.1.5 宿舍火灾现场处置步骤见下表。

宿舍火灾现场处置步骤

序号	火灾程度	处置步骤
1	初起火灾	宿舍负责人接到火灾报告后： （1）立即组织现场人员使用灭火器灭火； （2）指派人员监视火场，以防火场复燃； （3）对受伤人员进行现场急救； （4）安抚伤员，稳定伤员情绪； （5）根据《事故管理规定》按规定程序将事故上报，并将受伤人员送往医院治疗
2	重大火灾	宿舍负责人接到火灾报告后 （1）立即组织宿舍人员逃生，疏散着火宿舍周边人员，阻止无关人员靠近，切断宿舍电源； （2）指挥经过消防培训的人员使用灭火器进行灭火工作（断电后可用水扑救），如无法在短时间内扑灭火灾，则尽量控制火势，等待消防力量支援，如火势无法控制，则立即带领现场人员撤离至安全区域； （3）其他领导到达后，移交指挥权
		宿舍所属管理科科长接到火灾报告后 （1）接收火灾现场指挥权，组织人员继续执行宿舍负责人未完成的火灾现场处理步骤； （2）视火场情况决定增派灭火人员或组织人员撤离； （3）调集救援绳索、气垫、梯子等救援物资，帮助受困人员逃生； （4）调集防毒面具，发放给救援人员和受困人员； （5）联系公司行政管理部和采购部，补充救援物资； （6）组织人员对伤员进行现场急救后，联系车辆送往医院治疗； （7）向公司财务部借款，支付受伤人员的医疗费用和因救援工作产生的其他费用； （8）其他领导到达后，移交指挥权
		宿舍所属管理部部长接到火灾报告后 （1）接收火灾现场指挥权，组织人员继续管理科科长未完成的火灾现场处理步骤； （2）如现场明火已熄灭，则指派人员监视火场，以防火场复燃；如火势仍未能得到有效控制，则联系本部门技术人员和公司安全科，制定灭火方案并将灭火方案上报指挥部

6.4.1.6 厂区其他区域火灾现场处置步骤见下表。

厂区其他区域火灾现场处置步骤

序号	火灾程度	处置步骤
1	初起火灾	该区域负责人接到火灾报告后： （1）立即组织现场人员使用灭火器灭火； （2）指派人员监视火场，以防火场复燃； （3）对受伤人员进行现场急救； （4）安抚伤员，稳定伤员情绪； （5）根据《事故管理规定》按规定程序将事故上报，并将受伤人员送往医院治疗

序号	火灾程度		处置步骤
2	重大火灾	该区域负责人接到火灾报告后	（1）立即组织人员帮助受灾人员逃生，疏散该区域周边人员，阻止无关人员靠近，切断火场电源； （2）指挥经过消防培训的人员使用灭火器进行灭火工作（断电后可用水扑救），如无法在短时间内扑灭火灾，则尽量控制火势，等待消防力量支援；如火势无法控制，则立即带领现场人员撤离至安全区域； （3）其他领导到达后，移交指挥权
		该区域所属管理科科长接到火灾报告后	（1）接收火灾现场指挥权，组织人员继续执行该区域负责人未完成的火灾现场处理步骤； （2）视火场情况决定增派灭火人员或组织人员撤离； （3）联系公司行政管理部和采购部，补充救援物资； （4）组织人员对伤员进行现场急救后，联系车辆送往医院治疗； （5）向公司财务部借款，支付受伤人员的医疗费用和因救援工作产生的其他费用； （6）其他领导到达后，移交指挥权
		该区域所属管理部部长接到火灾报告后	（1）接收火灾现场指挥权，组织人员继续管理科科长未完成的火灾现场处理步骤； （2）如现场明火已熄灭，则指派人员监视火场，以防火场复燃，如火势仍未能得到有效控制，则联系本部门技术人员和公司安全科，制定灭火方案并将灭火方案上报指挥部

6.4.2 火灾扑救处置步骤见下表。

火灾扑救处置步骤

序号	接报人员	处置步骤
1	公司指挥部接到火情报告后	（1）根据上报的火场情况决定是否报火警（119）； （2）根据受灾部门上报的灭火措施确定灭火方案； （3）派遣行政管理部组织保安进行灭火； （4）派遣行政管理部执行火场警戒、人群疏散、对周边单位和群众发出警报、接引消防车辆等任务； （5）调集未受灾生产部门人员支援火场抢险； （6）通知财务部确保火灾应急救援资金到位； （7）通知采购部保障火灾应急救援所需的加急物资； （8）消防应急救援队到达后，指挥权移交给消防队总指挥
2	公司行政管理部接到指挥部的命令后	（1）指派行政科组织公司保安立即实施火灾应急救援指挥部确定的火灾扑救方案，全力扑灭火灾，如火灾无法扑灭，则尽力控制，等消防队到达后，协助消防队进行灭火工作； （2）组织管理人员设置警戒岗哨、疏散人群，杜绝闲杂人员进入，对周边单位和群众发出警报，并派专人等待引导消防车辆和救援车辆。同时迅速疏通安全通道，以保证消防队和救援车辆迅速到达事故现场；

序号	接报人员	处置步骤
2	公司行政管理部接到指挥部的命令后	（3）组织人员安抚伤员，稳定火灾现场受伤员工情绪； （4）指派行政科协调车辆，将伤员送往医院救治； （5）指派总务科准备救援物资（包括消防器材、急救箱、饮用水、食物等），为火灾救援提供可靠后勤保障； （6）指派总务科检查线路，确保火场及其附近可靠断电； （7）指派总务科检查管路，确保火场消火栓供水
3	财务部接到指挥部的通知后	（1）立即启动火灾应急专项资金； （2）组织专人对火灾应急专项资金的领用时间、领用人、领用数额、用途等做详细记录； （3）加急处理受灾部门的借款； （4）将火灾期间的各项费用做好明细，并上报总经理
4	采购部接到指挥部的通知后	（1）立即进入火灾应急状态； （2）对火灾期间临时要求的消防器材、设施进行加急处理； （3）对火灾期间要求的其他物资进行加急处理； （4）将火灾期间加急处理的物资做好明细，并上报总经理

6.5 后期处理

6.5.1 现场恢复

在抢险过程中使用的灭火设施，应及时恢复原始状态，用空的灭火器及时更换。若发生火灾，损坏的设备及时更换，破坏的设备严格按照废弃物管理制度执行。依据消防应急救援机构的通知，指挥部组织员工对现场进行保护或恢复。

6.5.2 事故调查

由应急救援指挥部总指挥任事故调查组组长对事故原因和事故责任进行调查、分析。同时掌握事故态势和处理情况，收集有关信息资料，并负责向有关人员、部门通报情况。

7. 预案演习

7.1 演习时间：每年6月份进行。

7.2 演习方式：桌面演习或现场模拟演习。

（1）"桌面演习"。以会议方式在室内进行，参加人员包括公司火灾应急指挥小组、相关部门领导、安全科。由安全科对演习情景、预案进行口头演习，口头演习结束后，由参加人员讨论应急预案的适宜性和可能存在的问题以及如何改进。

（2）"现场模拟演习"。针对厂区着火，岗位人员如何报警、人员急救、紧急处理及现场恢复等。

7.3 演习方案编制。每次演习要编制演习方案，内容包括时间、地点、参加人员，预定演习过程、预期目的等。

7.4 演习参加人员。演习人员、观摩人员和评价人员。

7.5 演习评审。演习结束后，对演习组织情况和预案的合理性进行评价，对发现的问题制定纠正措施予以完善。

8. 预案管理

事故发生后，及时对预案进行评审，对不合理处进行修订，使其更具操作性。

范本9.02

××厂火灾应急预案

1. 编制目的

为在事故发生第一时间内迅速、有效地扑灭火灾、抢救伤员、疏散人员、最大限度地减少人员伤亡和财产损失，把事故损害降到最低，特制定本预案。

2. 适用范围

本预案适用于××车间各生产环节的初级火灾事故、重大火灾事故和应急保障方案。

3. 应急预案体系

本预案包括综合预案、火灾事故、电气设备事故专项预案和受伤人员现场处置方案。

4. 应急工作原则

事故应急救援原则：快速反应，统一指挥，专业抢险救援与单位自救相结合的原则。

5. 危险性分析

5.1 车间概况

××车间现有建筑面积×××㎡，职工总数×××人。

办公室：×××㎡，一层结构，安全出口1个，宽度××m。

车间：×××㎡，一层结构，安全出口9个，宽度××m。

库房：×××㎡，一层结构，安全出口5个，宽度××m。

5.2 危险源与风险分析

5.2.1　××车间的作业现场产品存放密集，人员集中，电气线路复杂，易燃物品多，一旦出现火源，易蔓延引起火灾造成重大经济损失及人员伤亡。

5.2.2　一般火灾事故易发生在车间高温生产设备、电气线路及装置安装不规范的、无人监视的作业现场。

6. 危险因素分析

（1）动用明火。

（2）电气线路发生接地故障，在故障点迸发出火花。

（3）配电箱内，当断路开关异常动作时迸发出火花。

（4）产品被火花或高温点燃就可能发生火灾。

7. 组织机构及职责

7.1 应急组织体系见下图。

```
┌─────────────────────────────────────────┐
│              应急领导小组                  │
│   组  长：车间主任                         │
│   副组长：车间设备主任                     │
│   组  员：（车间负责人、车间安全员、班组长、班组安全员）│
└─────────────────────────────────────────┘
```

应急抢救组	应急疏散、救护组	应急后勤保障组	通信联络组
组 长：×××	组 长：×××	组 长：×××	组 长：×××
副组长：×××	副组长：×××	副组长：×××	副组长：×××
组 员：15人	组 员：4人	组 员：4人	组 员：2人

应急组织体系

7.2 指挥机构及职责

7.2.1 应急领导小组

组长（总指挥）：杨××。

副组长：刘××。

组员：黎××、张××、孙××、邓××。

职责：启动和终止火灾应急预案。

（1）指挥各组现场排险工作。

（2）负责向公司领导汇报灾情。

（3）组建应急队伍，组织实施和演练。

（4）负责向到达事故现场的公安消防队汇报灾情，并移交现场指挥权。

7.2.2 应急抢救组

组长：何××。

副组长：邓××。

组员：杜××、徐××、曾××、刘××、冯××等。

职责：

（1）现场灭火、抢救受伤人员。

（2）清理爆炸危险源，控制火灾蔓延。

（3）随时向总指挥报告灭火、抢救进展情况。

7.2.3 应急疏散、救护组

组长：陈××。

组员：张××、杨××、叶××、黄××。

职责：

（1）疏散通道及安全出口畅通。

（2）疏导现场员工按序从安全出口有序疏散至安全区域。

（3）核实疏散人员是否疏散至安全区，并向总指挥报告。

（4）对受伤人员进行简单的包扎和处理，联系救护车并护送到医院进行抢救。

（5）随时向总指挥报告疏散、救护进展情况。

7.2.4 应急后勤保障组

组长：于××。

组员：邱××、宁××等。

职责：

（1）拉好警戒带，做好警戒和保卫工作。

（2）控制现场秩序，阻止无关人员进入火灾现场。

（3）落实抢险救灾及装置、设备抢修、恢复生产所需的物资。

（4）随时向总指挥报告后勤保障情况。

7.2.5 通信联络组

组长：万××。

组员：古××、乐××。

职责：

（1）应急预案启动后，按照总指挥的命令，负责通知各应急组前往现场救援。

（2）记录事故信息相关内容，并上报地区及有关部门主管领导。

（3）在抢救过程中的联络、搜集各组进展情况，随时向总指挥如实报告情况。

（4）在抢救过程中，负责传达总指挥的最新命令。

（5）保证信息畅通。

8. 预防与预警

8.1 危险源控制

8.1.1 电器、电源系统正确配置安装短路器和漏电保护装置。定期维修检查电气线路安全。

8.1.2 对车间、仓库易燃区域保持道路通畅。

8.1.3 严格控制烘燥设备内部温度及设备的卫生清洁。

8.1.4 严格控制明火作业，杜绝吸烟现象。

8.2 预警行动

8.2.1 发现易产生火源的隐患，立即排除。

8.2.2 发生火险立即报告。

8.2.3 扑灭初级火灾。

8.3 信息报告与处置

8.3.1 第一目击者发现火情，立即用手边通信工具（手机、座机）向办公室报告，并向周围的人员报警，使用就近灭火器扑救初起火灾。

8.3.2 车间主任接到报警电话，详细记录火灾发生具体地点、火情，并同时根据火灾情况决定是否将信息报告给总经理或单位安全负责人进行处置。

8.3.3 车间主任或安全负责人根据现场情况和事态的发展，命令通信联络组拨打火警电话"119"报警，同时向总经理或单位安全负责人报告。

8.3.4 事故发生后，如有人员伤亡情况，1小时内公司总经理用电话方式向县应急管理局报告。

8.3.5 报警时讲清着火单位名称、详细地址、发生的时间、着火部位、着火物质、火情大小、报警人姓名、报警电话号码。

9. 应急响应

9.1 火灾事故应急预案

9.1.1 初起火灾现场处置

9.1.1.1 报警

（1）当发生火灾事故征兆时，迅速终止明火作业，熄灭火花，防止产生火灾火源。

（2）对于电气线路发生接地故障和断路开关异常动作时迸发出火花，立即停电检修，排除电路故障，更换失灵的电气装置。

（3）发现有烟雾及燃烧的异味，迅速找到发生烟雾及燃烧异味的地方，排除即将酿成火灾的源头。

（4）现场发现人用手机向应急指挥小组报告，同时告知现场人员有序撤离。

9.1.1.2 接报。当班工作人员接报后，应立即携带应急包赶赴事故现场了解情况，组织人员进行自救灭火。并报告车间负责人，做好现场应急处置工作。

9.1.1.3 火情已被扑灭，应做好现场保护工作，待有关部门了解情况调查火情事故完毕后，经同意做好事故现场的清理工作。

9.1.2 火灾处置

9.1.2.1 接到报警后，应急指挥小组迅速到达现场，火情扩大迅速通知各组负责人并赶赴事故现场。成立现场应急指挥部，迅速启动火灾应急预案，指挥各组现场排险工作（组长因公不在单位，由副组长担任总指挥职务及履行职责）。

9.1.2.2 根据现场情况，立即向消防应急救援队报警，同时向总经理或单位安全负责人报告。派人接迎消防车辆。

9.1.2.3 应急抢救组（义务消防队）接到灾情报警，带上灭火器材赶到现场进行灭火、抢救工作。如遇有明火时，应将头发和衣服浇湿以防着火上身，如身上已着火，应迅速就地浇灭。

9.1.2.4 应急疏散救护组

（1）接到灾情报警，立即赶到现场，负责疏散通道及安全出口畅通。按总指挥要求，负责疏导现场员工按序从安全出口有序疏散至安全区，并逐房检查，核实疏散人员是否疏散至安全区，并向总指挥报告。

（2）火灾发生后，事故现场人员不要惊慌失措，就近寻找湿毛巾蒙住口鼻并弯腰撤离，尽快冲出浓烟区段，以避免有毒气体对人身造成危害。火灾扑救人员在扑救火灾时，应当加强自身防护，尽量穿戴好防护用品，现场有条件的尤其不可忘记戴防毒面具，防止发生中毒。

9.2 电气设备着火现场处置

9.2.1 若发生电气设备着火时，首先要将电气设备的电源切断，及时关闭电梯，防止人员从电梯疏散。

9.2.2 若发生带电设备着火时，在现场的工作人员要在熟悉带电设备的人员指挥或带领下进行灭火。灭火应当使用干粉灭火器、二氧化碳灭火器或1211灭火器等灭火，不得使用自来水、泡沫灭火器灭火。

9.2.3 若发生变压器、油开关等注油设备着火时，应当使用泡沫灭火器或干燥的砂子等灭火。带电设备现场灭火时，灭火人员未穿绝缘鞋和戴绝缘手套的情况下，不能直接用水灭火，否则可能发生触电事故。

9.2.4 常用干粉灭火器的正确使用：使用时一手握住喷嘴，对准火源，一手向上提起拉环，便会喷出浓云般的粉雾，覆盖燃烧区，将火扑灭。

9.3 抢救受伤人员

9.3.1 被救人员衣服着火时，可就地翻滚，用水或毯子、被褥等物覆盖灭火，伤处的衣、裤、袜应剪开脱去，不可硬行撕拉，伤处用消毒纱布或干净棉布覆盖，并立即送往医院救治。

9.3.2 对烧伤面积较大的伤员要注意呼吸、心跳的变化，必要时进行心脏复苏。

9.3.3 对有骨折出血的伤员，应做相应的包扎、固定处理，搬运伤员时，以不压迫创面和不引起呼吸困难为原则。

9.3.4 可拦截过往车辆，将伤员送往附近医院进行抢救救治。

9.3.5 抢救受伤严重或在进行抢救伤员的同时，应及时拨打急救中心电话，由医务人员进行现场抢救伤员的工作，并派人接应急救车辆。

9.4 应急结束

9.4.1 应急终止条件

9.4.1.1 事故已得到控制，没有导致次生、衍生的事故，或导致次生、衍生的事故隐患已消除。

9.4.1.2 没有被困人员，事故现场人员已疏散到安全地带。

9.4.1.3 受伤人员已全部从事故现场救出，并送到医院进行救治，没有失踪人员，包括参加应急救援处置的人员。

9.4.2 应急结束

9.4.2.1 应急处置结束后，企业已进入恢复阶段，现场应急指挥部确认，应急可以终止时，由总指挥决定并宣布应急终止。

9.4.2.2 扩大应急响应、应急处置结束，应由上级指挥中心、总指挥确认应急可以终止时，由指挥中心总指挥决定并宣布应急终止命令。

9.4.3 应急结束后

9.4.3.1 按照公司有关规定，对事故发生的原因、经济损失、人员伤亡等情况进行认真调查，总结教训，写出事故报告，报送总经理或单位安全负责人。

9.4.3.2 积极配合公司安全部门组成的事故调查组，对事故进行调查分析、处理工作，向事故调查组提交有关事故现场受伤人员及其他应移交的资料。

9.4.3.3 清理事故现场，抢修受损设备，尽快恢复生产经营活动。

9.4.3.4 写出事故应急工作总结报告。

10. 后期处置

经事故调查报告批复后，应根据事故调查报告对事故责任人的处理和事故防范措施积极落实，立即进行生产秩序恢复前的污染物处理、必要设备设施的抢修、人员情绪的安抚及抢险过程应急能力评估和应急预案的修订工作。

11. 保障措施

11.1 通信与信息保障

单位车间办公室联系人：江××，电话：××××××××。

备用联系人：梁××，电话：××××××××。

××医院电话：×××××××。

11.2 应急队伍保障

11.2.1 组成各应急小组，配备人员明确职责。

11.2.2 定期培训和演练，增强应急能力。

11.3 应急物资装备保障

灭火器型号：_____；数量：_____；管理责任人：姜××。

联系方式：电话××××××××。

存放位置如下。

办公室：安全出口处；数量：_____；管理责任人：彭××。

车间：安全出口处；数量：_____；管理责任人：罗××。

库房：门口处；数量：_____；管理责任人：孙××。

消防储备水池数量：_____；存放位置：厂区××部位。

消防高压水泵数量：_____；管理责任人：王××。

联系方式：_____

12. 培训与演练

12.1 培训

车间年初制订生产计划时，同时制订应急突发事故培训计划。

12.2 演练

12.2.1 班组或车间每半年开展一次事故应急演练。

12.2.2 每年组织一次综合模拟消防安全应急演练。

12.2.3 各抢救小组成员必须熟悉各自的职责，做到动作快、技术精、作风硬。根据实际演练情况，查找不足，总结经验，不断完善事故应急救援预案。

12.2.4 结束后对演练进行评估及总结，及时修正与弥补应急预案制定的缺陷。

13. 应急组织机构的纪律

13.1 遇到有毒有害物质或有其他潜在危险时，必须有防范措施或请专业队伍进行抢险工作。

13.2 在抢险救灾过程中，必须听从指挥。

14. 奖惩

14.1 奖励

14.1.1 在抢救过程中，对表现勇敢、机智、成绩突出人员应给予表扬或奖励。

14.1.2 在抢救中，对受到伤害的员工，按照工伤条例处理。

14.2 惩罚

14.2.1 对于在抢救过程中，无故不到位或迟到及临阵逃脱者，将给予处罚或行政处分。

14.2.2 在抢险救灾过程中，不服从命令的，将给予处罚。

15. 维护和更新

每次演练或抢险救灾结束后，车间将根据国家有关安全生产法规的规定及人员设置变动情况及时修改、补充预案。

范本 9.03

化工厂火灾事故应急预案

1. 火灾事故的起因及后果分析

1.1 危险物质及可能导致的事故后果

根据生产工艺过程中存在的危险物质及工艺条件，本厂主要危险、有害因素有：火灾、中毒和窒息、高温灼伤等危险，另外还存在着电气危险（包括电气火花引燃源发生的电气火灾或爆炸、电击电气伤害、电伤电气伤害、雷电电气伤害等）、粉尘危害、高处坠落、机械危险、淹溺、车辆伤害和噪声危害等危险及有害因素。可能导致火灾的危险物质有黄磷（包括泥磷）。

在生产过程中，会因误操作、设备失修腐蚀、工艺失控等而导致事故发生，造成易燃易爆物料泄漏进而导致火灾，将造成人员伤亡，还会波及本厂其他区域及周边地区，其危害程度及波及范围与易燃易爆物质泄漏量、季节、风向等因素有关。危险物质及可能导致的事故后果见下表。

危险物质及可能导致的事故后果表

品名	危险源	危险特性	闪点	火灾类别	可能导致的后果
黄磷、泥磷	黄磷生产区、泥磷回收岗位	第4.1类自燃物品，黄磷接触空气引起自燃并引起燃烧和爆炸。在潮湿空气中的	—	甲	（1）黄磷暂存槽一旦因泄漏或设备破裂而失水时将会产生黄磷自燃而导致火灾发生，造成人员伤亡、财产损失

续表

品名	危险源	危险特性	闪点	火灾类别	可能导致的后果
黄磷、泥磷	黄磷生产区、泥磷回收岗位	自燃点低于在干燥空气中的自燃点。与氯酸盐等氧化剂混合发生爆炸，其碎片和碎屑接触皮肤干燥后即着火，可引起严重的皮肤灼伤	—	甲	（2）回转炉、黄磷装车、泥磷储存过程中人员不慎接触黄磷，会导致人员烧伤，严重时可能导致人员死亡 （3）黄磷为剧毒化学品，人员误食、不慎入口、皮肤接触以及含磷废水溅入眼、口中等均可能导致人员中毒甚至死亡

1.2 引发事故的诱因、影响范围及后果

根据本厂重大危险源的情况分析，本厂可能发生的事故主要为生产场所黄磷泄漏以及泄漏衍生火灾的事故。

1.2.1 引发事故的诱因

（1）人的不安全行为。人的不安全行为主要有：错误操作、错误指挥、违章作业及思想麻痹、疏忽大意等。例如，判断错误或开错阀门，会造成黄磷泄漏事故；使用不适当的材质工具操作，会产生火花导致火灾事故。

（2）输送系统故障。随着输送泵、管道、管件等设备的使用年限加长，设备越来越容易发生故障，可能导致泄漏和扩散。

（3）腐蚀。腐蚀是发生泄漏的重要因素之一。黄磷及泥磷转炉尾气中含有磷、五氧化二磷等腐蚀介质，尾气管道和设备易受腐蚀而导致泄漏。

1.2.2 影响范围及后果

黄磷泄漏后自燃可能造成厂区较大范围的火灾，由于黄磷火灾的特殊性，若泄漏区域无有效的水和砂覆盖手段，可能造成面积更大的火灾事故。另外，黄磷火灾产生的五氧化二磷烟尘有一定毒性，可能造成下风向人员中毒，黄磷火灾时消防水不能有效收容，进入地表或地下水系统，可能导致环境污染。

2. 事故预防和应急措施

2.1 泥磷、黄磷泄漏的预防措施

2.1.1 加强密封管理。泥磷回转炉、管道、阀门、法兰等采取可靠的密封技术措施和选用合适的密封材料，及时消除输送过程的跑、冒、滴、漏。

2.1.2 在储磷罐、接磷槽、精制槽四周设置围堰，当发生泄漏时，能及时加水隔绝空气，同时设置废水收集措施，能将泄漏后产生的废水引入应急事故水池。

2.1.3 定期对黄磷储存场所进行巡检，发现问题及时处理。厂区内设有事故应急水池，能收容泄漏应急处理用水和消防用水。

2.1.4 采用合理的工艺技术，正确选择材料材质、结构、连接方式、密封装置和相应的保护措施。

2.1.5 正确使用与维护生产设备，严格按操作规程操作，不得超温、超压、超负荷生产，严格执行设备维护保养制度，认真做好润滑、巡检等工作，做到运转不超标，密封点无漏气、漏液。

2.1.6 采用电视监视系统，使值班人员能清楚地实时观察到装置区的现场情况。

2.2 泥磷、黄磷泄漏的应急措施

2.2.1 抢险救援人员必须穿戴好劳动防护用品；佩戴防毒口罩或防毒面具，紧急事态处置时佩戴空气呼吸器、现场应急冲洗装置。

2.2.2 生产装置或管道发生泄漏，阀门尚未损坏时，可协助技术人员或在技术人员指导下，使用喷雾水枪掩护，关闭阀门，制止泄漏。

2.2.3 罐体、管道、阀门、法兰泄漏按照救援常用堵漏方法实施堵漏。根据现场泄漏情况，研究制定堵漏方案，分别采取不同的堵漏器具进行堵漏。

（1）储罐、容器、管道壁发生微孔泄漏，可用螺丝钉加黏合剂旋入泄漏孔的方法堵漏。

（2）管道发生泄漏，不能采取关阀止漏时，可使用堵漏垫、堵漏楔、堵漏袋等器具封堵，也可用橡胶垫等包裹、捆扎。

（3）阀门法兰盘或法兰垫片损坏发生泄漏，可用不同型号的法兰夹具，并高压注射密封胶进行堵漏。

2.3 火灾的预防措施

2.3.1 各装置、设施、建构筑物之间保证设置足够的防火安全间距。

2.3.2 保持良好的通风条件是控制作业场所中有害物质浓度最有效的措施。借助于有效的通风，使作业场所空气中有害物质的浓度低于安全浓度，以确保工人的身体健康，防止火灾事故以及人员中毒的发生。

2.3.3 生产运行管理坚持定期检验和加强日常维护，始终保持区域内电气设施、电缆连接、防雷、防静电设施的完好状态，避免产生电气火花、电弧火花等火源。

2.3.4 强化禁火区域安全管理，严格控制动火作业。禁火区域需要动火作业时，严格执行动火审批制度，采取切实有效的防范措施后方可进行作业。

2.3.5 对生产装置区防雷装置定期进行检测，保证防雷设施完好。

2.4 火灾事故的应急措施

2.4.1 发生火灾，首先是迅速扑灭火源和报警，及时组织周边人员撤离危险区域，同时采取隔离和疏散措施，避免无关人员进入事故发生区域，并合理布置消防和救援力量。

2.4.2 火灾发生初期是扑救的最佳时机，发生火灾部位的人员要及时把握好这一时机，尽快把火扑灭。根据厂区特点及风向，合理组织扑救工作，防止火势蔓延。当爆炸失控，危及现场人员生命安全时，应立即指挥现场全部人员撤离至安全区域。

2.4.3 在扑救火灾的同时拨打"119"电话报警和及时向本厂值班领导及企业负责人报告。根据事故危害程度、可能导致的伤害涉及的范围，实行四级响应机制并进行相应处理。

2.4.4 选择好灭火阵地，保护起火点，减少损失；疏散和保护物资；必要时采取火场破拆、排烟和断电措施。

2.4.5 专业消防队到达火场后，服从消防指挥员的组织指挥。相关人员应该主动向消防队汇报火场情况，积极协助消防队伍。

2.4.6 事故现场如有人员伤亡，应立即组织进行医疗救治，必要时立即联系当地人民医院或"120"开展医疗救治。

2.4.7 在抢险过程中，要尽量保持事故现场原样，确需移动的要画出原样图或进行拍照录像，妥善保存现场重要痕迹、物证，以便于事故调查。

2.5 高温烫伤事故的预防措施

2.5.1 泥磷回转炉出渣工配备必要的防护用具，防止烧伤、烫伤。

2.5.2 严格工艺，按操作规程进行操作。

2.5.3 接班前班组长及班组兼职安全员应严格检查操作人员是否按要求穿戴劳动防护用品。

3. 应急处置的基本原则

依据"安全第一、预防为主"的原则，建立危险目标监控三级监控系统。并建立专项应急预案和本厂级综合预案，当发生事故时，现场操作人员和各级管理人员按应急预案的要求进行事故报告和救援。

4. 组织机构及职责

4.1 应急组织体系

4.1.1 本厂设立安全生产事故应急救援领导小组，由厂长、专职安全员、工段负责人等组成，厂长任组长。事故应急救援领导小组下设指挥部，是本厂各类事故应急处置的指挥机构，在事故应急救援领导小组统一领导下开展工作，负责协调指挥全厂安全生产事故救援行动，指挥部设在厂部办公室。

4.1.2 本厂生产部门和生产班组负责按专项预案及现场处置方案进行生产厂事故的应急处理及救援工作，当事故情况严重难以控制时，启动本厂综合预案处理。

4.1.3 本厂应急组织体系见下图。

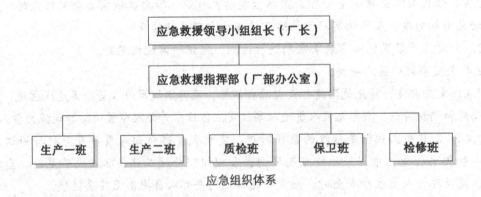

应急组织体系

4.2 指挥机构及职责

4.2.1 指挥机构职责

（1）组长（厂长）组织制定本厂重大事故应急救援预案，组织制定事故状态下各级人员的职责；负责本厂救援人员、救援资源配置、救援队伍的调动及外部援助的协调；批准本预案的启动与终止。组长不在时由副组长全权负责应急救援领导、组织、协调等工作。

（2）副组长负责协调事故现场有关工作；负责保护事故发生后的相关资料，组织事故调查，总结应急救援工作经验教训，进行事故信息的上报工作；组织应急救援预案的演练。

（3）工段负责人负责事故救援人员、救援资源配置、救援队伍的调动。

（4）救援指挥部的其他成员负责协助副组长协调事故处置的有关工作。

（5）事故状态下各级人员的职责如下表所示。

事故状态下各级人员的职责

序号	各级人员	职责
1	组长（厂长）	全面负责组织指挥本厂内部的应急救援工作并进行外部事务协调
2	副组长（厂专职安全员）	协助组长负责应急救援工作的具体指挥。协助组长进行救援技术指导，协助组长对事故设备处置及救援装备配置提供技术指导
3	工段负责人	协助组长负责应急救援的消防、安全技术保障工作。负责中毒、受伤人员的救治、护送转院、与家属的联系等善后工作及抢救受伤、中毒人员的生活必需品供应；消防抢险救灾和救援工作；负责现场中毒、受伤人员搜救
4	厂办主任	协助组长负责外部事务的协调、联络工作；与保险公司的联络。负责应急资金的保障和抢险救援物资供应和运输工作。协助组长负责事故中、事故后的环境监测及事故后的现场洗消、监测等工作
5	保卫班长	负责警戒、治安保卫、疏散、道路管制工作，并组织人员配合应急救援小组进行事故救援或支援配合工作

4.2.2 应急救援各小组职责如下表所示。

应急救援各小组职责

序号	各级人员	职责
1	联络及警戒组	由厂部办公室组成。负责人由办公室主任担任，负责事故状态下事故场所和危险场所的周边安全警戒工作及本厂对外通信联络
2	消防组	由本厂义务消防队组成。负责人为义务消防队队长，负责在事故状态下扑救初起火灾和消防救援工作
3	抢救抢修组	由工段、检修班、电工等人组成，负责人为工段负责人，负责事故状态下设备设施抢险、人员救援等工作
4	医疗救护组	由本厂后勤办公机构组成，负责人为厂办公室主任，负责事故状态下人员医疗和急救等工作

5. 预防与预警

5.1 危险源监控

5.1.1 监控方式。对生产装置危险目标实行"三级"检查监管措施，实行本厂、厂区、班组三级监控管理。本厂每月检查一次、厂区每天检查一次、班组每班至少检查两次。每次检查认真进行记录。

5.1.2 监控方法。认真查看设备的管道、阀门的温度、外观有无损坏及其他异常情况。

5.1.3 预防措施

（1）设备、设施的材质和安装符合国家相关要求，并根据要求进行检测，在定期检查中发现腐蚀超标立即进行更换。

（2）在生产车间、变配电室定期进行防雷电检测，并对不合格项整改合格。

（3）在危险源点旁设置消防设施。

5.2 预警信息发布及预警行动

5.2.1 预警信息发布

控制室值班人员接到各类报警信息时，及时根据生产状态进行甄别，属于火灾信息报告时，值班人员应立即采用固定电话、手机、口头等方式向当班各岗位进行预警通告，要求各岗位人员采取相应的准备措施，并密切关注事件发展状况，根据事件状态判别是否进入应急响应。

（1）若报警信息属于误报，经检查确认生产正常，未发生异常情况时，发布预警的值班人员及时宣布终止预警，并解除已经采取的有关措施。

（2）发生少量黄磷或泥磷泄漏，未导致火灾和人员中毒，当班操作人员已进行处理，并确认不存在再次发生泄漏可能的，发布预警的值班人员及时宣布终止预警，并解除已经采取的有关措施。

（3）发生泥磷或黄磷泄漏，已导致火灾或人员中毒，且事态有可能继续扩大的，值班人员应启动应急预案，进入三级事故响应状态，并密切关注事故变化情况，若不能有效控制，应提高响应级别，按二级事故响应甚至按一级事故响应进行处置。

5.2.2 预警行动

（1）各岗位负责人接到预警信息后，应立即组织当班操作人员做好防范应对工作，准备应急救援物资及器材，组织当班人员原地待命，根据值班人员的指示进行作业。

（2）企业应急救援指挥部接到事故信息后，应按照分级响应的原则及时研究确定应对方案，并通知企业各有关部门、单位采取有效措施预防事故发生；当应急救援指挥部认为事故较大，有可能超出本厂范围时，要及时向周边单位预警通报，提醒周边企业采取防范措施。

（3）采取相应措施使事态得到控制后，及时向相关人员、周边单位发布解除预警。

6. 信息报告程序

6.1 报警系统及程序

应急救援指挥部设立24小时应急值守电话，值守电话（略）。一旦发生事故，现场人员应立即将事故情况报告本厂安全管理员，并同时将事故情况报企业负责人，并在保证自身安全的情况下按照现场处置程序立即开展自救。

6.2 现场报警方式

采用座机电话、手机、口头报警方式，值班室设置座机电话，各人员配备手机。

6.3 24小时报警联系方式

6.3.1 内部报警、通信联络方式

略。

6.3.2 社会救援报警电话

略。

6.3.3 周边应急力量联系电话

略。

6.4 事故信息上报

6.4.1 企业负责人接到二级、一级事故报告后，应当立即启动企业事故相应应急预案，或者采取有效措施，组织抢救，防止事故扩大，减少人员伤亡和财产损失，并在30min内向当地应急管理局和负责应急管理职责的有关部门报告。

6.4.2 应急人员向外求援方式

（1）如果现场有人受伤，在对伤员进行现场急救处理的同时进行检查、急救并送所在地区人民医院就医。

（2）如果火势过大，控制困难则联系当地消防大队进行支援。

（3）如果事故情况严重，内部力量不能完成事故救援。由本厂值班领导决定立即报告本厂主管领导启动本厂级综合救援预案。

7. 应急响应

7.1 响应分级

7.1.1 如果只发生局部轻微火灾无人受伤，由事故所在部门组织人员按照预案要求的处置措施进行处置。

7.1.2 如果发生火灾事故则立即启动本预案。

7.1.3 如果在救援过程中控制不好，发生更大规模的火灾或爆炸引起设备损坏、人员受伤，则立即启动本厂级综合预案。

7.2 响应程序

部门处置时由事故所在值班领导调动本部门值班人员动用事故现场的消防设施进行灭火处置。启动本预案时，由总指挥统一调度相关负责人工作，各相关负责人按预案规定的职责进行各自权限范围内的调度联络，进行事故救援处置。启动本厂预案时，按本厂级综合预案要求进行事故救援工作。

7.3 处置措施

7.3.1 侦察检测

（1）迅速查明引发火灾或爆炸的原因以及火灾爆炸部位、强度和范围。

（2）根据当时气象条件，对火灾爆炸扩散趋势进行预测，及时疏散该区域人员及扩散可能波及范围的人员。

7.3.2 警戒疏散

（1）根据查看和检测情况，确定警戒范围，划分危险区和安全区，设立警戒标志，大量泄漏时下风向方向至少按照300m设置警戒区，合理设置出入口，严格控制进入警戒区人员、车辆、物资，进行安全检查。

（2）进入事故现场的救援人员必须佩戴隔绝式呼吸器，进入内部执行关阀堵漏任务的救援队员要穿全封闭式救援防化服，处置人员严禁穿带钉鞋，处置时应用无火花工具，并防止产生静电。进入危险区人员必须成对进入，一人作业，另一人实施监护。

7.3.3 事故处置

（1）局部轻微火灾事故处置。

（2）局部轻微着火，不危及人员安全，可以马上扑灭的立即进行扑灭。

（3）局部着火，可以扑灭但可能蔓延扩大的，在不危及人员安全的情况下，应组织周围人员参与灭火，防止火势蔓延扩大，并向现场管理者汇报。

（4）黄磷火灾，可用雾状水或干砂扑救。

（5）火灾爆炸扩大应急处置

①立即进行人员的紧急疏散，指定安全疏散地点，由安全员清点人数，发现有缺少人员的情况时，现场最高领导或消防队员立即向本厂领导汇报。

②拨打消防报警电话"119"，通报火场信息：单位名称、地址、着火地点、着火物资及火势大小，联系电话，回答"119"询问并派人到路口接应消防车。视情形通知受影响的周边社区、单位进行疏散和物资转移。

③发现有人员受伤，立即送往医院或拨打救护电话"120"与医院联系。

④一切处置行动自始至终要严防引发爆炸，当遇有紧急情况危及参战人员的生命安全时，指挥员应果断下达撤离命令。

7.3.4 救援与洗消

（1）进入警戒区内的救援人员一定要专业、精干，佩戴空气呼吸器具，穿着气密性全身防护服。无安全防护的人员不得进入泄漏区域。

（2）将抢救出来的遇险中毒人员，立即交由医务救护部门进行现场急救，经初步处理后，迅速送往医院救治。

（3）对现场轻微中毒人员应立即转移到空气新鲜处，对接触毒物的皮肤、面部可用水冲洗，中毒症状严重者，立即送医院诊治。同时，要注意观察参与处置人员的身体状况，并进行健康检查。

8. 应急物资与装备保障

8.1 物资保障

本厂事故应急物资设有下表所列种类。

事故应急物资

序号	器材名称	配置地点单位	数量	是否完好
1	正压式空气呼吸器	值班室	2套	完好
2	过滤型防毒面具	值班室	2套	完好
3	防毒面罩	值班室	4个	完好
4	防毒口罩	值班室	4个	完好
5	应急药盒	值班室	2套	完好

8.2 装备保障

8.2.1 应急通信系统。由本厂内部电话和各位干部的手机两部分组成。

8.2.2 应急动力及照明系统。由应急发电装置、照明系统和应急灯组成。

8.2.3 灭火、救援系统。生产区设置消防水管、应急救援器材（设有空气呼吸器、防毒面罩、消防水带、水枪和应急工具等）。

8.2.4 围堵、收集系统。本厂内有1辆装载机、各工段有铁铲若干作为大量泄漏时依托安全围堰做成临时池子收集泄漏黄磷。

8.2.5 管理、维护。厂区的安全、消防设备、设施由厂区安全员负责配置和定期检查、维护和培训。

范本9.04
纺织、服装加工企业火灾事故应急预案

1. 编制目的

为防止重大火灾事故发生，出现火灾情况下作出快速、正确的反应，在事故发生第一时间内有效扑灭火灾、抢救伤员、疏散伤员和物资，把火灾损失减少到最低限度，特制定本预案。

2. 危险性分析

2.1 企业概况

某服装加工公司，位于_____市_____区_____，占地_____㎡，建筑面积_____㎡；职工总数_____人。

办公楼：_____㎡，三层结构。

车间：_____㎡，二层结构。

宿舍楼：_____㎡，三层结构。

食堂：_____㎡，一层结构。

办公楼：安全出口2个，宽度1.6m。

车间：安全出口3个，宽度1.4m。

宿舍楼：安全出口2个，宽度1.6m和1.2m。

2.2 消防设施配置

车间一层、二层分别设防火报警探头等62个。车间内设有6组双头消火栓，院内分别设置3组双头消火栓。共设置灭火器44只，按规定检测检修。

其中，办公楼：一层3个、二层3个、三层2个，共8个。

宿舍楼：一层1个、二层1个、三层1个，共3个。

车间楼：一层正门开关柜南侧2个；一层西门开关柜1个；一层毛领车间1个；一层整理车间西门2个；一层里布车间1个；一层辅料库东门2个（门外侧），西门2个（北侧）；一层成品库4个；二层维修室对面3个；二层缝制车间东门2个，西门2个；东烫台

对面1个；二层裁剪车间东门2个；二层小车间东门2个，西门1个；配电室2个；伙房2个；锅炉房1个，共33个。

2.3 危险性分析

服装行业人员密集，电气线路复杂，易燃物品多，一旦出现火源易蔓延引起火灾。

服装厂库房内的服装衣料的原料可燃且数量多，各种织物的燃烧速度要比普通木材燃烧速度快得多。同时，由于服装厂大量使用电熨斗，导致火灾的因素增多。加工服装的各种衣料大多是化纤成分，一旦发生火灾，产生的各种毒气比普通的火灾产生的毒气毒性更强。

存放服装的仓库是重点防火点。存放的原料和成品应采取垫板存放（若原料长时间直接置于地面），受潮发霉后容易自燃，须定期进行检查。

火灾因素识别：电气开关、用电线路；加热熨斗；伟明树脂胶的使用；食堂液化气罐的存放使用。

3. 应急组织机构及其职责

设立事故现场指挥组、通信联络组、人员抢救组、火灾扑救组、物资疏散组、后勤保障组。

3.1 现场指挥组

组长：总经理。

现场指挥：副总经理。

主要职责：定期组织安全检查，消除事故隐患；对企业职工进行安全教育，掌握安全消防知识；对消防设备和设施及时进行监测和更新，保障处于有效使用状态；当接到火灾报警后，迅速通知各组负责人，到现场按自身任务迅速施救；组织全体职工进行应急预案演练。

3.2 通信联络组

负责人：（略）。

成员：现场值班员、办公室值班员。

主要职责：在指挥组领导下，负责与消防、医院、公安等有关部门的联系，确保通信畅通。

3.3 人员抢救组

负责人：（略）。

成员：（略）。

主要职责：对火场内被困人员实施解救或送至医院，听从指挥人员调动，不得擅自进入火区。

3.4 火灾扑救组

负责人：（略）。

义务消防人员15名。

主要职责：在指挥组的统一领导下，利用单位内所有的灭火设施灭火。

3.5 物资疏散组

负责人：（略）。

成员：（略）。

主要职责：对火灾现场或有可能受到火灾威胁的火灾现场周围的危险品、价值较高的贵重物品进行抢救疏散。

3.6 后勤保障组

负责人：（略）。

成员：（略）。

主要职责：负责有关灭火、抢救物资的保障，公安、消防等有关部门的接待，以及灭火相关工作，如保护现场、接待有关人员、协助火灾前期调查等。

4. 应急响应

4.1 第一发现火情人员或得知火情的值班人立即拨打"119"报火警。

报警要求：说明失火的具体的地址、失火的位置、单位名称、失火物品名称、火势大小、火灾现场有无危险品、报警人姓名、报警所使用的电话号码。

4.2 现场值班员或负责人将火情通知指挥组总指挥（或其他负责人），迅速在指定位置集合，听从统一安排部署。

4.3 各组成员由本组负责人通知，按部署迅速展开行动。所有应急人员接到通知后要立即到现场。在应急抢险过程中，本着"先救人后救火"的原则进行。参与抢救的人员要勇敢、机智、沉着，做到紧张有序，一切行动听指挥，有问题要及时上报指挥组。

本方案一经实施，要组织相关人员进行演练，使每一个人熟知自己的任务。如人员、电话等其他情况有变，要及时对原方案进行修改。

范本 9.05

机械制造加工车间火灾事故应急预案

1. 总则

1.1 编制目的

为了正确、有效、快速地应对和处置火灾事故发生时造成的人员伤亡、设备、设施事故，最大限度地减少火灾事故造成的人员伤害和设备损失，维护生产稳定，保障员工生命和财产安全，结合机械制造公司加工车间（以下简称车间）的实际情况，制定本预案。

1.2 编制依据

依据《中华人民共和国安全生产法》《国家突发公共事件总体应急预案》《中华人民共和国消防法》和国家有关法律、法规，制定本预案。

1.3 工作原则与方针

1.3.1 预防为主。坚持"安全第一、预防为主、综合治理"的方针，加强人身、设备、设施的安全工作，制定有效的控制措施，防止火灾事故发生时造成的人身伤亡、设备损坏。

1.3.2 统一指挥。在车间应急救援领导小组的统一指挥和协调下，组织开展事故处理、事故抢险、设备设施恢复、应急救援、恢复生产等各项应急工作。

1.3.3 分工负责。车间应急救援领导小组要督促相关职能人员及应急救援人员按照统一协调、各负其责的原则建立事故应急处理体系。

1.4 适用范围

本预案适用于车间范围内发生火灾事故时的人员、设备、设施出现意外的预防和应急处置。

2. 火灾事故应急救援领导机构及职责

2.1 领导机构

2.1.1 车间成立应对和处置发生火灾事故应急救援领导小组，领导小组办公室设在安全员办公室。

2.1.2 领导小组组长由车间主管全面工作的主任（吴××）担任，副组长由党支部书记（王××）、副主任（陆××）担任，小组成员由车间相关职能人员及各班组长（张××、高××、陈××、吴××、罗××、姚××、蔡××、刘××、彭××）担任。

2.2 车间应对和处置发生火灾事故时领导小组职责

2.2.1 车间在出现火灾事故，领导应急处理、事故抢险、设备设施恢复、应急救援、恢复生产等各项应急工作。

2.2.2 组织研究决定重大应急决策和部署。

2.2.3 下达应急指令（宣布进入、解除应急状态）。

2.3 处置火灾事故发生所造成的人员伤亡、设备、设施损坏应急指挥小组职责

2.3.1 及时掌握火灾事故造成的人员、设备、设施事故情况。

2.3.2 落实领导小组下达的应急指令。

2.3.3 及时协调解决应急过程中的重大问题。

2.4 应急领导小组成员主要职责

2.4.1 车间应急救援指挥小组是火灾事故处理的指挥中心，安全员、设备设施管理员是事故处理的指挥员，负责组织和协调人员救治、设备、设施的抢修维护及故障处理。

2.4.2 车间副主任负责指挥车间、其余员工做好安全生产等应急工作。

2.4.3 党支部书记、各班组长要组织人员、设备、设施抢险人员及时到位，保障在人员救治，设备、设施抢险过程中各种材料、物资运输的及时准确，要确保车间人员、电力系统、机械设备始终处于可控的安全状态。

2.5 应急报警方式和联系电话

2.5.1 报警方式：采用电话报警。

火警电话：119。

车间主任：方××。

车间副主任：丁××。

车间安全员：宋××。

2.5.2 相关指挥人员的通信联络方式：（略）。

3. 应急相应启动的等级标准

按照车间发生火灾事故的威胁和严重程度，火灾事故应急响应预案等级分Ⅱ、Ⅰ两级标准，分别代表较重、严重。

3.1 Ⅱ级响应等级。当出现下列情况之一者，为Ⅱ级预警。

3.1.1 车间出现火灾事故，但无人员受伤或伤者伤势较轻时。

3.1.2 车间出现火灾事故，但设备设施受损不严重，不会对操作人员及周围人员构成人身安全的威胁时。

3.1.3 车间出现火灾事故，可能伤及操作人员和周围人员，但情况在可控制范围内时。

3.2 Ⅰ级响应等级。当出现下列情况之一者，为Ⅰ级预警。

3.2.1 车间出现火灾事故，出现人员受伤或伤者伤势较重时。

3.2.2 车间出现火灾事故，设备设施受损严重，对操作人员及周围人员构成人身安全的威胁时。

3.2.3 车间出现火灾事故，可能伤及操作人员和周围人员，情况在不可控制范围内时。

3.3 Ⅰ级应急响应为最紧急响应，Ⅱ级应急响应为较低级应急响应。Ⅰ级响应行动包含Ⅱ级响应的所有内容。

4. 应急响应

4.1 Ⅱ级应急响应

当发布Ⅱ级预警时，采取下列相应的应对措施。

4.1.1 车间应急救援指挥小组组长立即赶到事故现场，并在事故现场组织召开紧急会议，就有关应急问题作出决策和部署，并将有关情况向公司安全管理部和装备供应部汇报，同时宣布启动Ⅱ级应急预案。

4.1.2 派专人立即切断事故发生岗位的所有电源并进行可靠监护，同时向公司应急救援指挥部进行及时汇报。

4.1.3 在应急救援指挥小组的领导下，事故处理的指挥员立即组织和协调应急救援人员对伤者进行紧急救治并对伤者受伤部位进行妥善处置。

4.1.4 维修人员由安全员、设备员、维修组长带队，在确保自身安全的前提下，负责对事故发生岗位的设备、设施进行详细的检查，同时要求伤者所在班组做好相应应急处置。

4.1.5 在检查中发现设备、设施存在事故隐患后，安全员、设备员、维修组长要准确判断事故性质，封闭事故现场，利用一切手段向应急救援指挥小组汇报，准确讲清人员受伤或设备受损实际情况以及汇报人及通信联络办法。

4.1.6 车间应急救援指挥小组人员将人员伤情、设备设施受损情况上报领导小组组长，车间应急救援指挥小组立即组织有关人员根据实际情况制定出具体应急救援方案。

4.1.7 指挥小组应立即与上级部门进行沟通，请求上级部门派出车辆参与对伤者进行的紧急救治并妥善运送伤者前往急救中心。

4.1.8 若是设备、设施受损，指挥小组应通知维修组立即准备修复所需的材料，做好设备修复的准备工作。若是工作人员在巡查或作业时受伤，应立即通知抢险人员将伤者送往急救中心进行抢救治疗。

4.1.9 车间必须储备的火灾事故应急救援备品有：担架、灭火器、急救箱、应急灯、其余消防器材等。

4.1.10 车间应急救援人员必须无条件服从应急救援指挥小组的统一指挥，实施应急救援工作。

4.2 Ⅰ级应急响应

当发布Ⅰ级预警时，采取下列相应的应对措施。

4.2.1 车间应急救援指挥小组组长立即赶到事故现场，并在事故现场组织召开紧急会议，就有关应急问题作出决策和部署，并将有关情况向公司安全管理部和装备供应部汇报，同时宣布启动Ⅰ级应急预案。

4.2.2 派专人立即切断事故发生岗位的全部电源并进行可靠监护，同时向公司应急救援指挥部进行及时汇报。

4.2.3 在应急救援指挥小组的领导下，事故处理的指挥员立即组织和协调应急救援人员对伤者进行紧急救治。维修人员由安全员、设备员、维修组长带队，在确保自身安全的前提下，负责对事故发生岗位的设备、设施进行详细的检查，同时要求伤者所在班组做好相应应急处置。

4.2.4 在检查中发现设备、设施存在事故隐患后，安全员、设备员、维修组长要准确判断事故性质，封闭事故现场，利用一切手段向应急救援指挥小组汇报，准确讲清人员受伤或设备受损实际情况以及汇报人及通信联络办法。

4.2.5 车间应急救援指挥小组人员将人员伤情、设备设施受损情况上报领导小组组长，车间应急救援指挥小组立即组织有关人员根据实际情况制定出具体应急救援方案。

4.2.6 指挥小组应立即与上级部门进行沟通，请求上级部门派出车辆参与对伤者进行的紧急救治并妥善运送伤者前往急救中心。

4.2.7 车间应急救援指挥小组人员将险情上报领导小组组长，车间应急救援指挥小组立即组织有关人员根据实际情况制定出具体抢险方案。

4.2.8 若是设备、设施受损，指挥小组应通知维修组立即准备修复材料，做好设备修复的准备工作；若是工作人员在巡查或作业时受伤，应立即通知抢险人员将伤者送往急救中心进行抢救治疗。

4.2.9 车间必须储备的火灾事故应急救援备品有：担架、灭火器、急救箱、应急灯、其余消防器材等。

4.2.10 车间应急救援人员必须无条件服从应急救援指挥小组的统一指挥，实施应急救援工作。

5. 应急启动信息发布

应急预案启动后，党支部书记负责就事故发生过程、救援进度、救援结果等内容进行及时通报，使员工对火灾事故下造成的人员伤亡，设备、设施损害情况有客观的认识和了解。

6. 应急结束

6.1 应急相应级别改变后，原应急响应自动转入新启动的应急响应。

6.2 根据事故应急救援结果，在接到公司应急救援指挥部的指令后，由公司应急救援指挥部发出通知宣告应急结束。

7. 应急保障

7.1 车间设备员、电气工程师、维修组长应积极与装备供应部进行沟通、协调，研究在可能出现火灾时而造成人员伤亡的重大问题，加大设备、设施保护力度，结合车间实际情况，制定并落实可能发生火灾而造成人员伤亡、设备设施损毁的预防性措施、紧急控制措施和恢复措施，根据应急工作需要，建立和完善救援装备。

7.2 车间安全员应积极与上级主管部门沟通、协调，研究、修订相关设备、设施的安全技术操作规程，加大人员意识的提高，结合实际情况，切实可行地抓好安全管理工作。

7.3 车间应成立应急指挥机构，保证救援装备始终处在随时可正常使用的状态。指挥小组应掌握车间应急救援装备的储备情况。

7.4 车间应急救援指挥小组应完善车间应急机构主要人员名单，并确保名单中所有通信方式有效。各班组也应按照要求完善本班组人员名单表，保障本班组人员通信联系的准确。

7.5 车间应加强对设备、设施安全知识的宣传和教育，采用通俗易懂的方式宣传人员、设备、设施发生事故后的正确处理方法和应对办法，提高车间员工的应对能力。

8. 后期处置

8.1 发生火灾事故后，由集团公司消防大队牵头，组织有关人员组成事故调查组进行事故调查，公司安全管理部、装备供应部、车间应积极配合，以保证调查组客观、公正、准确地对事故原因、发生过程、恢复情况、事故损失、事故责任等问题进行调查评估。

8.2 车间应急救援指挥小组应及时总结和分析应急救援工作中存在的问题和缺陷，进一步完善应急救援内容，改进事故抢险与紧急处置措施。

范本 9.06
危险化学品仓库消防应急预案

1. 编制目的和依据

根据《中华人民共和国安全生产法》《危险化学品安全管理条例》等有关法律法规和规定，为有效防范危险化学品事故造成的人员伤亡或财产损失以及其他社会危害，及时控制危险源，抢救受害人员，指导员工防护和组织疏散，排除现场隐患，清除危害后果，及时有效地组织救援，结合本公司实际情况，特制定本预案。

2. 工作原则

2.1 以人为本、安全第一。贯彻落实"安全第一、预防为主、综合治理"的方针，把保障人民群众的生命安全和身体健康，最大限度地预防和减少危险化学品事故造成的人员伤亡作为首要任务。

2.2 反应迅速、协同应对。公司领导班子成员分工明确，责任清楚；各有关职能部门分工合作，密切配合，确保发生事故能够迅速、高效、有序地开展应急救援活动。

2.3 预防为主、平战结合。坚持应急救援和预防工作相结合，切实加强预防和预测工作，做好风险评估、物资储备、队伍训练、装备建设和应急救援预案演练工作。

3. 组织机构及职责

3.1 应急组织机构

本公司事故应急救援领导小组，由法人代表、副经理及车间主任、安全、设备、办公室等人员组成，下设救援组、治安组、通信组、医疗救护组和后勤组。法人代表任事故应急救援领导小组组长。见下图。

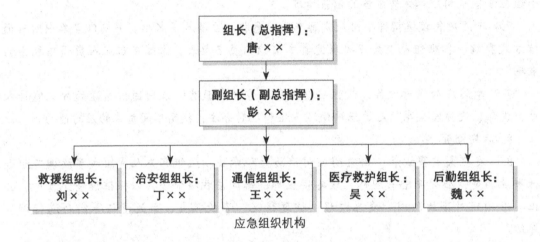

应急组织机构

3.2 组成人员

3.2.1 事故应急救援领导小组组长（总指挥）：唐××（法人代表）。

3.2.2 事故应急救援领导小组副组长（副总指挥）：彭××（副经理）。

3.2.3 救援组：刘××（组长）、孙××、陈××、江××。

3.2.4 治安组：丁××（组长）、杨××。

3.2.5 通信组：王××（组长）。

3.2.6 后勤组：魏××（组长）、王××、朱××。

3.2.7 医疗救护组：吴××（组长）、周××。

3.2.8 相关部门：行政部、财务科、安全部、生技部、供应部、销售部。

公司应急救援队伍见下表。

公司应急救援队伍

姓名	职务	联系电话
唐××	总经理	（略）
彭××	副总经理	（略）
魏××	安全员	（略）
丁××	设备部	（略）
刘××	车间主任	（略）
王××	行政部	（略）
吴××	销售部	（略）

3.3 主要职责

3.3.1 领导小组

3.3.1.1 领导小组实施应急工作的指挥任务，执行上级部门有关指示要求，组织企业应急抢险预案的实施。

3.3.1.2 协调各班组的抢险、救灾、医疗、救护、消防安全保卫、物资救援等工作。

3.3.1.3 负责本公司应急处置措施、方案的制订、修订。

3.3.1.4 组建应急救援专业队伍，并组织实施培训和教育。

3.3.1.5 检查、督促做好本公司事故的预防措施和应急救援的各项准备工作。

3.3.1.6 负责事故信息的上报。

3.3.2 组长（总指挥）。制定本部门应急预案，定期组织各岗位员工进行预案演练，发生事故时组织有限力量进行抢救、对外来人员及车辆进行疏散。

3.3.3 副组长（副总指挥）。在与组长失去联系的情况下，代替执行组长的职责。

3.3.4 通信组。根据灾情向有关部门报警（消防"119"、救护"120"、治安"110"、交通事故"122"），并向上级主管部门报告。

3.3.5 救援组。按照各专项预案对事故进行应急处理；对发生事故周边危险距离内的易燃、易爆、有毒物品进行及时疏散及清理；负责抢救现场受伤人员离开危险场所，并切断电源。

3.3.6 治安组。疏散厂内车辆和无关人员，对事故现场进行警戒。

3.3.7 后勤组。负责提供救援所需的物资。

3.3.8 医疗救护组。协助救援组救治受伤人员，及时送往就近医院治疗。

4. 危险源与风险分析

按照职业健康安全管理体系（ISO 45001:2018）的要求，经调查和分析，危险化学品仓库可能发生的事故、事件和紧急情况清单如下表所示。

事故、事件和紧急情况清单

序号	类型	潜在险情	应急区域划分
1	火灾	失火	以任何非可燃区域为应急区域范围
2	泄漏	火灾、爆炸	危害半径以外的任何安全区域为应急区域范围
3	爆炸	油品爆炸	危害半径以外的任何安全区域为应急区域范围
4	被盗窃	中毒、社会影响	以事故危害形成后的任何安全区域为应急区域范围

仓库配备相应密度的灭火器材，装有可燃气体报警装置。消防设施及消防器材见下表。

消防设施及消防器材

名称	规格型号	数量（个）	状态	分布
手提式干粉灭火器	4kg		良好	仓库
手提式干粉灭火器	8kg		良好	仓库
手推式干粉灭火器	35kg		良好	仓库
消火栓			良好	仓库
可燃气体报警器			良好	仓库
防毒面具			良好	仓库
消防服			良好	仓库
空气呼吸器			良好	仓库

5. 预防与预警

5.1 危急事件的预防

5.1.1 为了有效抢救被困者或受伤人员，除化学技术人员以外，加强专职消防队员和厂义务消防人员一般的化学知识和处理化学危险品仓库着火应急的消防知识的培训。

5.1.2 公司财务部应经总经理批准，统一计划安排好足够的应急突发事件的储备资金，做好处理突发事件的资金预算准备。

5.1.3 救援物资应常备，防护服、防毒面具以及各种专用的消防器材、器具应保存在指定仓库内，专人保管，随时可用。现场必须备有一定数量的防毒面具以供应急之需。

5.2 危急事件预想

5.2.1 危险化学品仓库着火，随时有爆炸和有毒有害气体、液体泄漏的可能，为了防止在抢救处理过程中人员中毒，必须严格做好个人的防护工作。

5.2.2 安全救护组做好现场受伤人员救护、抢救准备，必要时应及时联系"120"救援。

6. 应急预案的启动

6.1 应急报告、应急指挥的渠道

化学危险品仓库着火事故发生后，如果火势不大，第一发现人应立即用仓库小型灭火器灭火，并做好个人防护；如果火势较大，应立即拨打公司报警电话向公司应急救援小组报告，根据情况发布命令，启动本应急预案。总经理向主管单位安环部首先下达应急预案启动命令，安环部立即通知灭火行动组赶赴现场，同时通知其他行动组到位，紧急启动本预案，各单位人员接到命令后，迅速安排本部门人员各就各位，组织事故的应急处理。

6.2 紧急疏散

6.2.1 发生特大火灾或爆炸，已达无法控制的程度时，各部门、班组应立即指挥员工疏散到安全地带，直至紧急警报解除。

6.2.2 疏散过程中，应同时大声招呼周围的员工或沿途的员工一起疏散，包括在现场的外单位人员。

6.2.3 疏散路线的选择应遵循就近、避开危险点、避开与其他人群冲突等原则。

6.2.4 现场保卫组在疏散过程中，维持好厂内治安秩序，防止人为破坏，保障疏散线路畅通。

6.2.5 事故物质有毒时，必须佩戴合适的个体防护用品，并有相应的监护措施；应向上风向转移，明确专人引导和护送疏散人员到安全区；要查清是否有人留在污染区与着火区，人员全部撤离完毕后由主管人员及时清点事故现场的工作人员数目。

6.2.6 非事故现场的人员快速疏散至远离危险区域的地方，尽量撤离至厂区外面。

6.2.7 如果火势较大或者有毒物品及腐蚀性物品大量喷溅，可能威胁到相邻单位人员、厂外居民的安全时，指挥部应立即通知周边单位及居民，引导周边单位人员及居民迅速撤离到安全地带。

6.3 危急事件的应对

6.3.1 行动预案

6.3.1.1 公司应急救援小组接警后迅速组织出动，到达火场后迅速组成火情侦察小组，携带通信等必要器材，戴好防毒面具，做好个人防护，问清楚有关情况后，进入火场侦察，并及时将侦察情况报告指挥部。

6.3.1.2 指挥部人员应根据侦察报告情况，迅速制定灭火方案，并按方案下达灭火命令。

6.3.1.3 救援组负责人接到灭火命令后，根据着火物质特性，迅速指挥消防车辆根据火情选择最恰当的位置，适时启动干粉车或水罐车有组织地控制火势，阻止火势扩大。做好防止发生爆炸，防止发生意外事故的预想，严格做好个人防护工作。

6.3.1.4 根据火场情况，指挥部可请求外援，外援力量到达后在化学专业人员的技术指导下，立即参与救火，直至完全扑灭。

6.3.1.5 通信联络组织应利用喊话器、广播、电话等多种通信手段通知无关人员紧急撤离，由保卫组织划定警戒区域，严禁无关人员进入火场。

6.3.1.6 组织公司应急救援人员对危险品仓库未燃的化学物品迅速转移，但必须严格做好个人防护工作，防止人员中毒。

6.3.1.7 抢救伤员。受伤人员应迅速送往医院抢救，确保人员的生命安全。

6.3.2 现场保护。为了事故调查和分析需要，事故现场的重要证据应当妥善保护，任何人不得破坏事故现场、毁灭有关证据。因事故抢救、防止事故扩大需要移动事故现场物件时，应当作出标志、绘制现场简图、照相摄像，并作出书面记录。

要求事故现场各种物件的位置、颜色、形状及其物理、化学性质等尽可能保持事故结束时的原来状态。

6.4 事故调查

根据事故现场各种物件的位置、颜色、形状及其物理、化学性质以及移动事故现场物件时，作出的标志、绘制的现场简图、照相摄像资料和书面记录，查清事故原因，明确事故责任。

6.5 生产、生活维持和恢复方案

6.5.1 化学危险品仓库着火抢救处理结束后，要设置警戒线和警戒标志，然后组织对着火现场进行彻底清洗和严格消毒，检测污染情况。现场污染未彻底消除前，无关人员禁止入内。

6.5.2 根据实际情况恢复事故现场的隔离防护措施，缩小影响。除留技术人员处理现场外，其他人员回各自的岗位工作。

6.5.3 后勤应急小组要布置安排好人力，做好安全保卫工作，阻止无关人员进入现场。

6.5.4 当危险源得到控制，事故调查处理结束，根据现场恢复情况，由指挥部宣布事故应急处理情况的终止。

6.5.5 当指挥部下达事故应急程序终止时，及时通知本单位相关部门、周边单位及居民事故危险已解除，生产秩序和生活秩序恢复为正常状态。

6.5.6 事故发生后，应立即报当地政府和应急救援领导小组负责人及办公室。在事故发生24小时内，每半小时向领导小组报告一次进展情况；24小时后，根据应急救援领导小组的要求，定时或随时报告有关情况。

公司应急救援领导小组根据事故等级按有关规定如实向政府相关部门报告（不超过24小时）。

事故发生后12小时内上报事故（险情）书面报告，书面报告应包括事故发生的时间、地点；事故的简要经过、伤亡人数，直接经济损失的初步估计；事故原因、性质的初步判断；事故救援的进展情况和采取的措施等。

如果在交通不便的地区等特殊情况下，可以先用电话报告，然后再进行书面报告。

7. 后期处置

危险化学品仓库事故应急救援领导小组及应急救援办公室负责危险化学品仓库事故的善后处置工作。有关部门按照国家有关政策规定，积极联系保险公司开展理赔，做好职工家属的善后处理工作，保证社会稳定。部门负责现场的清理和处理等事项，尽快消除事故影响，恢复正常生产。

事故善后处置工作结束后，应急救援指挥部分析总结应急救援经验教训，提出改进应急救援工作的建议，完成应急救援总结报告并及时上报。

对应急救援预案实施的全过程，应认真科学地作出总结，完善应急救援预案中的不足和缺陷，为今后的预案建立、制定、修改提供经验和完善的依据。

8. 保障措施

公司按照国家有关规定每年提取一定比例的费用，作为安全生产专项资金。各车间和部门根据生产的性质、特点以及应急救援工作的实际需要有针对、有选择地配备应急救援器材、设备，并对应急救援器材、设备进行经常性维护、保养。启动应急救援预案后，公司的机械设备、运输车辆统一纳入应急救援工作之中。

8.1 通信与信息保障

危险化学品仓库主要负责人和部门负责人均配备手机，各部门的主要领导也配备移动通信工具，且每天24小时内保持开机，以保证通信全天候畅通，及时将抢救情况反馈到公司。

8.2 应急队伍保障

危险化学品仓库办公区和生活区要安排人员轮班值日。部门和现场安排有足够的保安或值勤人员，发现情况后及时通知值班领导并逐级上报。

8.3 应急物资装备保障

公司按照规定在适当的地点配置消防器材和救援装备，除按规定进行经常性的维修和保养外，还应按要求及时废弃和更新，保证应急器材和设备的正常运转。

8.4 经费保障

公司及时拨付安全专项资金，保证相关人员的安全技术培训以及应急器材、设备的维修保养和更新。

8.5 其他保障

公司保持与社区及政府有关部门的密切联系，在紧急事件发生时争取他们的支持和帮助。

9. 培训与演练

9.1 培训

9.1.1 应急预案和应急计划确立后，按照计划组织全体人员进行有效的培训，从而具备完成其应急救援任务所需的知识和技能。应急组织每年进行一次培训，新加入的人员及时进行培训。

9.1.2 主要培训内容

（1）灭火器的使用以及灭火步骤的训练。

（2）安全防护、作业区内安全警示设置、个人的防护措施、用电常识、机械的安全使用。

（3）对危险源的危险性辨识。

（4）事故报警。

（5）紧急情况下人员的安全疏散。

（6）现场抢救的基本知识。

9.2 演练

应急预案和应急计划确立后，经过有效的培训，危险化学品仓库人员每年演练一次。每次演练结束，及时作出总结，对存有一定差距的在日后的工作中加以提高。

范本 9.07

施工现场火灾事故专项应急预案

1. 总则

1.1 事故类型和危害程度分析

火灾事故可能发生在仓库、生活区、办公区和易燃材料（油品）堆放点。危险性分析：造成现场人员伤害和财产损失，严重的危及周边建筑物和群众，造成重大伤亡。

1.2 应急处理基本原则

火灾事故应急响应按照先保人身安全，再保护财产的顺序进行，具体基本原则如下。

1.2.1 救人重于灭火。如果火场上有人受到火势威胁，首要任务是把被火围困人员解救出来。

1.2.2 先控制、后消灭。对于不可能立即扑灭的火灾，要首先控制火势的继续蔓延，具备了扑灭火灾的条件时，展开攻势，扑灭火灾。

1.2.3 先重点，后一般。全面了解并认真分析整个火场的情况，分清重点。

1.2.4 有爆炸、毒害、倒塌危险的方面和没有这些危险的方面相比，处置有爆炸、毒害、倒塌危险物体是重点。

1.2.5 易燃、可燃物集中区域和这类物品较少的区域相比，这类物品集中区是重点。

1.2.6 贵重物资和一般物资相比，保护和抢救贵重物资是重点。

1.2.7 火场的下风方向与上风、侧风方向相比，下风方向重点。

2. 组织机构及职责

2.1 应急组织体系

公司火灾事故应急救援组织体系见下图。

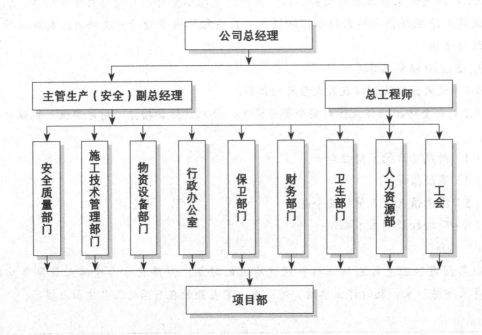

2.2 指挥机构

总指挥：总经理。

副总指挥：主管生产（安全）副总经理、总工程师。

为使现场有序，行动有效，下设五个小组。

通信联络组组长：行政办公室负责人。

成员单位：行政办公室、党委宣传部门、安全质量管理部门。

技术处理组组长：总工程师。

成员单位：施工技术部门、物资设备部门。

抢险抢救组组长：主管生产副总经理。

成员单位：安全质量管理部门、保卫工作部门。

医疗救护组组长：卫生所负责人。

成员单位：卫生所、工会。

后勤保障组组长：劳动人事部门负责人。

成员单位：劳动人事部门、物资设备部门、财务部门。

2.3 应急指挥机构成员及小组职责

应急指挥机构成员及小组职责如下表所示。

应急指挥机构成员及小组职责

序号	成员及小组	具体职责
1	总指挥	启动或停止公司应急救援预案，指挥应急救援
2	副总指挥	协助总指挥负责应急救援的具体指挥工作，协调各应急小组及成员的具体行动，并实施决策
3	通信联络组	（1）确保与总指挥或副总指挥、集团公司应急指挥中心以及外部联系畅通、内外信息反馈迅速； （2）保持通信设施和设备处于良好状态； （3）负责组织对事发现场的拍照、摄像工作；负责对新闻媒体的信息发布和报道；事故扩大应急后，负责向周边居民、社区的对外信息公告
4	技术支持组	（1）提出抢险抢修及避免事故扩大的临时应急方案和措施； （2）指导抢险抢修组实施应急方案和措施； （3）修补实施中的应急方案和措施存在的缺陷； （4）绘制事故现场平面图，标明重点部位，向外部救援机构提供准确的抢险救援信息资料； （5）负责应急过程的记录与整理及对外联络
5	抢险抢救组	（1）实施抢险抢救的应急方案和措施，并不断加以改进； （2）寻找受害者并转移至安全地带； （3）在事故有可能扩大进行抢险抢救或救援时，高度注意避免意外伤害； （4）抢险抢救或救援结束后，直接报告总指挥或副总指挥，并对结果进行复查和评估

企业消防安全与应急全案（实战精华版）

续表

序号	成员及小组	具体职责
6	医疗救治组	（1）在外部救援机构未到达前，对受害者进行必要的抢救（如人工呼吸、包扎止血、防止受伤部位受污染等）； （2）使重度受害者优先得到外部救援机构的救护； （3）协助外部救援机构转送受害者至医疗机构，并指定人员护理受害者； （4）在事故现场周围建立警戒区域实施交通管制，维护现场治安秩序
7	后勤保障组	（1）保障系统内各组人员必需的防护、救护用品及生活物资的供给； （2）提供合格的抢险抢救或救援的物资及设备

3. 预防与警报

3.1 危险源监控

3.1.1 对办公区域和施工场区的危险源，采取定期检查、日常值班巡逻、作业过程专人盯岗，在办公楼设置报警监测装置方式进行监控。

3.1.2 预防措施。危险源预防措施即建立各项制度，如下表所示。

危险源预防制度

序号	预防措施	内容说明
1	建立三级动火审批制度	（1）一级动火，由动火单位消防保卫部门提出意见，经本单位防火责任人审批； （2）二级动火，由动火单位提出意见，防火负责人加具意见，报公司安监部门共同审核，经公司防火责任人审批； （3）三级动火，由公司提出意见，防火责任人加具意见，经集团公司防火责任人审批，并报市消防部门备案，如有疑难问题，还须邀请市劳动、公安、消防等有关部门的专业人员共同研究审批
2	建立临时设施防火制度	（1）临时设施应远离火灾危险性大的场所，必须使用不燃材料搭建围蔽和骨架（门窗除外），易燃易爆物品仓库必须单独设置，用砖墙围蔽； （2）临时设施必须建立宽度不小于1.2m的消防通道，不得修建在高压架空电线下面，并距离高压架空电线的水平距离不少于6m
3	建立日常防火教育制度	（1）新职工、外来工上岗前必须进行防火知识、防火安全教育，并做好签证登记； （2）每周根据生产特点对职工、外来工进行不少于一次的防火教育； （3）定期组织一次义务消防队培训、演练； （4）施工现场要设立防火宣传栏和防火标语
4	建立防火检查登记制度	（1）班组实行班前班后检查； （2）每月由现场防火责任人带队，组织有关部门人员，对施工现场进行全面检查，公司每季度进行抽查； （3）认真做好动火后的安全检查； （4）认真落实整改隐患的跟踪、复查

214

序号	预防措施	内容说明
5	建立易燃易爆物品管理制度	（1）易燃易爆物品存放量不准超过3天的使用量； （2）易燃易爆物品必须设专人看管，严格收发、回仓手续； （3）易燃易爆物品严禁露天存放； （4）易燃易爆物品仓照明必须使用防火、防爆装置的电气设备； （5）使用液化石油气焊、割作业，须经施工现场防火责任人批准； （6）严禁携带火种、手机、对讲机及非防爆装置的照明灯具进入易燃易爆物品仓
6	建立安全用电管理制度	（1）施工现场一切电气安装必须按照标准《建设工程施工现场供电安全规范》和建设部《施工现场临时用电安全技术规范》要求执行； （2）施工现场一切电气设备必须由有上岗操作证的电工进行安装管理，认真做好班前班后检查，及时消除不安全因素，并做好每日检查登记； （3）电线残旧要及时更换，电气设备和电线不准超过安全负荷； （4）不准使用铜丝和其他不合规范的金属丝作照明电路保险丝； （5）加强对碘钨丝、卤化物灯的使用管理； （6）室内外电线架设应有瓷管或瓷瓶与其他物体隔离，室内电线不得直接敷设在可燃物、金属物上，要套防火绝缘线管
7	建立动火作业制度	（1）焊、割作业必须由有证焊工操作； （2）严格执行临时动火作业"三级"审批制度，领取动火作业许可证后方能动火； （3）动火作业必须做到"八不""四要""一清理"； （4）高处动火作业要专人监看，落实防止焊渣、切割物下跌的安全措施； （5）动火作业后要立即告知防火检查员或值班人员
8	配置充足的消防器材	按规定配置充足的消防器材，不得借故移作他用。现场配备足够的消防水源、管道

3.2 预警行动

3.2.1 在危险源评估的基础上，对其可能发生火灾处设置"严禁烟火""禁止吸烟"等标识。

3.2.2 易燃易爆物品仓库内外除设置相应安全标志外，还应在仓库外围拉设警戒线，并设立值班室24小时专人值班。

3.2.3 任何人发现火险后，都要及时、准确地向保卫部门、现场负责人员或消防机关报警（火警电话"119"），并积极投入扑救。单位接到火灾报警后，应及时组织力量，配合消防机关进行扑救。

4. 信息报告程序

4.1 报警系统及程序

办公区域及施工现场发现火情后，第一时间报告现场负责人，现场负责人应立即向上一级主管部门或"119"报告，公司主要负责人决定是否启动应急救援预案。程序为由下而上，由内到外，形成有序的报警网络系统。如下图所示。

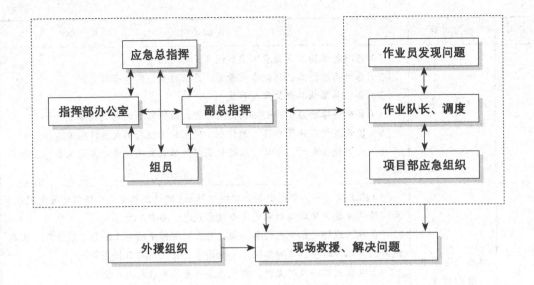

4.2 现场报警方式

（1）电话报警。利用值班电话向上级机构及消防部门报警。

（2）警报器、喊话器报警、人员喊话等手段告知现场人员撤离。

（3）24小时与相关部门的通信、联络方式为现场值班电话、发现人手机，外部救援电话：119，人员受伤急救电话：120。

4.3 报警内容

（1）事故发生的时间、地点、事故类别、简要经过、人员伤亡。

（2）事故发生单位名称，事故现场项目负责人姓名。

（3）工程项目和事故险情发展势态、控制情况，紧急抢险救援情况。

（4）事故原因、性质的初步分析。

（5）事故的报告单位、签发人和报告时间。

4.4 外部求援方式

内部应急预案启动的同时，由应急总指挥确定是否启动外部应急报警系统，向已经确定的施工场区外部单位、社会公共救援机构求援。

5. 应急处置

5.1 响应分级

5.1.1 根据国家现行火灾统计方法，按照每次火灾事故所造成的人员伤亡、受灾户数和财产直接损失金额，分为以下四类。

特别重大火灾，是指造成30人以上死亡，或者100人以上重伤（包括急性工业中毒，下同），或者1亿元以上直接经济损失的事故；

重大火灾，是指造成10人以上30人以下死亡，或者50人以上100人以下重伤，或者5000万元以上1亿元以下直接经济损失的事故；

较大火灾，是指造成3人以上10人以下死亡，或者10人以上50人以下重伤，或者1000万元以上5000万元以下直接经济损失的事故；

一般火灾，是指造成3人以下死亡，或者10人以下重伤，或者1000万元以下直接经济损失的事故。

5.1.2 特别重大、重大火灾报告集团公司启动集团公司综合应急预案，一般火灾由公司启动专项应急救援预案。

5.2 响应程序

5.2.1 应急指挥。根据基层负责人提供的有关火情、人员情况、应急救援资源配置情况，立即分析确定报警级别，指挥协调应急行动。根据现场应急控制情况，确定升高或降低警报级别，决定请求外部援助和应急撤离。

5.2.2 应急行动。现场消防队（由施工现场职工、劳务工组成）接到报告，立即到达火灾现场，在消防队长指挥下，首先切断火灾现场电源、煤（燃）气，有条不紊地按照应急预案进行扑救，接到应急总指挥下达的撤离命令时，立即撤离现场。

5.2.3 资源调配。包括人力资源响应和物资资源响应，应急措施启动后，人力管理部、物资管理部根据应急总指挥的部署，有效组织周边及其他内部人力资源，及时对事故现场进行应急救援。

5.2.4 应急避险。应急救援过程中，按照应急总指挥的部署，消防人员及时撤离火灾地点，各应急职能部门按照预案的分工，及时对场区内外进行有效隔离，疏散场区外居民撤出危险地带，对受伤人员进行救治，对重伤人员转移至医疗机构就医。

5.2.5 扩大应急。应急行动中，火势开始蔓延扩大，不能马上扑灭情况下，由现场最高领导者下达扩大应急救援级别并报上级及消防主管部门。

5.3 处置措施

5.3.1 应急处置次序见下图。

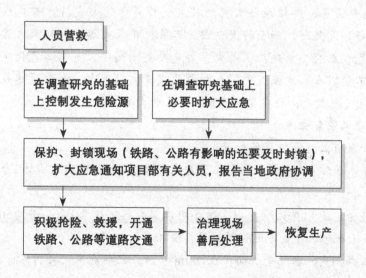

5.3.2 任何员工一旦发现火情，视火情的严重情况进行以下操作。

5.3.2.1 局部轻微着火，不危及人员安全，可以马上扑灭的立即进行扑灭。

5.3.2.2 局部着火，可以扑灭但可能蔓延扩大的，在不危及人员安全的情况下，应组织周围人员参与灭火，防止火势蔓延扩大，并向现场管理者汇报。

5.3.3 现场施工负责人针对火势蔓延扩大，不可能马上扑灭的按以下方式处理。

5.3.3.1 立即进行人员的紧急疏散，指定安全疏散地点，由安全员清点人数，发现有缺少人员的情况时，现场最高领导或消防队员立即向公司领导汇报。

5.3.3.2 拨打消防报警电话"119"，通报火场信息：单位名称、地址、着火地点、着火物资及火势大小、联系电话，回答"119"询问并派人到路口接应消防车。

5.3.3.3 发现有人员受伤，立即送往医院或拨打救护电话"120"与医院联系。

5.3.4 根据物质燃烧原理和总结长期救火实践，可用以下几种方法灭火。

5.3.4.1 窒息灭火法。施工现场可采用石棉布，浸湿的棉被、帆布、海草席等不燃或难燃材料覆盖燃烧物或封闭孔洞；用水蒸气、惰性气体或二氧化碳、氮气冲入燃烧区域内；利用建筑物原有的门、窗以及生产储运设备上的部件封闭燃烧区，阻止新鲜空气流入，以降低燃烧区内氧气含量，窒息燃烧。此外，在万不得已且条件允许的情况下，也可采用水淹没（灌注）的方法扑灭火灾。

5.3.4.2 冷却灭火法。将灭火剂直接喷洒在燃烧物体上，使可燃物质的温度降低至燃点以下，终止燃烧。在必要的情况下，可用冷却剂冷却建筑构件、生产装置、设备容器等，防止建筑构件变形造成更大损失。

5.3.4.3 隔离灭火法。将燃烧区域附近的可燃、易燃、易爆和助燃物质转移到安全地点；关闭阀门，阻止气体、液体流入燃烧区；设法阻拦流散的易燃、可燃气体、液体；拆除与燃烧区相毗邻的可燃建筑物，形成防止火势蔓延的间距等。

5.3.4.4 抑制灭火法。使用灭火剂参与燃烧反应过程，使燃烧过程中产生的游离基消失，从而形成稳定分子或低活性的游离基，使燃烧反应停止，常用的灭火剂有1211灭火剂、1202灭火剂、1301灭火剂。

5.3.4.5 电气设备、焊接设备火灾的扑灭。扑灭电气火灾时，首先应切断电源，并使用绝缘性能好的灭火剂，如干粉灭火器、二氧化碳灭火器、1211灭火器等。焊接设备（电石桶、氧气、乙炔、电焊机）着火，首先要关闭阀门，可用二氧化碳灭火器或干粉灭火器扑救，不能用水、泡沫灭火器和四氯化碳灭火器灭火，如邻近建筑物或可燃物失火，应尽快将氧气瓶搬走，放在安全地带，防止受火场高热影响引起爆炸。

6. 应急物资与装备保障

6.1 应急处置所需物资与装备数量

6.1.1 厨房。面积在100㎡以内，配置泡沫灭火器2个、1211灭火器1个，每增50㎡增配泡沫灭火器1个。

6.1.2 材料仓。面积在50㎡以内，配备泡沫灭火器不少于1个，每增50㎡增配泡沫灭火器不少于1个（如仓内存放可燃材料较多，要相应增加）。

6.1.3 施工办公室、水泥仓。面积在100㎡以内，配备泡沫灭火器不少于1个，每增加50㎡增配泡沫灭火器不少于1个。

6.1.4 可燃物品堆放场。面积在50㎡以内，配备泡沫灭火器不少于2个。

6.1.5 电机房。配备1211灭火器不少于1个。

6.1.6 电工房、配电房。配备1211灭火器不少于1个。

6.1.7 垂直运输设备（包括施工电梯、塔吊）机驾室。配备1211灭火器不少于1个。

6.1.8 油料仓。面积在50㎡以内，配备1211灭火器不少于2个，每增加50㎡增加1211灭火器不少于1个。

6.1.9 临时易燃易爆物品仓。面积在50㎡以内，配备1211灭火器不少于2个。

6.1.10 木制作场。面积在50㎡以内，配备1211灭火器不少于2个，每增加50㎡增加1211灭火器不少于1个。

6.1.11 值班室。配备泡沫灭火器1个、1211灭火器1个及1条直径为65mm、长度为20m的消防水带。

6.1.12 集体宿舍。每25㎡配备泡沫灭火器1个，如占地面积超过1000㎡，应按每500㎡设立一个2m³的消防水池。

6.1.13 临时动火作业场所。配备泡沫灭火器不少于1个和其他消防辅助器材。

6.1.14 在建建筑物。施工层面积在500㎡以内，配备泡沫灭火器不少于2个，每增加500㎡增配泡沫灭火器1个，在非施工层必须视具体情况适当配置灭火器器材。

6.2 几种灭火器的性能、用途和使用

（略）。

6.3 灭火器的使用温度范围

（略）。

6.4 应急物资设备的管理与维护

应急预案所需的物资装备由现场项目部统一保管，专人负责维护保养，做好物资设备台账。每次应急抢救完后，做好统计工作，对损失的物资设备进行及时的维修和更新。

范本 9.08

酒店火灾事故应急预案

1. 编制目的

为全面贯彻落实"安全第一，预防为主，综合治理"的方针，增强酒店业整体应对事故的应急处置能力，减少火灾事故造成的损失和危害，构建安全、舒适的酒店环境，保障人身和财产安全，特制定本预案。

2. 危险性分析

2.1 企业概况

（略）

2.2 危险性分析

2.2.1 酒店业经营的特点。酒店为开放式经营管理，具有人员密集、流动性大的特点，酒店内各项饮食娱乐配套设施齐全，客房数量多，装修富丽堂皇，酒店还配有各种大型机电设备，确保酒店的正常经营。

2.2.2 火灾危险性分析。酒店大厦主体为框架结构，总建筑面积大，楼高层数多，建筑立面复杂。由于酒店配有厨房、高低压配电房、锅炉房、发电机房、化学品仓库、油库等危险源，加上客人和员工的一些不安全行为及酒店设备设施的不安全状态，容易发生火灾。一旦酒店发生火灾，烟、火蔓延途径多，容易形成立体火灾，疏散困难。由于客房内有大量的织布用品，火势在短时间内会迅速增大，如不及时扑救，火势扩大，难以控制，将造成严重的人员伤亡。如果重点部位发生火灾及爆炸事故，将会使设备损坏、营运瘫痪，人员伤亡将更加严重，造成巨大的经济损失及不良的社会影响。

3. 应急组织机构与职责

3.1 应急组织体系

酒店火灾事故应急组织体系见下图。

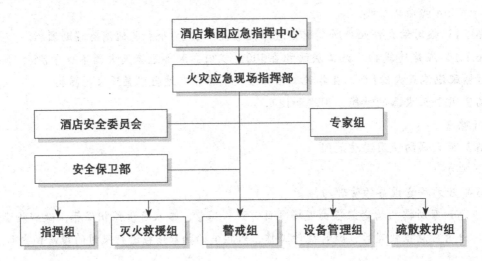

3.2 指挥机构及应急行动组

3.2.1 指挥机构。火灾事故应急救援指挥系统启动后，成立由酒店集团安委会、事发酒店自身的安委会共同组成的应急现场指挥部，安委会主任任总指挥，酒店主管安全工作的第一责任人任副总指挥，酒店高级管理人员和安全主任等为成员。现场指挥部及时召集相关单位专职安全管理人员组成专家组，负责火灾事故现场的应急救援策划工作，为指挥部出谋划策。

3.2.2 应急行动组。为提高火灾事故应急救援效率，迅速展开工作，根据应急救援行动的实际要求，成立五个基本应急行动组，应急行动组由酒店安委会所有成员组成，分成现场指挥组、灭火救援组、警戒组、设备管理组、疏散维护组。现场指挥组由酒店主管安全工作的第一责任人担任组长；灭火救援组由酒店安全主任担任组长；警戒组由保安部经理担任组长；设备管理组由工程部经理担任组长；疏散维护组由行政总监担任组长。

（1）现场指挥组。负责指挥调度各部门进行营救，并对现场情况作出评估，制定合理的应对措施。

（2）灭火救援组。负责赶赴现场运用现有消防设施进行灭火或控制火势，等待消防人员进行扑救，并配合医务人员抢救伤员。

（3）警戒组。负责封锁现场，对受影响区域进行警戒，确认伤亡数字，尽可能减少对酒店的人员的伤害及经济的损失。

（4）设备管理组。负责确保酒店内所有的大型机电设备正常运作，切断受火灾影响区域内的电源及燃气，确保整个酒店的消防应急用电。

（5）疏散维护组。负责紧急疏散受火灾影响的人群，对酒店内的客人及员工进行疏导，避免引起恐慌，安抚伤员及其家属的情绪。

4. 预防与预警

4.1 预防和监控

酒店消防控制室实施24小时值班监控制度，充分利用酒店的火灾自动报警系统对各个部位实施严密监控，一旦出现报警立即派巡逻队员前往火警现场确认。加强酒店消防设施的日常维护保养，出现故障及时排除。酒店保安部平时要加强巡楼制度，对重点保护部位或由于维修不及时失去技防保护的区域实施严格巡查，发现火灾隐患及时报告，使人防和技防有效结合，共同发挥作用。

4.2 预警行动

4.2.1 当火灾自动报警系统显示火警信号或楼层火情报告后，消防控制室值班人员立即通知值班经理安排义务消防队员赶赴出事地点，同时坚守岗位，密切注视火警动态。

4.2.2 义务消防队员接到通知，应立即赶赴现场，确认火警后，就近按下手动报警按钮，同时通过对讲机向消防控制中心报告火灾情况。通知、组织就近疏散；能自己动手灭火的，迅速开展灭火工作，或就地打开消火栓，展开水带、水枪，等待救援人员的到来。属系统误报，即时通知消防控制室值班人员复位；若因设备故障不能当场复原的，应及时通知维修组进行修复。

4.2.3 消防监控中心值班护管员接到手动报警信号或巡逻护管员的电话报警后，立即通知管理服务中心，并通过电梯对讲机通知电梯中的乘客按下最近楼层的按钮，待电梯门打开后迅速撤离电梯，从疏散楼梯撤出大厦。

4.2.4 管理服务中心第一个接到通知者，应立即通知酒店消防控制室或拨打"119"报火警，告知火灾发生的地点、位置、楼层以及是否有人被困；告知管理服务中心负责人、安全保卫部、公司安全负责人；通知值班维修工。

4.2.5 24小时值班维修工应立即赶至消防控制室，迫降所有电梯，使消防电梯处于消防待用状态；立即切断大厦的市电电源并及时启动备用发电机确保应急供电；立即切断大厦的煤气总阀；检查消防水源是否充足；检查消防设备是否处于良好待用状态；并配合消防控制室值班护管员密切监视消防设备运行状态，若有消防设备无法联动，及时采用手动方式强启设备。

5. 信息报告

5.1 火灾报警方式

酒店建筑发生火灾主要采取如下几种方式报火警。

（1）建筑物内火灾探测器（如烟感、温感）自动向消防监控中心报火警。

（2）建筑物内的人发现火情，及时通过手动报警按钮、消防电话或其他电话向消防监控中心报火警；也可直接拨打"119"向消防应急救援队报警。

（3）消防监控中心值班人员接到火警并确认后，要在第一时间拨打"119"向消防应急救援队报警。与此同时，还要立即通知酒店大堂经理、安全主任、安全保卫部门负责人、酒店安委办等领导。

5.2 火灾报警程序

酒店集团火灾报警程序如下图所示。

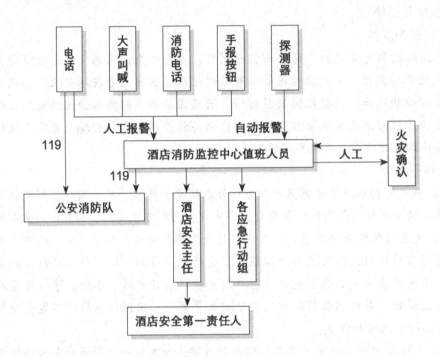

5.3 火灾事故应急联络电话

消防专用报警电话：119；急救电话：120；公安接警电话：110；交通疏导：122；酒店集团24小时值班电话：（略）；各酒店总机：（略）；保安部值班电话：各酒店总机转值班经理；主管领导电话：（略）。

6. 应急响应

6.1 应急原则

6.1.1 保障人民群众的生命安全和身体健康是应急工作的出发点和落脚点。通过采取各种措施，建立健全应对火灾事故的有效机制，最大限度地减少因火灾造成的人员伤亡。

6.1.2 通过酒店自身的火灾自动报警系统，及早实现火警的预测和警报。安全保卫部和工程部要采取得力的防范措施，加强对火灾自动报警系统的日常维保，发现故障及时排除，确保系统时刻处于良好状态；加强消防检查，杜绝火灾隐患，尽一切可能防止火灾事故的发生。对无法防止或已经发生的火灾，尽可能避免其造成恶劣影响和灾难性后果。

6.1.3 酒店高级管理人员要加强对义务消防队伍（主要是保安人员）的应急训练和演练，紧紧围绕火灾初起五分钟，切实提高义务消防队伍在五分钟内的应急反应能力和实战能力，真正做到早发现、早报告、早控制，打造一支"招之即来、来之善战"的火灾快速反应队伍。

6.1.4 火灾应急过程中，始终坚持"统一指挥、统一行动"的应急思路，坚持火灾现场最高领导指挥制，坚持让最了解火情的领导担任前沿指挥官，坚持让能最大限度调用应急力量和资源的领导担任最高指挥官。

6.1.5 鉴于高层酒店"垂直距离高、扑救困难、火灾蔓延速度快"的特点，酒店消防控制中心立足自救，充分利用建筑自身的消防设施，充分利用自己打造的应急队伍，自己动手快速扑救初起火灾，快速疏散被困群众，快速报警救援。

6.2 基本响应程序

6.2.1 酒店发生火灾，酒店安全保卫部为第一响应小组，首先接报火警的人员应迅速通知酒店安全保卫部所有人员赶至现场。酒店安全主任应立即启动酒店现场应急处置机制或现场处置方案，在消防应急救援队还未到来时迅速组织自有力量对初起火灾实施有效扑救和人员疏散。

6.2.2 酒店安全主任迅速将所有员工分成五个应急行动组，即指挥组、灭火救援组、警戒组、设备组、疏散救护组，并明确各小组人员分工，各负其责。

6.2.3 各个组的响应程序。各个组的响应程序如下表所示。

序号	组别	响应程序
1	指挥组	（1）由管理服务中心主任担任灭火救人工作总指挥，保证通信畅通； （2）组织火情侦察、掌握火势发展情况，确定火场的主要方向，及时召集力量，向各组明确布置任务，检查执行情况； （3）消防应急救援队到达现场时，及时向消防应急救援队报告火情，并将指挥权及时移交给消防队领导，服从统一指挥，按照统一部署带领员工执行； （4）打开消防控制室的消防广播，供指挥人员按疏散顺序指挥大楼内的人员从消防通道疏散
2	灭火救援组	（1）由义务消防队员担任，由护管班长任组长； （2）接到火警、火灾扑救的命令，带上灭火器材和救生、破门工具（多层还应根据着火地点消防设施配备情况，选择带上消防水带和室外消火栓专用扳手等灭火器材和救援器材），第一时间赶到现场，按照现场指挥人员的统一安排，从疏散楼梯快速上到着火层和相邻的上下层，迅速展开水带，接上水枪和消火栓，先打开消火栓，再打破消火栓按钮，启动水泵，开始灭火和控制火势蔓延； （3）若有人被困火中，以救人为第一目的； （4）在不明火势大小的情况下，采取谨慎的态度和安全的操作方法； （5）若有爆炸危险源，应及时清理，消除危险源
3	警戒组	（1）由酒店保安人员担任，负责发生火警、火灾的大厦或多层外围的警戒； （2）第一时间清除进入大厦消防通道的路障阻挡，保持消防通道的畅通，引导消防车行进； （3）阻止围观的群众靠近着火的建筑物周围，防止灭火和救人时须打烂的玻璃从高空掉落下来，造成不必要的伤害

序号	组别	响应程序
4	设备组	（1）由设备维修人员担任，维修主管任组长，按照各自的分工，各就各位； （2）负责供电设备安全的维修工第一时间切断着火楼层的电源，必要时切断整个大楼的非消防电源，并确保消防应急用电； （3）负责燃气设备安全的维修工必须在第一时间切断相应的燃气总阀； （4）负责水泵运行的维修工到水泵房观察消防水泵的运行状况，必要时，强启消防泵； （5）在消防控制室应留一名维修工，随时根据消防控制室监视信号，应急处理不能运行的消防设备，通知关闭相应楼层总电源，并保障消防设备正常工作
5	疏散和救护组	（1）接到火情通报，立即到现场，保证疏散通道及安全出口畅通； （2）按消防控制室的消防广播指挥的疏散顺序，负责现场群众从楼梯疏散，疏导、护送客人和员工有秩序地疏散至安全区； （3）逐间客房检查，核实疏散人员是否安全撤离火灾现场； （4）对受伤的人员进行简单的包扎和处理，对重伤者，联系救护车并护送到医院进行抢救

6.3 扩大响应

6.3.1 火灾事故发生后，酒店消防控制中心必须在第一时间内响应，及时启动酒店现场应急处置机制，组织自有应急力量扑救和控制初起火灾，疏散被困群众。与此同时，酒店消防控制中心还必须在第一时间内拨打"119"火警电话请求专业消防队进行援助。

6.3.2 当酒店安全保卫部自有应急力量无法在第一时间内控制住初起火灾时，现场指挥组应当机立断快速作出启动更高一级应急预案的决定，立即向酒店申请援助，酒店负责人接到申请后应立即启动酒店级火灾应急预案，立即组成火灾应急现场指挥部，就近调动附近酒店或邻近单位的应急力量投入到应急行动中去。指挥权上移后，酒店安全主任应积极配合火灾应急现场指挥部的应急救援工作。

6.3.3 若还是无法控制火灾蔓延，应立即申请启动集团级或当地政府级预案，并充分调动自有的应急力量和资源，积极配合集团或当地政府参与火灾事故的应急处置工作。

6.4 处置措施

6.4.1 酒店安全保卫部人员充当义务消防队，在扑救火灾时，一定要针对不同类型的火灾分别使用不同的灭火器，通常情况下均采用磷酸铵盐干粉灭火器，可扑救A、B、C类及电气火灾。尤其注意电气火灾不能用水扑救。

6.4.2 报"119"火警时一定要清楚准确地报出：起火地点、地区、道路（街）、门牌号码、起火部位、火势大小、报警人姓名、报警的电话号码等，并在路口迎候和引导消防车进入火场。

6.4.3 义务消防队深入着火楼层实施灭火救援任务时，一定不要单兵作战，要彼此相互照应，随时保持联系，一旦火势严重蔓延要及时脱离危险区域。

6.4.4 在楼层疏散引导人群全部撤离后，最后撤离的人一定要记住关闭防火门，防止火灾扩散蔓延。

6.4.5 请记住我们的身份是义务消防员，我们的第一任务是疏散人员和救人，然后才是扑救初起火灾，协助专业消防队员，千万不可一时逞强，要首先保护好自己，佩戴必要的防护器具，掌握必要的火灾自救逃生和急救知识。

7. 善后处理

7.1 扑灭火灾后，警戒组应保护火灾现场。

7.2 酒店安全主任应查明或协助查明火灾原因，核实或清查火灾损失情况，向酒店安委会提交火灾报告。

7.3 大堂经理应安排清洁人员清理地面水渍、走廊地毯。

7.4 恢复供电前，负责电气设备安全的维修工应确保损坏线路已恢复正常。

7.5 酒店火灾事故应急处理流程图（略）。

8. 应急物质与装备保障

8.1 酒店义务消防队的装备

消防服、消防帽、消防鞋、防火手套、空气呼吸器、防毒面具、腰斧头、手电筒、灭火器、担架、消防太平斧头、医药箱、湿毛巾、撬棍、消防水带、水枪、逃生绳索、插孔电话等。

8.2 其他装备

运输车辆、救护车辆、对讲机、通信设施等。

范本 9.09

火灾伤亡事故现场处置预案

1. 目的

为高效、有序地处理本企业火灾伤亡突发事件，避免或最大限度地减轻火灾对人身伤亡造成的损失，保障员工生命和企业财产安全，维护社会稳定，特制定本预案。

2. 适用范围

适用于本企业火灾伤亡突发事件的现场应急处置和应急救援工作。

3. 事件特征

3.1 危险性分析和事件类型

3.1.1 火灾事故危险。大型变压器着火事故、发电机着火事故、锅炉燃油系统着火事故、燃油区（油泵房）火灾事故、制氢站着火事故、危险化学品仓库着火事故、制粉系统着火事故、输煤系统着火事故、电缆着火事故、蓄电池爆炸事故、汽轮机油系统火灾事故、集控室火灾事故、计算机房火灾事故、加油站火灾事故、重要生产场所着火事故、档案室火灾事故、招待所火灾事故、高层建筑着火事故。

3.1.2 火灾事件类型。固体物质火灾、液体火灾和可熔化的固体火灾、气体火灾、金属火灾。

3.2 事件可能发生的地点和装置

油区、氢站、电缆夹层、电缆沟、电气设备、汽轮机油系统、制粉系统、输煤系统、生活及办公区域，在运行检修过程中，均可能造成火灾伤亡事故。

3.3 可能造成的危害

3.3.1 烧伤人员病程长、医疗消耗大、并发症多、病情变化快、死亡率高。

3.3.2 烧伤造成局部组织损伤，轻者损伤皮肤、肿胀、水泡、疼痛；重者皮肤烧焦，甚至血管、神经、肌腱等同时受损，呼吸道烧伤以及烧伤引起的剧痛和皮肤渗出等因素导致休克，晚期出现感染、败血症等并发症而危及生命。

3.4 事前可能出现的征兆

3.4.1 燃油区、制氢站、制粉系统发生泄漏。

3.4.2 电器短路和电气设备的选用不当、安装不合理、操作失误、违章操作、长期超负荷运行。

3.4.3 电气线路短路瞬间会产生很高的温度和热量，可以使电源线的绝缘层燃烧、金属熔化，引起附近的可燃物质燃烧。

3.4.4 机组在检修、设备改造、日常生产维护等工作中，执行制度不严、安全意识淡薄均有可能造成火灾人身伤亡事故。

4. 组织机构及职责

4.1 成立应急救援指挥部

总指挥：总经理。

成员：事发部门主管、值班经理、现场工作人员、消防队、医护人员、安检人员。

4.2 指挥部人员职责。

4.2.1 总指挥的职责。全面指挥火灾伤亡突发事件的应急救援工作。

4.2.2 事发部门主管职责。组织、协调本部门人员参加应急处置和救援工作。

4.2.3 值班经理职责。向有关领导汇报，组织现场人员进行先期处置。

4.2.4 现场工作人员职责。发现异常情况，及时汇报，做好火灾伤亡人员的先期急救处置工作。

4.2.5 消防队职责。立即到达现场扑灭火灾。

4.2.6 医护人员职责。接到通知后迅速赶赴事故现场进行急救处理。

4.2.7 安检人员职责。监督安全措施落实和人员到位情况。

5. 应急处置

5.1 现场应急处置程序

5.1.1 火灾伤亡突发事件发生后，值班经理应立即向应急救援指挥部汇报。

5.1.2 该方案由总经理宣布启动。

5.1.3 应急处置组成员接到通知后，立即赶赴现场进行应急处理。

5.1.4 火灾伤亡事件进一步扩大时启动《人身事故应急预案》。

5.2 处置措施

5.2.1 迅速将烧伤人员救离火场，立即采取冷疗措施。

5.2.2 迅速让伤员脱离火灾现场，置于通风良好的地方，清除口鼻分泌物和炭粒，保持呼吸道通畅。

5.2.3 衣服着火，应迅速脱去燃烧的衣服，或就地打滚压灭火焰或用水浇，用衣被等物扑盖灭火。

5.2.4 电烧伤时，首先要用木棒等绝缘物或橡皮手套切断电源，立即进行急救，维持病人的呼吸。

5.2.5 在进行现场应急处置的同时联系公司医务室，拨打120急救电话。

5.2.6 对烧伤严重者应禁止大量饮水，以防休克。

5.2.7 呼吸、心跳情况的判定。火灾伤员如意识丧失，应在10秒内用看、听、试的方法判定伤员呼吸心跳情况。

①看。看伤员的胸部、腹部有无起伏动作。

②听。用耳贴近伤员的口鼻处，听其有无呼气声音。

③试。试测伤员口鼻有无呼气的气流。再用两手指轻试伤员一侧（左或右）喉结旁凹陷处的颈动脉有无搏动。

若通过看、听、试伤员，既无呼吸又无颈动脉搏动的，可判定其呼吸、心跳停止。

5.2.8 火灾伤员呼吸和心跳均停止时，应立即按心肺复苏法支持生命的三项基本措施，进行就地抢救。

①通畅气道。

②口对口（鼻）人工呼吸。

③胸外按压（人工循环）。

5.2.9 抢救过程中的再判定

①按压吹气1分钟后（相当于单人抢救时做了4个15∶2压吹循环），应用看、听、试方法在5～7秒时间内完成对伤员呼吸和心跳是否恢复的再判定。

②若判定颈动脉已有搏动但无呼吸，则暂停胸外按压，而再进行2次口对口人工呼吸，接着每5秒吹气一次（每分钟12次）。如脉搏和呼吸均未恢复，则继续坚持心肺复苏法抢救。

③在抢救过程中，要每隔数分钟再判定一次，每次判定时间均不得超过5～7秒。在医务人员未接替抢救前，现场抢救人员不得放弃现场抢救。

5.3 事件报告

5.3.1 值班经理立即向总经理汇报人员伤亡情况以及现场采取的急救措施情况。

5.3.2 火灾伤亡事件扩大时，由总经理向上级主管部门汇报事故信息，如发生重伤、死亡、重大死亡事故，应当立即报告当地人民政府应急管理部门、应急管理部消防局、人民检察院、工会，最迟不超过1个小时。

5.3.3 事件报告要求。事件信息准确完整、事件内容描述清晰；事件报告内容主要包括：事件发生时间、事件发生地点、事故性质、先期处理情况等。

5.3.4 联系方式。

（略）。

5.4 注意事项

5.4.1 正确使用消防器材进行火灾的扑灭。

5.4.2 扑救可能产生有毒气体的火灾（如电缆着火）时，扑救人员应使用正压式消防空气呼吸器。

5.4.3 电气设备发生火灾时应首先报告当值值班经理和有关调度人员，并立即将有关设备的电源切断，采取紧急隔停措施。

5.4.4 参加灭火的人员在灭火时应防止被火烧伤或被燃烧物所产生的气体引起中毒、窒息以及防止引起爆炸。电气设备上灭火时还应防止触电。

5.4.5 电气设备发生火灾时，严禁使用能导电的灭火剂进行灭火。

5.4.6 要根据现场指挥组提供的信息，确认致害原因，对症救治。

5.4.7 尽快使受伤人员接受上一级医疗卫生机构的救治，保证救治及时有效。

9.2　消防应急预案的演练

为适应突发火灾事故应急救援的需要，企业必须定期有计划地通过消防演练，来加强应急指挥部及各成员之间的协同配合，从而提高应对火灾事故的组织指挥、快速响应及处置能力，营造安全稳定的氛围。

9.2.1　消防应急演练的目的

消防应急演练有五大目的，如表9-2所示。

表9-2　消防应急演练的五大目的

序号	目的	具体说明
1	检验预案	通过开展应急演练，查找应急预案中存在的问题，进而完善应急预案，提高应急预案的可用性和可操作性
2	完善准备	通过开展应急演练，检查应对突发事件所需消防应急队伍、物资、装备、技术等方面的准备情况，发现不足及时予以调整补充，做好应急准备工作
3	锻炼队伍	通过开展应急演练，增强演练组织单位、参与单位和人员对应急预案的熟悉程序，提高其应急处置能力
4	磨合机制	通过开展应急演练，进一步明确相关单位和人员的职责任务，完善应急机制
5	科普宣传	通过开展应急演练，普及应急知识，提高职工火灾防范意识和应对火灾事故时自救互救的能力

9.2.2 消防应急演练的基本要求

消防应急演练的基本要求如下。

（1）结合企业的实际情况，合理定位。紧密结合应急管理工作实际，明确演练目的，根据资源条件确定消防演练的方式和规模。

（2）着眼实战，讲求实效。以提高应急指挥人员的指挥协调能力、应急队伍的实战能力为着重点，重视对演练效果及组织工作的评估，总结推广经验，及时整改存在的问题。

（3）精心组织，确保安全。围绕演练目的，精心策划演练内容，周密组织演练活动，严格遵守相关安全要求，确保演练参与人员及演练装备设施的安全。

（4）企业要制定出消防应急演练方案，演练方案应包括演练单位、时间、地点、演练步骤等。

（5）预案演练完成后应对演练内容进行评估，填写应急预案评审记录表和应急预案演练登记表后交保安部备案。

9.2.3 消防演练的参与人员

消防应急演练的参与人员包括参演人员、控制人员、模拟人员、评价人员、观摩人员等，各自的任务如表9-3所示。

表9-3 消防应急演练参与人员及任务

序号	参与人员	承担任务
1	参演人员	承担具体任务，对演练情景或模拟事件作出真实情景响应行动的人员。具体任务： （1）救助伤员或被困人员； （2）保护财产或公众健康； （3）使用并管理各类应急资源； （4）与其他应急人员协同处理重大事故或紧急事件
2	控制人员	控制演练时间进度的人员。具体任务： （1）确保演练项目得到充分进行，以利评价； （2）确保演练任务量和挑战性； （3）确保演练进度； （4）解答参演人员的疑难和问题； （5）保障演练过程的安全
3	模拟人员	扮演、代替某些应急组织和服务部门，或模拟紧急事件、事态发展中受影响的人员。具体任务： （1）扮演、替代与应急指挥中心、现场应急指挥相互作用的机构或服务部门； （2）模拟事故的发生过程（如释放烟雾、模拟气象条件、模拟泄漏等）； （3）模拟受害或受影响人员

序号	参与人员	承担任务
4	评价人员	负责观察演练进展情况并予以记录的人员。具体任务： （1）观察参演人员的应急行动，并记录观察结果； （2）协助控制参演人员以确保演练计划的进行
5	观摩人员	来自有关部门、外部机构以及旁观演练过程的观众

9.2.4 制订应急预案的演练计划

（1）全年整体演练计划。为了确保企业全年的应急预案的演练有计划地进行，需分析企业的应急预案，并制订出年度演练计划，使演练工作在不影响正常生产运营的前提下有序地进行。

年度应急预案演练计划的内容包括应急预案名称、计划演练时间、演练方式、演练目的、组织部门、配合部门、应急物资准备等。表9-4是某公司制订的年度应急预案演练计划。

表9-4 2020年度应急预案演练计划

序号	应急预案名称	计划演练时间	演练方式	演练目的	组织部门	配合部门	应急物资准备
1	电镀车间消防应急预案	2020.02	实战演练	扑灭初起火灾，掌握消防器材使用	行政部	机关各部室及各项目部	25kg、8kg干粉灭火器各4台，25kg二氧化碳灭火器2台；消防桶20个，消防钩2只
2	成品仓消防应急预案	2020.06	部分实战演练	扑灭初起火灾，掌握消防器材使用	行政部	机关各部室及各项目部	25kg、8kg干粉灭火器各4台，25kg二氧化碳灭火器2台；消防桶20个，消防钩2只
...							

编制：×××   批准：×××

（2）专项演练计划（方案）。专项演练计划就是针对某一具体场所（如办公楼、车间、仓库）的消防应急预案的演练实施计划（方案）。内容包括演练目的、时间、地点、参演人员、演练项目、演练过程。

9.2.5 消防应急预案演练的实施

组织消防应急预案演练，一般须经过图9-2所示的步骤。

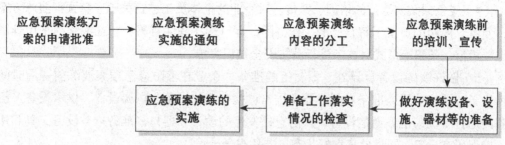

图9-2　消防应急预案演练的开展步骤

（1）应急预案演练方案的申请批准。企业要组织消防演练，行政部应提前一个月将消防应急预案演练方案计划上报公司，经总经理批准后，向消防企业部门主管汇报、备案。同时，就应急预案演练方案向主管征询意见，并进行整改和修订。

（2）应急预案演练实施的通知。在应急预案演练前两周，应在企业内发出应急预案演练通知，尤其是要通知到参与演练的场所、人员。在应急预案演练前两日，应在公共区域张贴告示，进一步提示员工关于应急预案演练的事宜。

（3）应急预案演练内容的分工。分工也就是说要对应急预案演练内容进行分工，落实到具体的部门或人员身上，某公司消防演练内容的分工如表9-5所示。

表9-5　消防演练内容的分工

序号	人员分工	工作内容
1	灭火总指挥	（1）向消防值班人员或其他相关人员了解火灾的基本情况； （2）命令消防值班人员启动相应消防设备； （3）命令企业员工根据各自分工迅速各就各位； （4）掌握火场扑救情况，命令灭火队采取适当方式灭火； （5）命令抢救队采取相应措施； （6）掌握消防相关系统运行情况，命令配合指挥采取相应措施；协助消防机关查明火因；处理火灾后的有关事宜
2	灭火副总指挥	在灭火总指挥不在现场时履行总指挥的职责；配合协同灭火总指挥的灭火工作；根据总指挥的意见下达命令
3	现场抢救队和运输队	负责抢救伤员和物品，本着先救人、后救物的原则，运送伤员到附近的医院进行救护，运输火场急需的灭火用品
4	外围秩序组	负责维护火灾现场外围秩序，指挥疏散企业员工，保证消防通道畅通，保护好贵重物品
5	综合协调组	负责等候引导消防车，保持火灾现场、外围与指挥中心联络
6	现场灭火队	负责火灾现场灭火工作
7	现场设备组	负责火灾现场的灭火设备、工具正常使用和准备
8	机电、供水、通信组	负责确保应急电源供应、切断非消防供电、启动消防泵确保消防应急供水，确保消防电话和消防广播畅通、确保消防电梯正常运行；其他电梯返降一层停止使用；启动排烟送风系统，保持加压送风排烟

（4）应急预案演练前的培训、宣传。对企业的全体员工进行关于应急预案演练方案培训，使各个部门的员工了解自己的工作范围、运行程序和注意事项。在演练前采用挂图、录像、板报、条幅等形式对员工进行消防安全知识宣传。

（5）做好演练设备、设施、器材等的准备。企业在消防应急预案演练前一周时间，各种设备、设施应进入准备状态。要安排人员检查播放设备、电梯设备、供水设备、机电设备的运行状况；准备通信设备、预防意外发生的设备和器材；准备抢救设备工具和用品等。确保所有设备、器材处于良好状态，准备齐全。

（6）准备工作落实情况的检查。演练前3天，由演练总指挥带领相关负责人对应急预案演练准备工作进行最后综合检查，确保演练顺利进行，避免发生混乱。检查包括人员配备、责任考核、设备和器材准备、运输工具以及疏散路径等内容。

（7）应急预案演练的实施。消防应急预案演练的实施步骤如图9-3所示。

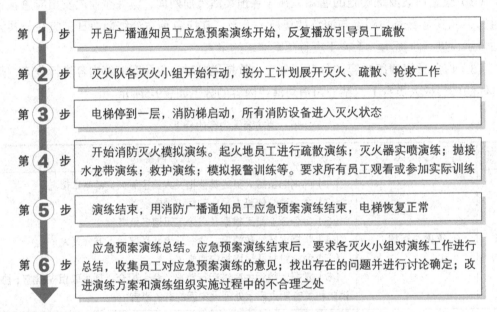

第①步　开启广播通知员工应急预案演练开始，反复播放引导员工疏散

第②步　灭火队各灭火小组开始行动，按分工计划展开灭火、疏散、抢救工作

第③步　电梯停到一层，消防梯启动，所有消防设备进入灭火状态

第④步　开始消防灭火模拟演练。起火地员工进行疏散演练；灭火器实喷演练；抛接水龙带演练；救护演练；模拟报警训练等。要求所有员工观看或参加实际训练

第⑤步　演练结束，用消防广播通知员工应急预案演练结束，电梯恢复正常

第⑥步　应急预案演练总结。应急预案演练结束后，要求各灭火小组对演练工作进行总结，收集员工对应急预案演练的意见；找出存在的问题并进行讨论确定；改进演练方案和演练组织实施过程中的不合理之处

图9-3　消防应急预案演习的实施步骤

范本 9.10

××公司消防演练方案

一、演练目的

让公司各部门一线人员深入了解消防应急常识，切实树立起消防意识，真正掌握火灾事故现场应急扑救与救护的统筹作业流程，并具备自救互救与抗击突发事件的应变能力，能有组织、有顺序、迅速引导员工安全、快速地疏散，学会正确使用灭火器以及掌握逃生的方法。

二、提前准备的事项

（1）安监部。制定消防演练方案，并向公司全体员工宣布。

（2）医务室。准备药水、纱布、盐水、胶带等药用品、担架（此项虚拟）。

（3）安监部。准备燃油10L、足量木块或其他燃烧物、发烟罐（燃烧木材的容器）2个、灭火器15~20个、点火把2个、毛巾5条、哨子1个、秒表1个、消火栓扳手1把、水带2盘、枪头1个。

（4）宣传组。新闻宣传部做好现场拍照，事后及时宣传报道。

三、时间、地点

时间：_____年____月____日（星期二）14:30~15:30（遇特殊情况则改第二天）。

地点：_____。

四、演练内容

（1）灭火器的使用。

（2）室外消火栓开闭，消防水带、枪头的对接，水带铺设。

（3）现场遇到火灾时的安全疏散。

（4）测试参赛部门员工的反应速度。

五、组织领导

组长：李××。

副组长：宁××。

成员：水槽、厨具、电器、物流中心各5人、其他各相关工作人员。

六、演练现场组织

现场指挥：李××。

分组：

组别	灭火器使用	水枪使用	伤员救护	观看	时间
一组	水槽队	厨具队	电器队	物流队	14:30~14:45
二组	电器队	水槽队	物流队	厨具队	14:45~15:00
三组	物流队	电器队	厨具队	水槽队	15:00~15:15
四组	厨具队	物流队	水槽队	电器队	15:15~15:30

水槽队：武××（队长）、陈××（副队长）、武××、刘××、黄××。

厨具队：范××（队长）、武××（副队长）、杨××、姚××、胡××。

电器队：周××（队长）、吴××（副队长）、王××、刘××、黄××。

物流队：贺××（队长）、张××（副队长）、应××、舒××、潘××。

医疗救护组：忻××医生（组长）、柳××；负责对"受伤人员"的抢救，并配合消防队抢救被困人员，或及时送往医院。

安全警卫组：宁××（组长）、王××、保安等工作人员，负责火灾现场附近的警戒任务分配，保证通往火灾现场的通道畅通。

公司新闻宣传组：陈××负责新闻报道、负责消防板报和资料宣传。

七、疏散演练步骤（分四批组，依次进行，以下以电器队为例）

（1）14：29 做好准备，水槽队现场等候、厨具队值班现场等候、电器队现场等候。

（2）14：30 消防演练开始，点着第一组火，顿时燃起熊熊大火。电器队队长喊道："着火啦！赶快撤离！"（由于现场人员情绪激动，应大声指挥），并请大家保持镇静，按疏散线路有秩序地进行疏散，逃生时要注意用湿毛巾（湿手帕）捂住口鼻，弯着腰撤离火灾现场，此时电器队副队长被火烧伤，电器队队长赶快组织把受伤人员抬离安全区域，并电话依次通知部门领导、安全监督管理部（简称安监部）、"119"（电话通知内容见附件一）。

（3）14：32 安监部通知厂医立即赶赴现场，并通知公司领导。电器队队长组织人员把伤员用担架抬到救护车辆旁边，经厂医生判断后作出处理，用公司车辆将伤员及时送往医院，或及时拨打120急救电话（电话通知内容见附件一）。

（4）14：34 水槽队迅速抵达现场就近取用灭火器灭火（灭火后及时再点燃以方便2组作业，灭火分解成两个步骤：灭火器和水枪，分别由两个队执行，好让每个人都体验到过程的全部动作）。

（5）14：38 厨具队迅速赶到火灾现场，用高压水枪参与灭火扑救，同时查看周围形势，判断火势有无蔓延的可能。

（6）14：43 "119"到达火灾现场进灭火，直至将火扑灭（虚拟）。

（7）14：45 火灾被完全扑灭后按规定及时将水带移至指定位置并归位相关工具（以方便水槽队作业），保护好现场，等待公司领导及（公司）相关部门检查。

（8）演练结束，大家以热烈的掌声感谢消防大队的大力支持，全体解散。

附件一：电话通知内容

1. 通知部门领导内容

报告火灾发生的准确位置、着火物件（物体）、火势情况、人员伤亡及数量、周围有无可燃物等。

2. 通知安监部内容

报告火灾发生的准确位置、着火物件（物体）、火势情况、人员伤亡及数量、周围有无可燃物等。

3. 通知"120"内容

公司具体位置、受伤人数、伤势大致情况、致伤原因等。

4. 通知"119"内容

（1）应讲清楚着火单位，所在区县、街道、门牌号码等详细地址。

（2）要讲清什么东西着火、火势情况。

（3）要讲清是平房还是楼房，最好能讲清起火部位、燃烧物质和燃烧情况。

（4）报警人要讲清自己姓名、所在单位和电话号码。

（5）报警后要派专人在路口等候消防车的到来，指引消防车去火场的道路，以便迅速、及时到达起火地点。

范本 9.11

××公司消防演练方案

为提高员工的消防意识，检验公司消防设施的功能，增强员工在紧急情况下的应变能力、自我防护能力，使每个员工都懂消防知识，遇到火警、火灾时知道怎样报警，怎样扑救，怎样疏散人员，怎样抢救伤员物资，故公司计划进行消防演练，实施方案如下。

一、人员安排

总指挥：×××。

副总指挥：杨××。

现场指挥：王××。

通信组：包××、李××。

广播：林××、宋××。

拍照组：马××、万××、田××。

二、演练项目

（1）应急疏散。

（2）火灾扑救。

三、演练时间、疏散地点

（1）时间：10月20日4：30。

（2）疏散集中地：＿＿＿＿＿办公室前绿化空地。

四、前期准备

（1）总务、CR负责培训消防员消防安全相关知识。

（2）演练前由总务试验、测试报警系统，做好演练准备工作。

（3）制定消防演练方案，组织学习并向全体员工宣布。

（4）对员工进行逃生教育。内容包括疏散路线、方向、用湿毛巾掩口鼻弯腰撤离。

（5）由总务负责准备火盆（4个）、汽油（20kg）、废料一批（废木材）、火把（2个）、灭火器（10个）、标识牌（各标明部门集结点）、红袖章、喇叭（1个）、口哨（2个）、担架（1副）。

五、各部门紧急疏散具体行动安排

（一）报警程序

（1）指挥小组成员接到火警通知后，立即报告总务主管，总务主管向公司最高主管报告。并视火灾情况决定打"119"火警电话申请支援。同时通知各部门消防员尽快到火灾现场。

（2）总务通过广播发出紧急疏散通知，广播内容为：请注意，该区域内发生了紧急情况，请遵从公司各主管的指挥，从最近的疏散通道立即撤出大楼。

（二）疏散抢救（各部门负责）

（1）各疏散组的组长负责协调本楼层员工按顺序疏散，并稳定员工的情绪，大声地

235

指挥，教育员工撤离时要用湿毛巾捂住口鼻，弯腰撤离，注意楼梯口行走安全，避免在楼梯口发生拥挤、踩踏。

（2）在火灾中，应先让着火层的人员先行撤离，再按"先上层，后下层"的顺序疏散员工（靠近出口和最不利疏散的区域内的员工可先安排疏散）。

（三）组织灭火（总务及消防员）

（1）电工关闭厂房电源。

（2）关闭防火分区的防火门。灭火组携带灭火工具到着火层查明是否有火势蔓延的可能，并及时扑灭初起火灾。

（3）针对不同的燃烧采用不同的灭火方法。

（四）安全警戒（保安部负责）

车间、办公室出口警戒任务是不准无关人员进入里面，指导疏散人员离开，看管好着火处疏散出来的物件。

（五）医疗救护（医务室、人事、各部门急救员）

由医务室、人事主管带领急救员组成医疗救护小组，配备所需要的急救药品和器材，设立临时救护站。其余人员对各自部门的重要资料进行保护转移。

（六）清点人数（各部门负责）

（1）员工在空地排队站好，由各部门组长整理队伍，清点人数。

（2）各组长清点完人数后，马上向领导汇报。如缺人，报出部门、姓名、性别，组长及时向主任汇报，通知消防员及时营救。

六、火灾扑救具体安排

（1）灭火实战演练地点。疏散集结地前。

（2）总务派人将干粉灭火器放于疏散集结地前，灭火演练由成型、针车、裁断、大底、印刷、物料仓、成品仓、开发分别安排1人，共8人分两组，将预先准备好的4个火盆中的火源正确扑灭。

（3）灭火组指挥。

（4）灭火步骤。由灭火组指挥下令点火、灭火、换组等进行灭火。

七、总结消防演练的效果

消防演练结束后，总务部书面总结演练效果和经验教训，并召开总结会议，记录各部门对消防演练的反馈意见，并将此书面记录存档。

范本 9.12

××公司消防水系统应急演练方案

一、演练目的

（1）检验消防装备是否完好。

（2）检验消防泵是否完好，其操作人员操作是否熟练。

（3）检验员工在接到火警后的应对措施是否合理。

（4）检验公司通信系统是否畅通。

二、假定火警部位

待定。

三、演练时间

此次演练时间地点待定。

四、参演部门或单位

（1）各分厂。

（2）生产技术科。

（3）公用工程车间。

（4）综合管理部。

五、准备工作及注意事项

（1）记录人员4人。

（2）各岗位记录表格。

（3）演练开始前统一对表，时间确定到秒，记录人员抵达相关岗位。

（4）记录人员必须真实记录相关内容。

六、演练过程

（1）某日下午，某分厂管道易燃易爆气体发生泄漏，遇火花后发生爆燃，火情有进一步扩大的趋势，直接威胁全公司的安全。操作工人发现火情，通报分厂控制室。

（2）分厂启动消防紧急救援预案。

①安排巡回工人紧急赶往现场。

②电话通知公司生产调度。

③电话通知分厂领导。

④电话通知公司安全部门领导。

⑤同时分厂安排员工采取紧急措施进行自救。

（3）救援人员抵达现场后接上消防水带（8支），逐个打开消火栓，打开2支后发现压力不够，无法出水。电话告知分厂。

（4）公司生产调度应该对消防水管网出水情况有所预知，接通知后应第一时间通知公用工程打开消防水增压泵，并通知公司生产部门领导。

（5）综合管理部接通知后，紧急安排消防应急救援队（保安）赶往现场，抵达后接手消防救援工作，维持现场秩序，警戒并撤离无关人员。

（6）分厂领导及公司领导接通知后赶往现场，组成消防应急救援指挥部，现场指挥由安全部门领导负责。

（7）公用工程接调度通知后第一时间打开消防增压泵，增大消防水管网出水流量和压力。

（8）消防水管网压力恢复正常，火情得到控制。

七、演练要求

（1）本次演练将尽可能真实，只通知相关部门领导及记录人员，通过演练发现存在的问题。

（2）记录火情发生到第一支消防水带出水时间。

（3）记录公用工程接火情通知到消防增压泵开启的时间。

（4）记录消防增压泵打开到消防水压力恢复正常所用时间。

（5）记录应急消防队（保安）接通知到赶到现场的时间。

（6）记录分厂接火警后的应对措施。

（7）记录调度岗位接火警后的应对措施。

（8）记录各部门间联络是否畅通，报告火警、布置救援措施是否准确明了。

（9）总结各部门存在的问题。

（10）提出改进措施。

八、奖惩

演练结果作为当月安全考核内容。

范本9.13
××公司生产车间消防演练计划

一、演练目的

提高员工在出现紧急事故时的应变能力，使员工熟悉包装车间内逃生路线以及各种自救办法。通过演练提高消防救援队员及员工对灭火器材使用的技巧。

二、演练主题（模拟）

假设22仓包装车间包装机发生故障，导致电线插座产生火星引发下端易燃物品（草药）着火。

三、22仓包装车间工作平面图（略）

四、演练程序（模拟）

（1）事故引发。6月29日下午2点。_____仓库22号仓包装车间员工在1号包装机包草药时，由于操作不当，机器发生故障，引发电线插座产生火星，引燃下端堆放的草药产生烟雾，员工发现后，迅速奔出车间，在仓间左侧拿取灭火器材进行灭火，当火势有发展的趋势时，立即通知仓库领导和安保主管，呼救，组织消防救援队伍灭火（在紧急情况下应立即拨打"119"报警）。

（2）仓库领导和安保主管接报后立即前往现场查看火灾情况，及时上报公司安保部门和公司领导，同时拨打"119"报警。

（3）仓库安保主管迅速组织消防救援队员在现场扑救，同时仓库领导组织队伍抢险，进行疏散人员和物资。

①应急处置组织及人员编组

救灾小组：仓库消防救援队伍和抢险救险队伍。

通信小组：柳××、杨××。

紧急应变指挥小组：朱××、邓××。

救灾小组职责：听到火灾警报，由仓库安保主管安排消防救援队员和抢险队伍，携带消防工具迅速奔赴现场，负责对22号仓间火灾进行扑救。为制止火势蔓延，在火情许可的情况下应立即将火灾现场内的易燃物搬走。

通信小组职责：负责仓库在紧急应变时通信的正常。

紧急应变小组职责：由仓库领导和安全主管担任，负责仓库疏散、维护秩序以及组织人员救灾，把受到火灾威胁的物资疏散到安全地带。

②紧急疏散。仓库领导和安全主管及仓库管理人员负责现场指挥员工疏散，告知员工必须保持冷静，有秩序地离开22号仓间，标示出疏散逃跑路线（集合地点：仓库停车场）。

③维护秩序。一旦发现火势无法控制，应及时拨打"119"报警，协助消防队员作业和取证，并划出警戒线，阻止围观人员进入事故现场。

④抢救措施（模拟）。消防救援人员到位后，立即取出水带，连接好接头，拉到相应位置对着火源点，另一名队员迅速打开消火栓阀灭火，其他队员在就近区域取出灭火器，在相应位置进行灭火动作。十分钟后火势得到控制。

⑤善后处理（模拟）。彻底消灭余火，火扑灭后，火场里往往还残留一些没有完全熄灭的火星，所以必须进行仔细的检查，把所有的余火全部消灭，并派人保护现场，等候有关部门做火场调查。查清引起火灾的原因，坚持"四不放过"原则，从中吸取教训，并向全体员工进行防火灭火教育。打扫现场，清理灭火器材及残渣。

五、总结

火灾扑灭后，消防救援人员要对火灾的情况、扑救方法进行研究总结，以不断提高消防救援队伍灭火自救的战斗能力。

范本9.14
危废库消防演练计划

一、演练地点

（1）消防演练——危险废品库。

（2）消防用品使用方法讲解——危险废品库前。

（3）防毒面罩使用方法讲解——危险废品库前。

二、演练人员

污水厂危险废品保管员；化验室人员；车间生产人员；给水人员；排水人员。

三、演练准备工作

（1）检查库房消防用品。

（2）检查防毒面罩。

（3）检查应急消防用品。

四、演练流程

（1）保管员按常规例行检查库房，当走到危险废品库时发现起火。

（2）马上打电话向上级报告，然后给当班班长打电话告知库房起火。

（3）上级马上赶到现场，在此过程中通知其他非车间人员到场施救，打电话向应急组长报告。

（4）当班车间生产人员接到通知后，马上佩戴防毒面罩拿起车间灭火器赶赴现场施救，其他人员也赶到现场有序施救。

五、演练目标

（1）当发现火情时，按程序冷静施救、上报和求援。

（2）消防器材使用。灭火结束后，对使用的消防用品进行现场讲解。

（3）防毒面罩的使用。灭火结束后，对如何使用防毒面罩进行讲解。

范本9.15
××酒店消防应急预案演练计划方案

一、演练目的

结合酒店年度消防工作计划，检验本酒店各部门应急处置火灾的能力，贯彻"隐患险于明火，防范胜于救灾，责任重于泰山"的指导思想和"预防为主，防消结合"的工作方针，为确保人民生命财产安全和酒店公共安全，提高全员消防安全意识，熟悉、掌握疏散程序，提高自救逃生能力，最大限度降低或减少各类突发事故造成的损失。

二、演练时间

_____年____月____日10：00。

三、模拟起火部位

酒店_____层_____房间。

四、疏散集合地点

酒店后院停车场。

五、参加演练部门

保安部、工程部、客房部、前厅部、餐饮部、财务部、人事部、行政办公室、PA部。

六、参加演练人数

120人左右，由各部门员工组成。

七、演练内容

（1）报警设施测试。

（2）应急疏散广播播放。

（3）切换应急电源。

（4）排烟系统联动。

（5）保安员扑救演练。

（6）员工（客人）紧急疏散。

八、前期准备

（1）保安部制定疏散演练方案并按计划对所有员工进行演练前的培训。

（2）工程部与保安部配合，在演练前检查各项消防系统联动设施。

（3）客房部在×月×日前将本次消防演练的"客信"放置于房间。

（4）前厅部设置关于本次演练的提示通知。演练前做好对客解释工作。

九、人员部署

（1）指挥中心。由总经理、副总经理、保安部经理、工程部经理、财务部经理和值班经理组成，协调程序，发布指令。

（2）灭火组。由保安部2名员工组成，负责模拟起火部位的扑救。

（3）警戒组。由保安部1名员工和前厅部1名员工组成，负责在酒店大堂区域警戒和对客解释工作。

（4）疏散组。由客房部、保安部、前厅部、餐饮部等部门共10人组成，在接到疏散指令后指挥各楼层和区域人员迅速撤离至集合地点。

（5）协调组。由工程部2名员工组成，负责与保安部协调消防设施运行情况。

（6）其他部门员工在各自岗位听候指令，等待疏散。

十、实施方案

（1）演练开始前5min，保安部经理通知各相关部位做好准备，演练即将开始。

（2）10：00演练开始，消防控制中心收到_____房间烟感探测器报火警信号，通知保安员和前台主管火速前往现场查看。到达现场后发现火势较大，保安员取就近的灭火器救火，同时前台主管通知控制中心"火势已不可控"，请求增援。

（3）消防控制中心确认"真实"火情后，立即通知其他2名保安员着消防服到现场扑救。同时用电话通知前台并通知客房部、前厅部、工程部和保安部全部将对讲机频率调整为"9"频。

（4）前台员工用电话通知总经理和"酒店危机管理小组"其他成员到消防控制中心集合，说明发生火警的地点和情况。并通知值班经理赴现场组织灭火。

（5）在接到火警报告后，总经理等"危机管理小组"成员立即前往监控室查看情况，与在现场的值班经理联系，了解火情，接受汇报和发布指令。

（6）总经理在接到现场指挥员或保安经理"酒店人员需全部撤离"的建议后，指挥监控室人员播放"疏散应急广播"，并下达疏散全部酒店人员的指令。

（7）疏散指令下达后，前台员工用电话依次通知：客房部→餐饮部→财务部→前厅部→人力资源部→工程部→行政办公室→PA部→保安部。各部门组织人员有秩序地从疏散通道撤离。切记：不可以乘坐电梯！

（8）疏散路线为：酒店每层楼的1#、2#、3#疏散通道通向一楼的安全楼梯。疏散集合地点为：酒店后院停车场。

（9）各楼层服务员组织相应楼层内人员从最近的安全通道进行疏散，服务员对照"房态表"对本区域内所有部位进行检查，在确认房间内无人后用粉笔在房门上做"√"标记后方可撤离。

（10）餐厅服务员组织人员从最近的疏散通道撤离，厨师关闭煤气灶开关，熄灭所有炉火，关闭所有电气设备的电源后，协助餐厅服务员进行疏散。撤离完毕，服务员对所有区域进行检查，确认无滞留人员后方可撤离。

（11）前台服务员迅速打印出在住客人名单，以便撤离后核实。同时协助大堂岗警戒组人员在2#、3#安全出口处指导疏散客人。

（12）行政办公室、财务部等办公区域接到疏散指令后，妥善保存各类重要文件、现金和物品，锁好后从最近的3#疏散通道撤离至集合地点。

（13）工程部负责协调的人员应随时检查各机组运行情况，确保排烟系统和应急电源系统工作正常，巡视地下所有的机房，检查水、电等各项均无异常后方可撤离。

（14）保安部员工除监控室值班人员外，检查各部位无异常后迅速撤离。各部门经理检查本部门员工疏散情况后迅速撤离。除工作需要留守人员外，其他人员必须到疏散集合地点。

（15）全部疏散至集合地点后，各部门按出勤情况清点人数，应准确无误。

（16）演练结束。

（17）各部门安全员组成的检查团在演练过程中进行检查，演练结束后进行总结，整理出消防演练报告。

（18）进行灭火器实际操作演练。

十一、演练要求

（1）各部门要高度重视，提前做好准备。

（2）参演人员要积极参加，不得无故缺席。

（3）合理安排正常工作，做到演练常规两不误。

范本9.16
××超市消防演练方案

一、演练目的

通过本次演练可以让商场/超市员工掌握基本的消防技能，包括报警救助、疏散客户、逃生自救等。提高员工预防和处理突发事件的能力，保证事故发生时各项防范与抢险救灾工作能有条不紊地进行，使商场的财产与员工、顾客的生命财产损失降至最低。

二、演练时间

_____年____月____日

三、演练地点

四、参加演练人员

全体员工及导购员（包括休息人员）。

五、演练各部门主要职责

（1）演练总指挥：陈××。负责演练的整体策划、组织、指挥、监督与协调工作。

（2）副总指挥：王××。协助总指挥工作，主要负责演练方案的制定与全体人员的培训工作。

（3）演练协调组组长：万××。负责演练时协调楼层与楼层、部门与部门之间工作。

（4）演练报警组组长：谢××。

组员：陈××、李××、皮××。

职责：发现火情，接到指令后立即拨打演练模拟电话报警。

电话号码：（消防控制中心电话）向模拟消防部门（现场指挥部）求救。

报警方法：首先报警人员拨通火警电话（指定电话），接下来要说清楚发生火灾的地点（什么路、什么巷、门牌号）、火灾的性质（什么物质发生火灾）、火势的大小、报警人姓名、联系方式，并派人到路口接车。

要求：报警组人员轮流报警，每个人要在1分钟内完成报警工作（此为锻炼员工的报警能力，实际发生火灾时一人报警即可。）

（5）演练灭火组组长：张××。职责：发现火情后组织、指挥灭火组人员扑救初起火灾。

组员：关××、汤××、申××。

职责：发现火情后要听从组长指挥，及时赶到出事地点，扑救初起火灾，在消防单位赶到之前，起火区域的义务消防队员先自行灭火。

灭火要求：在消防单位到达之前，所有灭火组人员听到火警铃声后，在组长的指挥下，立即携带干粉灭火器材与消防水带进行灭火（假设是发生电气火灾的要由一人先关掉电源）。

道具：s-3500消防演练烟雾弹、灭火器若干支、消防水带两卷、防烟罩两个。

（6）演练疏散组组长：章××。

组员：方××、丘××、马××。

职责：发现火情马上打开备用电源，将在本责任区域的顾客（由员工扮演）疏散到安全地带（大门外），确保顾客的人身及财产安全。

疏散方法：当商场发生火灾时，疏散组成员及时引导顾客从最近的疏散通道逃生，并用相对平和的语调要求逃生人员不要慌乱，一个跟一个地撤离火灾现场。

规范广播语言内容：各位尊敬的顾客，您们好。现本商场服装区发生火灾事故，目前火势还小，我们正在组织人员扑救，请大家不要惊慌，不要拥挤，听从我们工作人员的指挥，有秩序地离开商场，请注意老人与小孩的安全。本商场有____个安全出口，请您们选择最近的安全出口撤离。由此给您们带来的不便，本商场深表歉意，敬请原谅！

道具：喊话器2～4个，手电筒若干。

（7）财物抢救组组长：沙××。

组员：文××、宫××、孟××。

职责：对商场贵重财物、重要文件及有效票据和财物转移到安全地带并安排人员进行看管，防止财物丢失。注意：只可在火势较小、没有人身伤害威胁的情况下才抢救财物。

道具："保险柜"1个、"贵重物品""重要文件"2箱。

（8）演练医疗组组长：权××。

组员：邢××、柯××、甘××。

职责：对演练中或火灾中受伤人员及时有效简单进行救护与包扎。

急救方法：在火场，对于烧伤创面一般可不做特殊处理，尽量不要弄破水疱，不能涂龙胆紫一类有色的外用药，以免影响烧伤面深度的判断。为防止创面继续污染，避免加重感染和加深创面，对创面应立即用三角巾、大纱布块、清洁的衣服和被单等简单而确实的包扎。手足被烧伤时，应将各个指、趾分开包扎，以防黏连。

道具：药箱、其他药用物品。

（9）演练警戒组组长：田××。

组员：刘××、李××、牛××。

职责：严防火灾时不法分子趁火打劫、趁机搞事，现场采取"准出不准入"管理。

注：以上各组人员可由商场根据实际情况决定。

六、演练流程

（1）首先商场要事先确定应急疏散的组织架构与人员名单，并由商场经理与防损主管对人员进行培训，确保各人员明白自身的职责与岗位技能。

（2）演练前要先由经理召开各组组长会议，细化各组长演练时负责的工作，再召开全体员工会议，强调相关事项。

（3）防损主管在演练前要准备好所有演练的道具，并对道具进行检测，确保各道具能正常使用。

（4）演练时先拉开s-3500消防演练烟雾弹，再拉响警铃，然后总指挥宣布演练开始，各级接报警、灭火、疏散、财物抢救、医疗、警戒依次展开，当其中一组在演练时，其他组人员要在一边观看学习，防损主管在一旁指挥与讲解，另指派一人摄影（注：真的发生火灾时各组须同时开展工作。）

（5）演练后要召开全体员工总结大会，总结经验，指出不足，并向防损部提交一份总结汇报。

七、演练注意事项

（1）演练时疏散逃生路线要提前确定好并公布。

（2）演练道具要准备好。

（3）必要时可按照各组职责组织一次综合演练，各组同时开展工作。

9.3 消防应急预案的评审和改进

要使消防应急预案更趋完善，企业就需要在每次应急演习之后进行总结，同时，要定期进行评审，提出改进措施。

9.3.1 评审的时机

企业的应急预案至少每年要评审一次。除了年度评审之外，在某些特定的时间也需要进行评审和修订，如每次培训和演习之后、紧急事故发生后，人员或职责发生变动之后、企业的布局和设施发生变化之后以及政策及程序发生变化之后等。

9.3.2 评审的内容

评审时应注意以下问题。

（1）在对紧急情况分析时，发现消防应急预案潜在的问题和不足是否得到充分的重视。

（2）各消防应急管理和响应人员是否理解各自的职责。

（3）企业的风险有无变化。

（4）消防应急预案是否根据企业的布局和工艺变化而更新。

（5）企业的布置图和记录是否保持最新。

（6）新成员是否经过培训。

（7）企业的培训是否达到目的。

（8）消防应急预案中的人员姓名、头衔和电话是否正确。

（9）是否逐渐将消防应急管理融入企业的整体管理中。

（10）社区机构和组织在消防应急预案里面是否适当体现，他们是否参与了消防应急预案的评审。

9.3.3 评审结果的处理

（1）不足项。不足项是指消防演练过程中观察或识别出的应急准备缺陷。这些缺陷可能导致在火灾紧急事件发生时，应急组织或应急救援体系不能采取合理的应对措施，而无法确保员工的安全与健康。

不足项应在规定的时间内予以纠正。可能导致不足项的要素有：①职责分配；②应急资源；③警报、通报方法程序；④通信；⑤事态评估；⑥员工教育与公共信息；⑦保护措施；⑧应急人员安全和紧急医疗救护等。

（2）整改项。整改项是指消防演练过程中观察或识别出的，单独不可能在应急救援中对员工的安全与健康造成不良影响的缺陷。整改项在下次演练前必须进行纠正。

下列的整改项可列为不足项。

①某个应急组织中存在两个以上整改项，共同作用下可影响员工安全与健康的。

②某个应急组织在多次演练过程中，反复出现前次演练发现的整改项问题的。

（3）改进项。是指消防应急准备过程中应予以改善的问题。改进项不会对人员安全与健康产生严重影响，可视情况改进，不必一定要求予以纠正。

范本 9.17

消防应急预案演练计划表

单位名称：   填报时间：_____年___月___日

演练名称	消防疏散与应急救援演练计划	演练类型	
现场总指挥		联系人及方式	
地点		演练日期	
参与单位（部门）		参与人员及分组情况	
演练目的			
假设事件描述			
主要步骤			
应急物资清单			

注：演练类型分为全面演练、功能演练、桌面演练三种。功能演练是指针对预案部分功能即关键环节进行演练，桌面演练是指以桌面会议形式开展的演练。

范本 9.18

消防应急演练记录、评价表

序号	演练时间/演练内容	参加演练员	效果评价	改进项

范本 9.19

演练前消防器材、应急设施检查表

序号	设备、器材名称（型号）	配置地点	数量	状态	有效期

范本 9.20

消防应急预案修订记录表

序号	修订时间（年月日）	修订内容（章节）	修订人	审批人

范本 9.21

消防演练物品准备表

序号	名称	数量	单位	备注
1	水带条	2	条	
2	废铁桶	2	个	
3	点火杆	1	个	

序号	名称	数量	单位	备注
4	干粉灭火器	15	个	
5	应急灯	1	个	
6	黄色斑马胶	2	卷	
7	工序标示领队牌	25	个	
8	横幅一条	1	条	需购买
9	防毒面具	2	个	
10	医药箱	1	个	

范本 9.22

消防演练成绩单

组别	灭火器用时	水枪用时	救护用时	合计

组别名次排列：
第一名：_____组
第二名：_____组
第三名：_____组
第四名：_____组

第10章
火灾事故责任分析

　　任何一场火灾的发生，除了客观的自然原因外，必定有主观的人为原因。而对主观的人为原因一定要进行认真的调查，确认行为人的法律责任，并按法律规定予以处理。同时，对火灾事故进行案例分析，使企业以此为前车之鉴。

　　《生产安全事故报告和调查处理条例》（国务院令[2007]第493号），2007年6月1日起施行，以下简称《条例》，企业必须按照《条例》要求做好有关火灾事故的统计和报告工作，且按《条例》的规定来承担法律责任。

本章导视

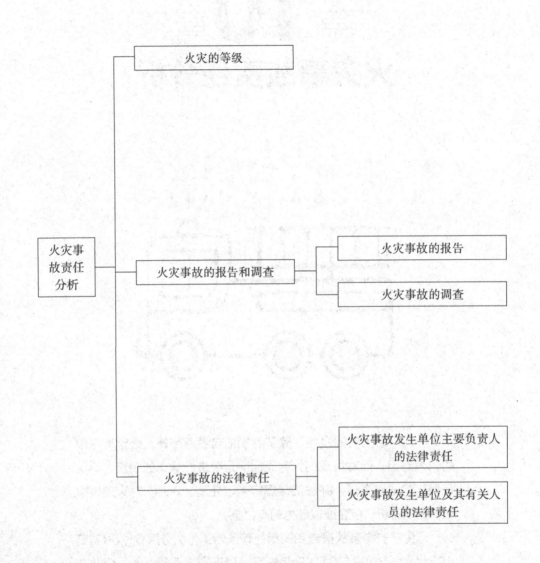

10.1 火灾的等级

《生产安全事故报告和调查处理条例》将火灾等级增加为四个等级，由原来的特大火灾、重大火灾、一般火灾三个等级调整为特别重大火灾、重大火灾、较大火灾和一般火灾四个等级。

（1）特别重大火灾是指造成30人以上死亡，或者100人以上重伤，或者1亿元以上直接财产损失的火灾。

（2）重大火灾是指造成10人以上30人以下死亡，或者50人以上100人以下重伤，或者5000万元以上1亿元以下直接财产损失的火灾。

（3）较大火灾是指造成3人以上10人以下死亡，或者10人以上50人以下重伤，或者1000万元以上5000万元以下直接财产损失的火灾。

（4）一般火灾是指造成3人以下死亡，或者10人以下重伤，或者1000万元以下直接财产损失的火灾。

注："以上"包括本数，"以下"不包括本数。

10.2 火灾事故的报告和调查

企业生产经营活动中发生的造成人身伤亡或者直接经济损失的生产安全事故要严格执行报告和调查处理制度。

10.2.1 火灾事故的报告

（1）报告的时机与对象。事故发生后，事故现场有关人员应当立即向本单位负责人报告；单位负责人接到报告后，应当于1小时内向事故发生地县级以上应急管理部门报告。

情况紧急时，事故现场有关人员可以直接向事故发生地县级以上应急管理部门报告。事故报告的对象见图10-1。

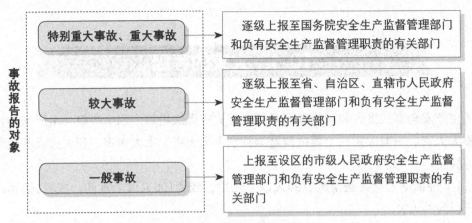

图10-1　事故报告的对象

（2）火灾事故报告的内容。火灾事故报告应当包括下列内容。

①事故发生单位概况。

②事故发生的时间、地点以及事故现场情况。

③事故的简要经过。

④事故已经造成或者可能造成的伤亡人数（包括下落不明的人数）和初步估计的直接经济损失。

⑤已经采取的措施。

⑥其他应当报告的情况。

（3）火灾事故的补报

①事故报告后出现新情况的，应当及时补报。

②自事故发生之日起30日内，事故造成的伤亡人数发生变化的，应当及时补报。道路交通事故、火灾事故自发生之日起7日内，事故造成的伤亡人数发生变化的，应当及时补报。

（4）调查报告的批复。重大事故、较大事故、一般事故，负责事故调查的应急管理部门应当自收到事故调查报告之日起15日内作出批复；特别重大事故，30日内作出批复，特殊情况下，批复时间可以适当延长，但延长的时间最长不超过30日。

10.2.2　火灾事故的调查

（1）调查的组织。特别重大事故由国务院或者国务院授权有关部门组织事故调查组进行调查。

重大事故、较大事故、一般事故分别由事故发生地省级人民政府、设区的市级人民政府、县级人民政府负责调查。省级人民政府、设区的市级人民政府、县级人民政府可以直接组织事故调查组进行调查，也可以授权或者委托有关部门组织事故调查组进行调查。

未造成人员伤亡的一般事故，县级人民政府也可以委托事故发生单位组织事故调查组进行调查。

上级人民政府认为必要时，可以调查由下级人民政府负责调查的事故。

自事故发生之日起30日内（道路交通事故、火灾事故自发生之日起7日内），因事故伤亡人数变化导致事故等级发生变化，依照《生产安全事故报告和调查处理条例》规定，应当由上级人民政府负责调查的，上级人民政府可以另行组织事故调查组进行调查。

（2）火灾事故责任人的处理。有关机关应当按照人民政府的批复，依照法律、行政法规规定的权限和程序，对事故发生单位和有关人员进行行政处罚，对负有事故责任的国家工作人员进行处分。

事故发生单位应当按照负责事故调查的人民政府的批复，对本单位负有事故责任的人员进行处理。

负有事故责任的人员涉嫌犯罪的，依法追究刑事责任。

10.3　火灾事故的法律责任

使用法律责任的手段制裁火灾事故责任者，是防止火灾、减少火灾损害的重要手段。对于重大火灾事故的单位主要负责人、直接行为人，应该追究其法律责任。

10.3.1　火灾事故发生单位主要负责人的法律责任

（1）不当行为需承担的法律责任。火灾事故发生单位主要负责人有图10-2所列行为之一的，处上一年年收入40%～80%的罚款；属于国家工作人员的，并依法给予处分；构成犯罪的，依法追究刑事责任。

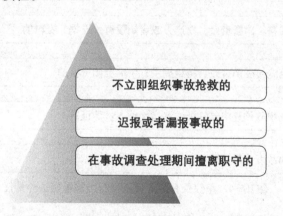

不立即组织事故抢救的

迟报或者漏报事故的

在事故调查处理期间擅离职守的

图10-2　主要负责人不当行为需承担的法律责任

（2）未依法履行安全生产管理职责，导致事故发生的责任。事故发生单位主要负责人未依法履行安全生产管理职责，导致事故发生的，依照图10-3所列规定处以罚款；属于国家工作人员的，并依法给予处分；构成犯罪的，依法追究刑事责任。

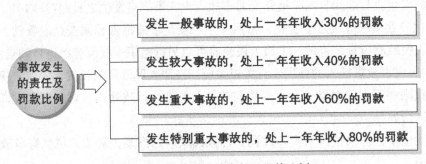

发生一般事故的，处上一年年收入30%的罚款

发生较大事故的，处上一年年收入40%的罚款

发生重大事故的，处上一年年收入60%的罚款

发生特别重大事故的，处上一年年收入80%的罚款

图10-3　事故发生的责任及罚款比例

10.3.2　火灾事故发生单位及其有关人员的法律责任

（1）不当行为需承担的法律责任。火灾事故发生单位及其有关人员有图10-4所列行为之一的，对事故发生单位处100万元以上500万元以下的罚款；对主要负责人、直接负责的主管人员和其他直接责任人员处上一年年收入60%～100%的罚款；属于国家工作人员的，并依法给予处分；构成违反治安管理行为的，由公安机关依法给予治安管理处罚；构成犯罪的，依法追究刑事责任。

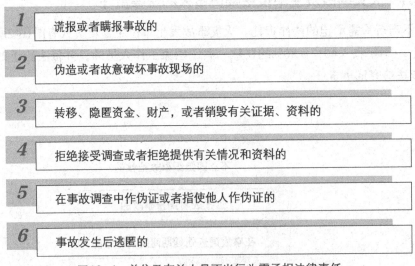

1　谎报或者瞒报事故的

2　伪造或者故意破坏事故现场的

3　转移、隐匿资金、财产，或者销毁有关证据、资料的

4　拒绝接受调查或者拒绝提供有关情况和资料的

5　在事故调查中作伪证或者指使他人作伪证的

6　事故发生后逃匿的

图10-4　单位及有关人员不当行为需承担法律责任

（2）事故发生单位对事故发生负有责任的应处罚款的规定。事故发生单位对事故发生负有责任的，依照图10-5所列规定处以罚款。

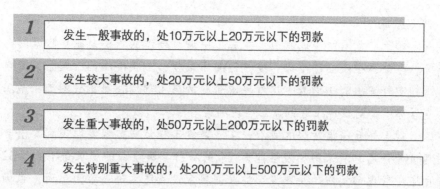

1　发生一般事故的，处10万元以上20万元以下的罚款

2　发生较大事故的，处20万元以上50万元以下的罚款

3　发生重大事故的，处50万元以上200万元以下的罚款

4　发生特别重大事故的，处200万元以上500万元以下的罚款

图10-5　事故发生单位对事故发生负有责任的罚款规定

事故发生单位对事故发生负有责任的，由有关部门依法暂扣或者吊销其有关证照；对事故发生单位负有事故责任的有关人员，依法暂停或者撤销其与安全生产有关的执业资格、岗位证书；事故发生单位主要负责人受到刑事处罚或者撤职处分的，自刑罚执行完毕或者受处分之日起，5年内不得担任任何生产经营单位的主要负责人。

为发生事故的单位提供虚假证明的中介机构，由有关部门依法暂扣或者吊销其有关证照及其相关人员的执业资格；构成犯罪的，依法追究刑事责任。

案例10.01

上海市静安区火灾事故

【案例回放】

2010年11月15日14时，上海市静安区胶州路一栋高层公寓起火。起火点位于10～12层之间，大火导致58人遇难，另有70余人受伤。

【专家点评】

1. 原因分析

经过事故调查组深入分析，起火大楼在装修作业施工中，有2名电焊工违规实施作业，在短时间内形成密集火花，引起火灾。这起事故还暴露出以下五个方面的问题。

（1）电焊工无特种作业人员资格证，严重违反操作规程，引发大火后逃离现场。

（2）装修工程违法违规，层层多次分包，导致安全责任不落实。

（3）施工作业现场管理混乱，安全措施不落实，存在明显的抢工期、抢进度、突击施工的行为。

（4）事故现场违规使用大量尼龙网、聚氨酯泡沫等易燃材料，导致大火迅速蔓延。

（5）有关部门安全监管不力，致使多次分包、多家单位作业和无证电焊工上岗，对停产后复工的项目安全管理不到位。

2. 防范措施

第一，对于尼龙网的违规使用，在施工中通过合理的方法是能够防范的，如安全网应封严，与外脚手架固定牢靠，要求网绳不破损，生根要牢固、绷紧、圈牢、拼接严密，网杠支杆宜用脚手钢管。这就要求企业的施工部门按照正确的工序施工，同时工程的监理部门要对相应工序的施工合理监管。

第二，对于外墙保温材料的使用，在《建设工程消防监督管理规定》出台后，要求民用建筑外保温材料采用燃烧性能为A级的材料。建设部的要求是不低于B2级，但需要满足应急管理部消防局及建设部的共同要求设置防火隔离带。然而，市场现有的保温材料最常用的是：挤塑板、聚苯板、喷涂聚氨酯，这些材料都是B2级的，那么就要求在外墙保温材料的使用上采用A级防火保温材料，如岩棉板、玻化微珠、胶粉聚苯颗粒等作为防火隔离带，这些都是无机类的防火材料。

第三，在施工过程中，企业应使用合理的建筑材料，以保障人身安全，同时合理的建筑材料使用对建筑物的建造往往都是最可靠最经济的，因此企业应该高度重视建材的使用问题，把企业能控制的建筑安全事故发生概率降到最低。

案例10.02

北京央视大楼火灾事故

【案例回放】

2009年2月9日晚21时许，北京市朝阳区东三环在建的央视新台址园区文化中心发生特大火灾事故，火灾由烟花引起。在救援过程中消防队员张建勇牺牲，6名消防队员和2名施工人员受伤。建筑物过火、过烟面积21333m²，其中过火面积8490m²，造成直接经济损失16383万元。

【专家点评】

1. 原因分析

（1）直接原因。违反烟花爆竹安全管理相关规定，未经有关部门许可，在施工工地内违法组织大型礼花烟火燃放活动，在安全距离明显不足的情况下，礼花弹爆炸后的高温星体落入文化中心主体建筑顶部擦窗机检修孔内，引燃检修通道内壁裸露的易燃材料引发火灾。

（2）间接原因

①违规组织燃放烟花爆竹，对文化中心幕墙工程中使用不合格保温板问题监督管理不力。中央电视台对央视新址管理办公室工作管理松弛。

②有关施工单位违规配合建筑施工企业违规燃放烟花爆竹，在文化中心幕墙工程中使用大量不合格保温板。

③有关监理单位对违规燃放烟花爆竹和违规采购、使用不合格保温板问题监理不力。

④有关材料生产厂家违规生产、销售不合格保温板。

⑤有关单位非法销售、运输、储存和燃放烟花爆竹。

⑥相关安全生产监督管理部门贯彻落实国家安全生产等法律法规不到位，对非法销售、运输、储存和燃放烟花爆竹，以及文化中心幕墙工程中使用不合格保温板问题监管不力。

2. 防范措施

第一，施工单位要按有关规定建设完善消防设施。建筑施工企业所有装饰、装修材料均应符合消防的相关规定，要设置火灾自动报警系统、消火栓系统、自动喷水灭火系统、防烟排烟系统等各类消防设施，并设专人操作维护，定期进行维修保养。

第二，施工单位要按照规范要求设置防火、防烟分区，疏散通道及安全出口。安全出口的数量，疏散通道的长度、宽度及疏散楼梯等设施的设置，必须符合规定。严禁占用、阻塞疏散通道和疏散楼梯间，严禁在疏散楼梯间及其通道上设置其他用途和堆放物资。

第三，施工安全部门要建立健全消防安全制度，要落实消防安全责任制。明确各岗位、部门的工作职责，建立健全消防安全工作预警机制和消防安全应急预案，完善值班巡视制度，成立消防义务组织，组织消防安全演习，加大消防安全工作的管理力度。

第四，建筑监理部门应强化对重点区域的检查和监控。消防安全责任人加强日常巡视，发现火灾隐患及时采取措施，应建立健全用火、用电、用气管理制度和操作规范，管道、仪表、阀门必须定期检查。

第五，施工管理人员加强对员工的消防安全教育。加强对员工的消防知识培训，提高员工的防火灭火知识，使员工能够熟悉火灾报警方法，熟悉岗位职责，熟悉疏散逃生路线。要定期组织应急疏散演习，加强消防实战演练，完善应急处置预案，确保突发情况下能够及时有效进行处置。

第六，消防检查部门要加大消防监管力度。《建设工程消防监督管理规定》第二十七条明确规定，上级公安机关消防机构对下级公安机关消防机构建设工程消防监督管理情况进行监督、检查和指导。

案例10.03

山东润银公司"3·9"合成塔爆燃事故

【案例回放】

2011年3月9日9时15分左右，南京大化机经济技术有限公司在对山东润银生物化工股份有限公司尿素车间六号合成塔进行检维修作业时发生爆炸事故，造成1人死亡。

【专家点评】

1. 原因分析

（1）直接原因。山东省安泰化工压力容器检测中心对尿素合成塔不锈钢内衬进行着色渗透探伤时，所使用的清洗剂、渗透剂、显像剂含有可燃有机物，与空气混合形成了爆炸性混合物，在通风置换不良的情况下，南京大化机经济技术有限公司电焊工陈某，在未办理动火证的情况下违规进行动火作业，致使合成塔内清洗剂、渗透剂、显像剂挥发后的残留气体（主要成分丙丁烷）发生爆炸。

（2）间接原因

①南京大化机经济技术有限公司和山东润银生物化工股份有限公司本次检修作业的负责人、监护人等未履行职责，未检查与作业相关的安全措施。

②擅自离开作业现场，对施工现场监护不力，未及时制止职工的违章行为。

③南京大化机经济技术有限公司未制定进入受限空间作业、动火作业安全管理制度，山东润银生物化工股份有限公司督促落实承包商管理制度不力，对外来施工队伍疏于管理，对本公司安全管理制度执行不严格，进入受限空间、动火作业管理不规范等。

2. 防范措施

（1）加强动火作业管理，严格进行动火作业审批。

（2）定期或不定期对员工的作业进行检查，对发现的违章行为要立即处理，严格控制违章行为造成事故的可能性。

（3）加强对施工队伍的管理，经常开展培训工作，提高其安全意识。

案例10.04

青岛龙图公司"3·1"爆燃事故

【案例回放】

2011年3月1日上午11时30分左右，青岛龙图化工有限公司生产环氧大豆油过程中，因违规操作，反应釜内物料爆炸起火，造成1人死亡，2人受伤，直接经济损失100万元。

【专家点评】

1. 原因分析

（1）直接原因。违章指挥、违规操作。生产厂长、技术负责人在往反应釜里抽入大豆油和甲酸后未打开通气阀，随着反应的进行，釜内温度逐渐升高，未反应的双氧水、甲酸分解加快，釜内压力逐渐升高，当温度升至100℃以上时，导致釜内双氧水、水分大量分解，同时反应加剧，体积急剧膨胀，引起爆炸，后起火燃烧。

（2）间接原因。企业未建立健全安全生产责任制、安全生产规章制度和操作规程；未按规定对从业人员进行安全生产教育培训；未经有设计、安装资质的单位进行工艺设计和设备安装。

2. 防范措施

（1）建立和实施隐患排查治理工作制度，及时消除事故隐患，防范事故的发生。

（2）加强从业人员安全教育和培训，提高从业人员的安全知识、安全意识、操作技能和应急处置能力。要提高培训的针对性、系统性、完整性和实效性，并定期组织开展事故演练，增强从业人员在突发事故时展开自救和互救的能力，减少突发事故造成的危害。

（3）建立事故责任制度，实行"谁出事、谁负责"，以提高员工的安全意识。

案例10.05

淄博森宝公司"12·15"爆燃事故

【案例回放】

2010年12月15日16时05分，淄博森宝化工有限公司发生一起爆燃事故，未造成人员伤亡。

企业自2010年12月以来处于停产状态，2010年12月14日，企业欲将停产前存有的少量生产3-甲基噻吩遗留下的含有正己烷溶剂的残液（约500kg）进行蒸馏处理。企业停产前，蒸馏正己烷使用的热源是热水炉提供的热水，供热水温度最高不会超过100℃。后因环保问题，将热水炉拆除，企业自行改为用蒸汽，蒸汽的压力为0.5MPa左右，温度为155℃左右，此次爆炸的蒸馏釜是改用蒸汽后第一次使用。

14日下午员工将残液投入蒸馏釜，做准备工作。15日上午8点左右开始蒸馏，15日13点左右的时候蒸馏完毕，蒸出正己烷约300kg后停止了蒸馏。此时塔温约80℃，并关闭了接收罐下部放料阀和接收罐排空阀，将蒸出的溶剂放置于2个桶中后，现场操作人员离开。16时05分，发生爆燃事故，幸未造成人员伤亡。

【专家点评】

1. 原因分析

（1）直接原因。蒸馏釜蒸汽阀门在停蒸汽时阀门虽然关闭，但存在内漏，又因操作人员将接收罐下部放料阀和接收罐排空阀关闭，使釜内残存的约200kg的残液（沸点多为85℃以下的馏分）继续蒸发而无法排出致釜压升高，引起塔釜超压而发生爆炸。

（2）间接原因。蒸馏釜系统无超温、超压的报警连锁等保护措施；蒸馏完成后，操作工未在工作岗位值守并进行检查确认；企业在开工前对长期停用的设备使用前检查维修不到位；员工培训不到位，员工违章违规操作；工艺变更后，蒸馏釜夹套由原来的非承压容器变为承压容器，企业也未到质监部门办理压力容器检验检测登记手续。

2．防范措施

（1）从企业内部的机构设置、员工配置、制度建设、措施落实上建立起科学的安全生产的保障体系。

（2）修订和完善企业的化学事故应急救援预案，改善通信设备，购置配置防护救援器具。

（3）加强员工培训，提高员工的作业水平和安全意识。

（4）完善相关设施设备管理，安装必要的报警连锁等保护措施。

（5）管理人员加强作业管理，对每项作业进行检查确认。

案例10.06

南京"7·28"地下丙烯管道泄漏爆燃事故

【案例回放】

2010年7月28日上午，位于南京市栖霞区迈皋桥街道的南京塑料四厂地块拆除工地发生地下丙烯管道泄漏爆燃事故，共造成22人死亡，爆燃点周边部分建（构）筑物受损，直接经济损失4784万元。

【专家点评】

1．原因分析

（1）个体拆除施工队擅自组织开挖地下管道、现场盲目指挥并野蛮操作挖掘机挖穿地下管道，导致丙烯大量泄漏，迅速扩散后遇点火源引发爆燃，造成重大安全生产事故。

（2）相关单位及负责人违反国家法律、法规和市、区两级政府相关规定，违规组织实施南京塑料四厂地块拆除工程，且在拆除过程中未履行安全监管工作职责，对野蛮施工未加制止，对事故的发生负有重要的行政责任。

2．防范措施

（1）制定安全作业监督检查，严格禁止员工的违章作业、危险作业。

（2）认真学习国家相关法律法规和各项作业规程，从源头上消除事故隐患。

（3）实行事故责任制度，对造成事故的责任人进行严厉处置，属于犯罪行为的可以提起刑事诉讼。

友成机工有限公司大火

【案例回放】

2013年1月1日2时39分，浙江省杭州市萧山区瓜沥镇临港工业园区友成机工有限公司发生大火，过火面积达12104m²，整座厂房烧毁，环境污染，消防出警15个中队、2个支队、10个专职队、63辆消防车、400余名消防官兵，其中3名消防员死亡。

【专家点评】

1. 原因分析

起火原因为人为纵火。其中工厂有事故隐患：厂房内放置塑料制品、酒精、纸板箱、泡沫袋等大量可燃易燃物品。

2. 防范措施

（1）建立仓库消防安全管理制度。

（2）执行消防安全检查，排除火灾隐患。

（3）加强对员工的消防安全培训，关心员工的生活，疏导员工的负面情绪。

农产品批发市场大火

【案例回放】

2013年1月6日20时30分，上海市浦东新区沪南公路2000号上海农产品批发市场发生大火，过火面积达4000m²，117家商铺被烧毁，消防出警16个中队、57辆消防车，这场大火造成6死14伤。

【专家点评】

1. 原因分析

（1）起火原因。起火缘于电线线路老化，店里的人忘记关掉取暖的设备，管理不善。

（2）该市场存在以下事故隐患。

①建筑消防设施瘫痪故障。

②灭火器失效。

③安全出口被封堵。

④室内消防栓被上锁封闭或难以找寻。

⑤消防安全意识不足。

2. 防范措施

（1）加强管理，尤其是要对员工进行消防管理培训。

（2）建立消防安全检查制度，对检查中发现的事故隐患要坚决地予以排除。

（3）加强对消防设施、消防器材的管理及培训。

案例10.09

盛联无纺布有限公司大火

【案例回放】

2013年1月1日8时57分，浙江省温州市龙湾区盛联无纺布有限公司的工厂发生大火，过火面积达500m²，厂房烧毁、周边环境受到严重污染，消防出警8个中队、100余名消防官兵，所幸无人员伤亡。

【专家点评】

1. 原因分析

（1）起火原因。这场大火是因导热油管道爆裂后泄漏，引燃附近仓库里皮革等可燃物。

（2）事故隐患。厂房内放置纤维制品、无纺布等大量可燃易燃物品。

2. 防范措施

（1）应该制定设施设备管理制度，加强对导热油管道的管理。

（2）对于可燃物的管理要加强，应制定可燃及易燃易爆危险品管理制度，对可燃及易燃易爆危险品的储存、使用、搬运过程要加强控制。

（3）对于具有可燃及易燃易爆危险品的场所，应根据可燃及易燃易爆危险品的特点配置充足的灭火器，并培训员工使之学会使用。

案例10.10

宏得利皮革厂大火

【案例回放】

2013年1月3日7时50分，浙江省温州市龙湾区文昌路70号宏得利皮革厂发生大火。

过火面积达3800m²，影响范围很大：第一，厂房全部被烧毁；第二，温州农业新技术开发示范区四分之一的企业因此断电；第三，合成革和导热油燃烧产生大量的有毒物质，并顺着水流向下水道，环境被严重破坏。消防出警18个中队、43辆消防车、350余名消防官兵，所幸无人员伤亡。

【专家点评】

1. 原因分析

（1）起火原因。导热油管道爆裂后泄漏，引燃附近仓库里皮革等可燃物。

（2）该厂存在以下事故隐患。

① 存放大量的合成革等物料。

② 厂区内存放着6个危险化学品储罐和大量易燃易爆的导热油，有毒的DMF溶剂。

2. 防范措施

防范措施同案例10.09。

案例10.11

骁马环保机械公司大火

【案例回放】

2013年1月1日9时，浙江省宁波市鄞州区下应街道富强路骁马环保机械公司发生大火，过火面积达200m²，厂房被烧毁。消防出警14辆消防车、70余名消防官兵，所幸无人员伤亡。

【专家点评】

1. 原因分析

（1）起火原因。此次起火的原因是生产线走火。

（2）事故隐患。生产线放置大量PVC材质汽车脚垫。

2. 防范措施

（1）对于生产现场要加强管理，尤其是电器、电线、电气作业管理，防止电气火灾的发生。

（2）加强车间员工消防知识的培训。

（3）对于易燃物品，要加强管理，责任到人，同时要制定易燃物品管理制度，并严格执行。

案例10.12

国润家饰城大火

【案例回放】

2013年1月7日9时19分，黑龙江省哈尔滨市南岗区中兴大道45号国润家饰城发生大火。过火面积达15000m²，家饰城烧毁，上千业户受损，消防出警20个中队、95辆消防车、440余名消防官兵，所幸无人员伤亡。

【专家点评】

1. 原因分析

（1）起火原因。由电焊违章作业引燃可燃物而引起火灾。

（2）事故隐患。该厂存在以下事故隐患。

① 电焊违章作业。

② 电焊工无证上岗。

③ 未进行动火申请。

④ 商城内无灭火器材。

⑤ 管理不善。

2. 防范措施

（1）加强对特种作业人员的管理，保证特种作业人员必须持证上岗。

（2）制止违章，要制定违章处罚制度，对于违章的行为加以重罚。

（3）对于动火作业，一定要制定动火作业管理制度，严格按照程序进行审批。

（4）按照国家消防法律法规的规定配置适用的、足量的消防器材，并且定期进行维护、保养。

（5）加强管理，培养商城内租户、员工的消防安全意识。

案例10.13

北京马连道某饭店火灾

【案例回放】

2007年3月23日下午两点半左右，北京市宣武区（现西城区）马连道茶叶一条街内的安华景苑饭店发生火灾，过火面积达1500m²，餐厅和歌厅被烧毁，饭店内151名员工被紧急疏散，所幸事故未造成人员伤亡。市、区两级政府领导，公安、消防、安监、急救等多个职能部门在火灾发生后赶到现场，大火6点左右被扑灭。

【专家点评】

1. 起火原因

火灾原因初步认定为员工炒菜时油锅起火引燃了彩钢板进而蔓延整座建筑。

2. 防范措施

（1）把好手续关，从源头上消除先天性火灾隐患。宾馆、酒店等应办理办全消防手续，切实消除选址不合理、防火间距不足、安全通道不畅等先天性问题。

（2）把好制度关，规范单位消防安全管理。作为宾馆、酒店的经营者，应严格按照《机关、团体、企业、事业单位消防安全管理规定》（公安部[2001]第61号令）要求，自觉加强自我管理，通过消防安全管理制度的建立，防火巡查、防火检查等工作，及时查改单位用火、用电、用气及其他方面存在的火灾隐患，切实将单位消防安全工作落到实处。

（3）把好培训关，切实提高从业人员火灾自防自救能力。宾馆、酒店应经常组织从业人员进行消防安全知识的学习，通过经常性的消防安全宣传、教育、培训，切实提高从业人员火灾自防自救能力，员工能自觉遵守消防安全制度，能进行防火检查，能及时发现和消除火灾隐患，不违章吸烟和动火，不违章使用电器，从而形成"人人懂消防，事事讲消防，处处重安全"的消防自主管理新局面。

案例10.14

内衣厂大火7人死亡　逃生通道不足酿惨剧

【案例回放】

2008年1月21日上午9时许，深圳市宝安公明街道合水口村亿兴制衣厂发生火灾，造成7人死亡。

据了解，出事工厂位于合水口村一多层出租屋内，出事工厂位于二层，三层以上部分均为住户。该楼为当地私人所有，承租者为一湖北籍私企老板，承租面积有300~400m²，主要生产女性内衣，厂内共有16名员工。该内衣厂突然发生火灾，当时有11名女性劳务工上班，火灾发生过程中，4人被消防部门救出，有7人死亡。

【专家点评】

1. 原因分析

（1）没有两个以上畅通的逃生出口，而且唯一的通道还被堵塞。

（2）平时未培训员工，员工未掌握基本的灭火逃生自救知识。

2. 防范措施

（1）按照国家消防安全法律法规的规定，结合企业的生产实际，配置必要的消防器材，并且维护、保养好。

（2）严格按照公安部（2001）第61号令要求，自觉加强自我管理，通过消防安全管理制度的建立，防火巡查、防火检查等工作，及时查改单位用火、用电、用气及其他方面存在的火灾隐患，切实将单位消防安全工作落到实处。

（3）加强员工培训，应经常组织从业人员进行消防安全知识的学习，切实提高从业人员火灾自防自救能力。

案例10.15

舞王俱乐部特大火灾　44人死亡

【案例回放】

2008年9月20日22时49分，位于广东省深圳市龙岗区龙岗街道龙东社区的舞王俱乐部发生火灾事故，事故造成44人死亡，88人受伤，直接经济损失1589万元。

【专家点评】

1. 原因分析

（1）直接原因。该俱乐部演职人员使用自制礼花弹手枪发射礼花弹，引燃天花板的聚氨酯泡沫所致。事故死亡者多为浓烟烟熏、踩踏致死。

（2）间接原因。发生火灾的深圳舞王俱乐部于2007年9月8日开业，无营业执照，无文化经营许可证，消防验收不合格，属于无牌无照擅自经营。该事故暴露出一系列问题：一是有关单位对违法违规经营行为查处不力，监督管理工作存在漏洞；二是该场所的消防安全设施和消防安全管理存在严重隐患；三是从业人员和公众缺乏基本的安全意识和必要的自救能力，生产经营单位应急处置不力。

2. 防范措施

（1）制定并落实火灾隐患排查治理制度。对疏散通道、安全出口、易燃易爆物品存放使用、电器安装使用以及消防设施等重点部位和环节，要逐一加强检查。特别要认真检查休闲公共娱乐场所的烟火燃放设备、灯光照明设备、舞台幕布及搭建材料等符合消防要求的情况。

（2）建立健全消防安全操作规程和制度，健全事故应急预案并组织演练，严格执行企业消防安全监管制度，切实落实专职或兼职消防安全管理人员，完善消防设施（器材）、消防通道、安全出口等。切实加强对从业人员和社会公众消防安全意识教育，进一步落实各类生产经营单位消防安全主体责任。

案例10.16

吉林禽业公司火灾

【案例回放】

2013年6月3日清晨，吉林宝源丰禽业公司发生火灾，到上午10时火势基本被控制住，但现场仍有大量浓烟冒出。截至6月10日，共造成121人遇难，76人受伤。

【专家点评】

1. 原因分析

经调查，事故发生的直接原因是：宝源丰公司主厂房部分电气线路短路，引燃周围可燃物，燃烧产生的高温导致氨设备和氨管道发生物理爆炸。管理上的原因是：宝源丰公司的安全生产管理极其混乱、安全生产责任严重不落实、安全生产规章制度不健全、事故隐患排查治理不认真、不扎实、不彻底，且没有开展应急演练和安全宣传教育。

2. 防范措施

（1）制定并落实安全生产责任制。

（2）根据国家消防安全法律法规的规定，制定并健全消防安全管理规章制度。

（3）执行三级防火检查制度，发现隐患，彻底排查。

（4）制定消防应急预案，定期开展消防安全演练。

（5）保持消防通道畅通。

（6）加强员工消防安全知识培训，使员工掌握疏散、逃生知识。

案例10.17

福建省长乐区"1·31"（拉丁酒吧）重大火灾

【案例回放】

2009年1月31日晚11时55分左右，福建省长乐市（现长乐区）拉丁酒吧10名左右男女青年开生日聚会，在桌面上燃放烟花，引燃天花板酿成火灾，过火面积约30m²，经当地消防部门全力扑救，火灾于2月1日零点20分左右被扑灭，事故已造成15人死亡、24人受伤。

【专家点评】

1. 原因分析

（1）室内装修未报经消防应急管理部消防部门审核、验收，非法投入使用。

（2）室内装修装饰违规采用聚氨酯泡沫等大量易燃有毒材料。

（3）安全出口不符合消防规范要求，门向内开且宽度不够。

（4）室内电气线路乱拉乱接。

（5）消防安全意识淡薄，顾客违反规定在室内燃放烟花，酒吧管理人员未予制止。

2. 防范措施

（1）政府相关部门应深入开展公众聚集场所安全生产执法行动，严厉查处未通过建筑内部装修消防设计审核验收和开业前消防安全检查擅自营业、擅自超工商注册登记范围经营、未通过文化部门批准擅自经营娱乐和演出活动、从业人员未经相关培训即上岗作业等违法违规行为。

（2）酒吧等公众聚集场所应按国家规定配置适当、足量的消防安全器材，应建立消防安全管理制度，加强消防安全检查，彻底消除事故隐患。同时要对员工进行消防安全宣传教育，进一步提高从业人员和社会公众消防安全的意识和技能。

案例10.18

湖南省长沙市岳麓区高叶塘西娜湾宾馆火灾

【案例回放】

2011年1月13日0时55分，湖南省长沙市岳麓区高叶塘西娜湾宾馆（7层砖混结构，建筑面积1350m²，一层为大厅，局部设夹层，为员工用房，二至七层为客房，共40间、53个床位）发生火灾，造成10人死亡、4人受伤，过火面积150余平方米，火灾直接财产损失603645元。

【专家点评】

1. 原因分析

（1）直接原因。西娜湾宾馆一楼夹层地面中部自行改装的电烤火炉引燃覆盖在炉上用作烤火保暖的棉质被套起火。

（2）间接原因

①宾馆消防安全管理制度不落实，消防安全管理职责不明，消防安全管理混乱，消防安全责任人、管理人无消防安全意识，特别是员工未经消防安全培训，当班管理人员××、服务员××在接到五楼旅客称有烟味的情况下未仔细巡查，未能及时发现火灾，延误了人员安全疏散、初起火灾扑救的最佳时间。

②消防器材设施维护管理不到位，宾馆内的火灾自动报警、自动喷水灭火系统在起火时处于关闭状态，失去了应有的报警和灭火功能，自动消防设施形同虚设。

③宾馆疏散楼梯设置不符合规范要求，外窗设置金属护栏影响了被困人员的疏散

逃生和救援。

2. 防范措施

（1）制定并落实消防安全管理制度，让每个员工都明白自己的消防职责。

（2）加强消防安全培训，让宾馆内员工人人都有消防安全意识。

（3）加强消防安全检查，排除事故隐患。

（4）宾馆应按建筑设计防火规范的要求来配置消防设施、器材，并且要有专人进行维护管理，确保功能正常。

案例10.19

樟木头镇樟深大道南122号临街店铺火灾

【案例回放】

2011年1月13日23时31分，广东省东莞市樟木头镇樟深大道南122号临街店铺（共五层半，建筑面积500余平方米，一层为五金商店，二楼以上均为出租屋）发生火灾，造成8人死亡，1人受伤，过火面积100余平方米。

【专家点评】

1. 原因分析

（1）起火商铺易燃物多，且混合堆放。该建筑为"三合一"场所，天那水、油漆等易燃易爆物品与电机、轴承、轮胎等同时堆放在店内，且在楼上的走道内，堆放大量的易燃可燃物品，导致火势迅速蔓延。

（2）业主消防安全意识淡薄，管理混乱。一楼商铺与楼上住宅疏散楼梯之间，没有采用实体墙进行有效分隔，而是用铁栅栏和木板分隔且分隔不完全，由于火势猛烈，木板很快被烧穿，浓烟从缺口处涌入楼梯内，形成"烟囱效应"，完全封堵了逃生通道。该建筑内所有窗户均被防盗网封堵，而预留的逃生口被上锁。

2. 防范措施

（1）完善业主自治组织，提高业主自治水平。由业主自觉维护好公共消防安全秩序，同时对物业服务企业的消防管理质量进行监督。

（2）明确物业服务企业消防管理的职责与标准。包括各岗位消防安全职责、消防组织机构、消防制度、消防宣传与演练、消防设施管理、消防通道与安全出口管理、消防巡查检查、火灾隐患督促整改、火灾报警与处置等都应当细化，便于操作。

（3）加强对物业管理企业负责人员和消防管理人员消防安全专门培训。

案例10.20

青海夏都百货股份有限公司纺织品百货大楼火灾

【案例回放】

2011年4月9日15时许，青海省西宁市青海夏都百货股份有限公司纺织品百货大楼发生火灾，西宁市消防支队调集42辆消防车赶赴现场扑救，22时32分大火被扑灭，成功疏散1200余名被困人员。火灾造成1人死亡、15人受伤，过火面积约8000m²。据调查，该百货大楼分为原建楼、新建楼、扩建工程三部分，其中原建楼地上10层，1至5层为商场，6至10层为办公区；新建楼地上30层，1至7层为商场，8至30层为住宅；扩建工程与原建楼东侧1至5层连接，钢结构，建筑面积1200m²。起火部位为原建楼东侧扩建工程二层违章搭建的民工住宿用棉帐篷内，大火从扩建工程蔓延至原建楼和新建楼，原建楼二层以上全部过火，新建楼3层至5层局部过火。

【专家点评】

1. 原因分析

（1）建设单位违法施工。百货大楼扩建工程于2010年8月开工建设，未依法将消防设计文件报当地消防部门备案。

（2）拆除部分防火分隔墙体。施工单位将原建楼东侧1~5层实体墙拆除，施工区和商场营业区采用易燃聚苯乙烯夹芯彩钢板作临时分隔，导致火灾发生后引燃彩钢板迅速蔓延至营业区。此外，原建楼4层部分防火墙拆除改用木板分隔，原建楼、新建楼防火分区部分防火卷帘下降时卡住未形成有效分隔，致使大火进入营业区后迅速蔓延扩大。

（3）单位"四个能力"建设不扎实。该单位是青海省西宁市"四个能力"建设示范单位，多处火灾隐患未及时消除，违反消防管理标准边施工、边营业；消防电源为单路供电；自动消防设施维护保养不善，火灾发生后部分防火卷帘不能下降，关闭自动喷水灭火系统；原建楼大部分窗户内部使用彩钢板、木板封堵，外墙设置巨型广告牌；发生火灾后，员工虽然使用干粉灭火器进行扑救，起火部位的两个室内消火栓未使用，以致初起火灾没有得到及时控制；施工单位在扩建工程内违章搭建棉帐篷作为施工人员宿舍，帐篷内违规使用大功率电暖器、电炉、电褥、电水壶等电热设备，施工现场缺乏消防管理。

2. 防范措施

（1）严格处理违章施工，将违章施工彻底消灭。

（2）严格按建筑防火设计规范的要求来对防火设施设备进行设置。

（3）加强"四个能力"建设，消防"四个能力"是应急管理部消防局构筑社会消防安全"防火墙"工程提出的，即：提高社会单位检查消除火灾隐患的能力；提高社会单位组织扑救初起火灾的能力；提高社会单位组织人员疏散逃生的能力；提高社会单位消防宣传教育培训的能力。

（4）培训员工掌握消防知识、灭火器材的使用方法，初起火灾的扑救方法与逃生方法。